国家职业技能等级认定培训教材
高技能人才培养用书

数控车工（中级）

主　编　崔兆华
副主编　武玉山　邵明玲　李　强
参　编　付　荣　崔人凤　王　华
主　审　韩鸿鸾

机械工业出版社

本书是依据2019年颁布的《国家职业技能标准　车工》中数控车工的知识要求和技能要求，按照岗位培训需要的原则编写的。本书内容包括数控车床编程基础知识、数控车削加工工艺、FANUC 0*i* 系统数控车床编程与操作、SIEMENS 828D系统数控车床编程与操作以及CAXA CAM数控车2020编程软件功能简介等。本书通过大量的操作实例详细地介绍了数控车削加工工艺、程序编制及具体操作，并配有试题库。每章章首配有思维导图，便于企业培训和读者自学。

本书可用作企业培训部门、各级职业技能等级认定培训机构的考前培训教材，也可作为读者的考前复习用书，还可作为职业院校、技工院校的专业课教材。

图书在版编目（CIP）数据

数控车工：中级 / 崔兆华主编. -- 北京：机械工业出版社，2025. 3. --（国家职业技能等级认定培训教材）（高技能人才培养用书）. -- ISBN 978-7-111-77228-6

Ⅰ. TG519.1

中国国家版本馆CIP数据核字第2025HZ8762号

机械工业出版社（北京市百万庄大街22号　邮政编码100037）

策划编辑：王晓洁　　　　责任编辑：王晓洁

责任校对：樊钟英　陈　越　　封面设计：马若濛

责任印制：李　昂

北京捷迅佳彩印刷有限公司印刷

2025年3月第1版第1次印刷

184mm×260mm · 15印张 · 367千字

标准书号：ISBN 978-7-111-77228-6

定价：69.80元

电话服务　　　　　　　　网络服务

客服电话：010-88361066　　机　工　官　网：www.cmpbook.com

010-88379833　　机　工　官　博：weibo.com/cmp1952

010-68326294　　金　书　网：www.golden-book.com

　机工教育服务网：www.cmpedu.com

国家职业技能等级认定培训教材
编审委员会

序

新中国成立以来，技术工人队伍建设一直得到了党和政府的高度重视。20 世纪五六十年代，我们借鉴苏联经验建立了技能人才的“八级工”制，培养了一大批身怀绝技的“大师”与“大工匠”。“八级工”不仅待遇高，而且深受社会尊重，成为那个时代的骄傲，吸引与带动了一批批青年技能人才锲而不舍地钻研技术、攀登高峰。

进入新时期，高技能人才发展上升为兴企强国的国家战略。从 2003 年全国第一次人才工作会议明确提出高技能人才是国家人才队伍的重要组成部分，到 2010 年颁布实施《国家中长期人才发展规划纲要（2010—2020 年）》，加快高技能人才队伍建设与发展成为国家战略之一。

习近平总书记强调，劳动者素质对一个国家、一个民族发展至关重要。技术工人队伍是支撑中国制造、中国创造的重要基础，对推动经济高质量发展具有重要作用。党的十八大以来，党中央、国务院健全技能人才培养、使用、评价、激励制度，大力发展技工教育，大规模开展职业技能培训，加快培养大批高素质劳动者和技术技能人才，使更多社会需要的技能人才、大国工匠不断涌现，推动形成了广大劳动者学习技能、报效国家的浓厚氛围。

2019 年国务院办公厅印发了《职业技能提升行动方案（2019—2021 年）》，目标任务是 2019 年至 2021 年，持续开展职业技能提升行动，提高培训针对性实效性，全面提升劳动者职业技能水平和就业创业能力。三年共开展各类补贴性职业技能培训 5000 万人次以上，其中 2019 年培训 1500 万人次以上；经过努力，到 2021 年底技能劳动者占就业人员总量的比例达到 25%以上，高技能人才占技能劳动者的比例达到 30%以上。

目前，我国技术工人（技能劳动者）已超过 2 亿人，其中高技能人才超过 5000 万人，在全面建成小康社会、战略性新兴产业不断发展的今天，建设高技能人才队伍的任务十分重要。

机械工业出版社一直致力于技能人才培训用书的出版，先后出版了一系列具有行业影响力，深受企业、读者欢迎的教材。欣闻配合现行的《国家职业技能标准》又编写了“国家职业技能等级认定培训教材”。这套教材由全国各地技能培训和考评专家编写，具有权威性和代表性；将理论与技能有机结合，并紧紧围绕《国家职业技能标准》的知识要求和技能要求编写，实用性、针对性强，既有必备的理论知识和技能知识，又有考核鉴定的理论和技能题库及答案；而且这套教材根据需要为部分教材配备了二维码，扫描书中的二维码便可观看相应资源；这套教材还配合天工讲堂开设了在线课程、在线题库，配套齐全，编排科学，便于培训和检测。

这套教材的出版非常及时，为培养技能型人才做了一件大好事，我相信这套教材一定会为我国培养更多更好的高素质技术技能型人才做出贡献！

中华全国总工会副主席

高凤林

前　言

机械制造业是技术密集型的行业，技能人才的素质是重中之重。在市场经济条件下，企业要想在激烈的市场竞争中立于不败之地，必须有一支高素质的技能人才队伍，有一批技术过硬、技艺精湛的能工巧匠。为了适应新形势的要求，编者改版了《数控车工（中级）》一书。

本书以职业活动为导向、以职业技能为核心，以国家人力资源和社会保障部2019年颁布的《国家职业技能标准　车工》中有关数控车工中级内容为主线，以“实用、够用”为原则，按照岗位培训需要编写而成。本书内容包括数控车床编程基础知识、数控车削加工工艺、FANUC 0*i* 系统数控车床编程与操作、SIEMENS 828D 系统数控车床编程与操作以及CAXA CAM 数控车 2020 编程软件功能简介等。本书具有如下特点：

1. 在编写原则上，突出以职业能力为核心。本书秉持“以职业标准为依据，以企业需求为导向，以职业能力为核心”的理念，依据国家职业技能标准，结合企业实际，反映岗位需求，突出新知识、新技术、新工艺、新方法，注重职业能力培养。凡是在职业岗位工作中要求掌握的知识和技能，均作详细介绍。

2. 在使用功能上，注重服务于培训和等级认定。根据职业发展的实际情况和培训需求，本书力求体现职业培训的规律，反映职业技能等级认定考核的基本要求，满足培训对象参加等级认定考试的需要。

3. 在内容安排上，强调提高学习效率。为便于培训部门在有限的时间内把最重要的知识和技能传授给培训对象，同时也便于培训对象迅速抓住重点，提高学习效率，本书在每个章节前精心设置了思维导图，对书中的重点知识和技能采用双色印刷，以提示应该达到的目标，需要掌握的重点、难点、等级认定点和有关的扩展知识。

本书由崔兆华任主编，武玉山、邵明玲和李强任副主编，付荣、崔人凤、王华参与了编写，韩鸿鸾任主审。本书在编写过程中，参考了部分著作和资料，在此谨向有关作者表示最诚挚的谢意。

由于编者水平有限，书中难免有疏漏和不当之处，敬请广大读者批评指正，在此表示衷心的感谢。

编　者

二维码索引

名称	二维码	名称	二维码	名称	二维码
坐标轴的确定		粗车循环 G71 指令刀具运动轨迹		手动进给操作	
刀尖圆弧半径补偿过程		G72 指令刀具运动轨迹		手轮进给操作	
G00 指令应用示例		复合循环 G73 指令刀具运动轨迹		手动数据输入操作	
G90 指令刀具运动轨迹		G74 指令应用示例		T 指令对刀	
G90 指令应用示例		圆柱螺纹切削 G32 指令刀具运动轨迹		数控程序处理	
G94 指令刀具运动轨迹		圆锥螺纹循环切削的轨迹图		用户界面	
圆锥面车削循环 G90 指令刀具运动轨迹		G76 指令刀具运动轨迹及进刀轨迹		CAXA CAM 数控车基本操作	
圆锥端面车削循环 G94 指令刀具运动轨迹		开、关机操作		图形绘制	
圆弧插补指令		回参考点操作		曲线编辑	

目 录

MU LU

序
前言
二维码索引

第1章 数控车床编程基础知识 …… 1
1.1 数控车床概述 …… 1
1.1.1 数控车床的基本概念 …… 1
1.1.2 数控车床的组成 …… 2
1.1.3 数控车床的工作原理 …… 3
1.1.4 数控车床的分类 …… 3
1.1.5 数控车床的特点 …… 7
1.2 数控车床坐标系 …… 7
1.2.1 坐标系的确定原则 …… 8
1.2.2 坐标轴的确定 …… 8
1.2.3 机床坐标系 …… 9
1.2.4 工件坐标系 …… 9
1.2.5 刀具相关点 …… 10
1.3 数控车床编程基础 …… 11
1.3.1 数控编程概述 …… 11
1.3.2 数控加工代码及程序段格式 …… 12
1.3.3 程序段的组成 …… 17
1.3.4 加工程序的组成与结构 …… 19
1.3.5 常用功能指令的属性 …… 20
1.3.6 坐标功能指令的规则 …… 21
1.4 数控车床的刀具补偿功能 …… 22
1.4.1 刀具交换功能 …… 22
1.4.2 刀具补偿功能 …… 23
1.4.3 刀具偏移补偿 …… 23
1.4.4 刀尖圆弧半径补偿 …… 25

第2章 数控车削加工工艺 …… 30
2.1 数控车削加工工艺概述 …… 30
2.1.1 数控车削加工的基本概念 …… 30

2.1.2 数控车削加工工艺的基本特点 …… 31
2.2 加工顺序与加工路线的确定 …… 31
2.2.1 加工阶段的划分 …… 31
2.2.2 加工顺序的安排 …… 32
2.2.3 加工路线的拟订 …… 34
2.3 数控车削刀具 …… 37
2.3.1 数控车削刀具的特点 …… 37
2.3.2 刀具材料及其选用 …… 37
2.3.3 机夹可转位刀具 …… 39
2.3.4 刀具的选择 …… 41
2.4 切削用量及切削液的选择 …… 42
2.4.1 切削用量的选择 …… 42
2.4.2 切削液的选择 …… 43
2.5 装夹与找正 …… 44
2.5.1 数控车床夹具 …… 44
2.5.2 常用装夹与找正方法 …… 45
2.6 常用量具及加工质量分析 …… 49
2.6.1 数控车削常用量具 …… 49
2.6.2 数控车削加工质量分析 …… 52
2.7 数控加工工艺文件 …… 55
2.7.1 数控加工工艺文件的基本概念 …… 55
2.7.2 数控加工工艺文件的种类 …… 55

第 3 章 FANUC 0*i* 系统数控车床编程与操作 …… 59
3.1 FANUC 0*i* 系统编程基础 …… 60
3.1.1 准备功能 …… 60
3.1.2 辅助功能 …… 61
3.1.3 F、S 功能 …… 62
3.1.4 数控车床编程规则 …… 62
3.2 外轮廓加工 …… 63
3.2.1 外圆与端面加工 …… 63
3.2.2 外圆锥面加工 …… 69
3.2.3 圆弧面加工 …… 72
3.2.4 复合固定循环加工 …… 77
3.3 内轮廓加工 …… 82
3.3.1 孔加工 …… 82
3.3.2 孔加工编程 …… 85
3.3.3 内圆锥加工 …… 89
3.3.4 内圆弧加工 …… 91

3.4　切槽与切断 …… 92
3.4.1　槽加工 …… 92
3.4.2　窄槽加工 …… 94
3.4.3　宽槽加工 …… 97
3.4.4　多槽加工 …… 99
3.4.5　端面直槽加工 …… 100
3.4.6　V 形槽加工 …… 102
3.4.7　梯形槽加工 …… 104
3.4.8　切断 …… 106
3.5　螺纹加工 …… 109
3.5.1　普通螺纹的尺寸计算 …… 109
3.5.2　螺纹切削指令 …… 110
3.5.3　螺纹切削单一固定循环指令 …… 113
3.5.4　螺纹切削复合固定循环指令 …… 116
3.5.5　综合实例 …… 120
3.6　子程序 …… 124
3.6.1　子程序的概念 …… 124
3.6.2　子程序的调用 …… 125
3.6.3　子程序调用的特殊用法 …… 126
3.6.4　子程序调用编程示例 …… 126
3.7　典型零件的编程 …… 129
3.7.1　综合实例一 …… 129
3.7.2　综合实例二 …… 133
3.8　FANUC 0*i* 系统数控车床基本操作 …… 138
3.8.1　系统控制面板 …… 138
3.8.2　系统操作面板 …… 140
3.8.3　手动操作 …… 143
3.8.4　手动数据输入操作 …… 145
3.8.5　对刀操作 …… 145
3.8.6　数控程序处理 …… 147
3.8.7　自动加工操作 …… 148

第 4 章　SIEMENS 828D 系统数控车床编程与操作 …… 150
4.1　位移功能指令 …… 150
4.1.1　使用直角坐标的位移指令 …… 150
4.1.2　使用极坐标的位移指令 …… 151
4.1.3　快速运行指令 …… 151
4.1.4　直线插补指令 …… 152
4.1.5　圆弧插补指令 …… 153

4.1.6 螺纹切削指令 …… 155
4.2 其他常用功能指令 …… 156
4.2.1 主轴运动功能指令 …… 156
4.2.2 刀具功能指令 …… 157
4.2.3 恒定切削速度指令 …… 157
4.2.4 进给率设置指令 …… 159
4.2.5 可设定的零点偏移指令 …… 159
4.2.6 尺寸说明 …… 160
4.3 SIEMENS 828D 系统数控车床基本操作 …… 163
4.3.1 系统面板 …… 163
4.3.2 开机和关机 …… 165
4.3.3 返回参考点 …… 165
4.3.4 对刀 …… 165
4.3.5 工件零点测量 …… 167
4.3.6 创建 G 代码程序 …… 168
4.3.7 创建 ShopTurn 程序 …… 169
4.4 车削编程工艺循环 …… 171
4.4.1 车削循环指令 …… 171
4.4.2 凹槽循环指令 …… 174
4.4.3 螺纹车削循环指令 …… 175
4.4.4 车削循环编程示例 …… 178
4.5 轮廓车削编程工艺循环 …… 181
4.5.1 轮廓车削编程概述 …… 181
4.5.2 新建轮廓 …… 181
4.5.3 创建轮廓元素 …… 182
4.5.4 更改轮廓 …… 184
4.5.5 调用轮廓 …… 184
4.5.6 轮廓车削循环 …… 184
4.5.7 轮廓车削循环编程示例 …… 186

第 5 章 CAXA CAM 数控车 2020 编程软件功能简介 …… 193
5.1 CAXA CAM 数控车 2020 设置 …… 194
5.1.1 CAXA CAM 数控车 2020 概述 …… 194
5.1.2 重要术语 …… 194
5.1.3 刀库与车削刀具 …… 196
5.1.4 后置设置 …… 199
5.2 生成轨迹 …… 203
5.2.1 车削粗加工 …… 203
5.2.2 车削精加工 …… 208

5.2.3 车削槽加工 …… 210
5.2.4 车螺纹加工 …… 212
5.2.5 轨迹编辑 …… 214
5.2.6 线框仿真 …… 214
5.2.7 后置处理 …… 215
5.2.8 反读轨迹 …… 215
5.3 自动编程综合实例 …… 216
5.3.1 加工工艺过程的分析 …… 216
5.3.2 加工建模 …… 217
5.3.3 加工轨迹的生成 …… 218
5.3.4 机床设置与后置处理 …… 224

参考文献 …… 226

第1章 数控车床编程基础知识

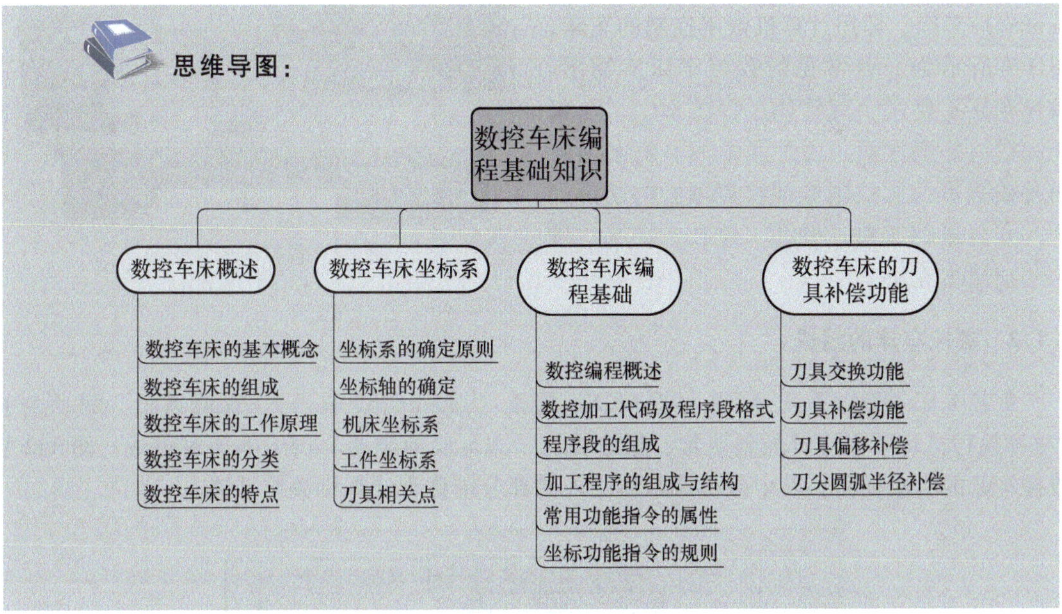

1.1 数控车床概述

1.1.1 数控车床的基本概念

(1) 数字控制

数字控制（Numerical Control）简称数控（NC），是一种借助数字、字符或其他符号对某一工作过程（如加工、测量等）进行可编程控制的自动化方法。

(2) 数控技术

数控技术（Numerical Control Technology）是指用数字量及字符发出指令并实现自动控制的技术，它已经成为制造业实现自动化、柔性化和集成化生产的基础技术。

(3) 数控系统

数控系统（Numerical Control System）是指采用数字控制技术的控制系统。

(4) 计算机数控系统

计算机数控（Computer Numerical Control）系统是以计算机为核心的数控系统。

(5) 数控机床

数控机床（Numerical Control Machine Tools）是指采用数字控制技术对机床的加工过程

进行自动控制的一类机床。国际信息处理联盟（IFIP）第五技术委员会对数控机床定义如下：数控机床是一个装有程序控制系统的机床，该系统能够逻辑地处理具有使用号码或其他符号编码指令规定的程序。定义中所说的程序控制系统即数控系统。

也可以说，把数字化了的刀具移动轨迹信息输入数控装置，经过译码、运算，控制刀具与工件的相对运动，加工出所需要的零件的一种机床即为数控机床。

(6) 数控车床

数控车床又称 CNC（Computer Numerical Control）车床，即用计算机数字控制的车床，图 1-1 所示为一台常见的数控车床实物图。数控车床主要用于旋转体工件的加工，一般能完成内外圆柱面、内外圆锥面、复杂回转内外曲面以及圆柱圆锥螺纹等型面的切削加工，并能进行车槽、钻孔、镗孔、扩孔、铰孔和攻螺纹等加工。

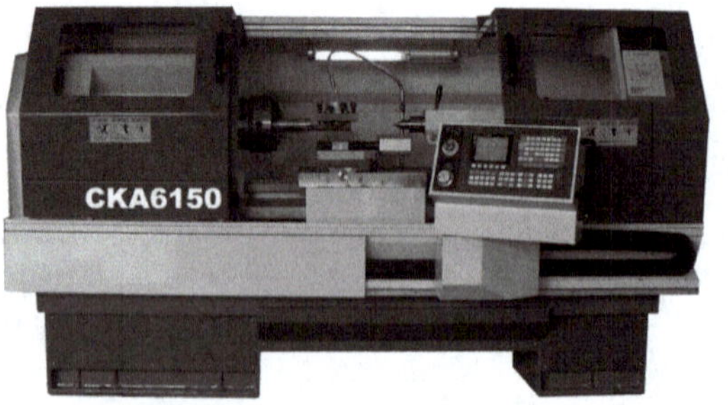

图 1-1　数控车床实物图

1.1.2　数控车床的组成

数控车床一般由输入/输出设备、CNC 装置（或称 CNC 单元）、伺服系统、驱动装置（或称执行机构）及电气控制装置、辅助装置、测量反馈装置、机床本体等组成。图 1-2 是数控车床的组成框图，其中除机床本体之外的部分统称为计算机数控系统。

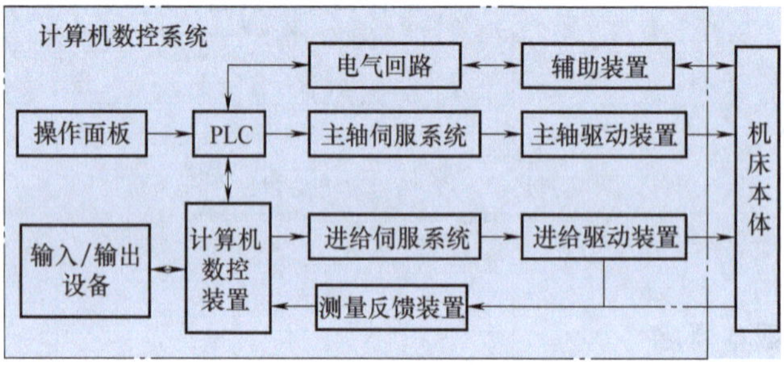

图 1-2　数控车床的组成框图

(1) 输入/输出设备

键盘是数控车床的典型输入设备。除此以外，还可以用串行通信的方式输入。数控系统一般配有 CRT 显示器或点阵式液晶显示器，显示信息丰富，有些还能显示图形，操作人员可通过显示器获得必要的信息。

(2) 数控装置

数控装置是数控车床的核心，主要包括微处理器（CPU）、存储器、局部总线、外围逻辑电路以及与数控系统的其他组成部分联系的各种接口等。数控车床的数控系统完全由软件处理输入信息，可处理逻辑电路难以处理的复杂信息，使数字控制系统的性能大大提高。图 1-3 所示是某数控车床的数控装置。

(3) 伺服系统

伺服系统由驱动装置和执行部件（如伺服电动机）组成，它是数控系统的执行机构，如图 1-4 所示。伺服系统分为进给伺服系统和主轴伺服系统。伺服系统的作用是把来自 CNC 的指令信号转换为机床移动部件的运动，它使工作台（或溜板）精确定位或按规定的轨迹做严格的相对运动，最后加工出符合图样要求的零件。伺服系统作为数控车床的重要组成部分，其本身的性能直接影响整个数控车床的精度和速度。从某种意义上说，数控机床功能的强弱主要取决于数控装置，而数控机床性能的好坏主要取决于伺服系统。

图 1-3　数控装置

a)　　b)

图 1-4　伺服系统

a）伺服电动机　b）驱动装置

（4）测量反馈装置

测量反馈装置的作用是通过测量元件将机床移动的实际位置、速度参数检测出来，转换成电信号，并反馈到 CNC 装置中，使 CNC 能随时判断机床的实际位置、速度是否与指令一致，并发出相应指令，纠正所产生的误差。

（5）机床本体

机床本体是数控机床的主体，主要包括床身、主轴和进给机构等机械部件，还有冷却、润滑、换刀、夹紧等辅助装置。

数控机床的切削量大、连续加工发热量大等因素对加工精度有一定影响，加工中又是自动控制，不能像在普通机床那样由人工进行调整、补偿，所以其设计要求比普通机床更严格，制造要求更精密。数控机床采用了许多新结构，以加强刚性、减小热变形、提高加工精度。

1.1.3　数控车床的工作原理

数控车床加工零件时，会根据零件图样及加工工艺要求，将所用刀具、刀具运动轨迹与速度、主轴转速与旋转方向、冷却等辅助操作以及相互间的先后顺序，以规定的数控代码形式编制成程序，并输入到数控装置中，在数控装置内部的控制软件支持下，经过处理、计算后，向机床伺服系统及辅助装置发出指令，驱动机床各运动部件及辅助装置进行有序的动作，实现刀具与工件的相对运动，最终加工出所要求的零件，如图 1-5 所示。

1.1.4　数控车床的分类

数控车床的种类较多，通常以和车床相似的方法进行分类。

（1）按数控车床主轴位置分类

1）立式数控车床。立式数控车床简称数控立车，如图 1-6 所示。其主轴垂直于水平面，

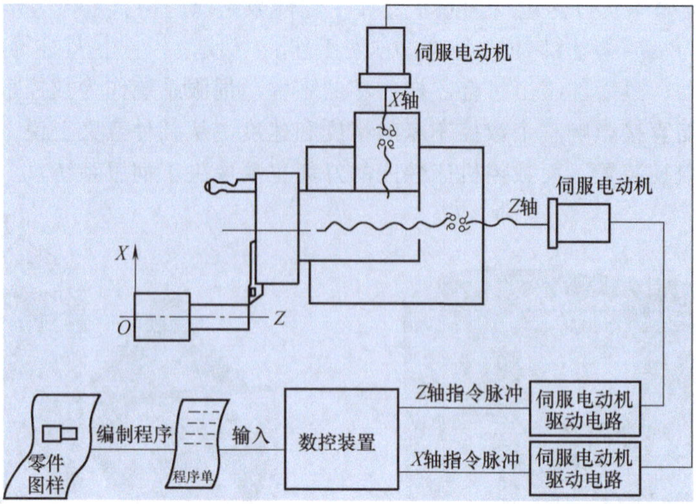

图 1-5　数控车床的工作原理

并有一个直径很大的圆形工作台，供装夹工件用。这类机床主要用于加工径向尺寸大、轴向尺寸相对较小的大型复杂工件。

2）卧式数控车床。卧式数控车床又分为卧式数控水平导轨车床（图 1-1）和卧式数控倾斜导轨车床（图 1-7）。倾斜导轨可使数控车床具有更大的刚性，并易于排除切屑。

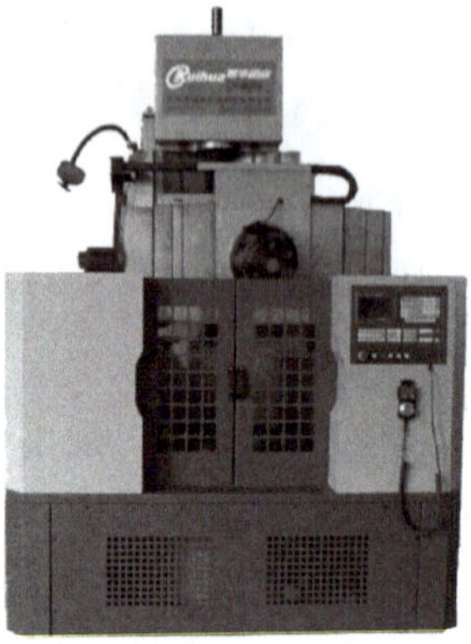

图 1-6　立式数控车床

图 1-7　卧式数控倾斜导轨车床

（2）按刀架数量分类

1）单刀架数控车床。数控车床一般都配置有各种形式的单刀架，如图 1-8a 所示为四刀位卧式自动转位刀架，图 1-8b 所示为多刀位转塔式自动转位刀架。

2）双刀架数控车床。这类车床的双刀架配置可以平行分布，如图 1-9 所示；也可以相互垂直分布。

（3）按控制方式分类

数控车床按照对被控量有无测量反馈装置，可分为开环控制数控车床和闭环控制数控车床两种。在闭环系统中，根据测量反馈装置安放的部位又分为全闭环控制数控车床和半闭环控制数控车床两种。

1）开环控制数控车床。开环控制系统框图如图 1-10 所示。开环控制系统中没有测量反

a)

b)

图 1-8　自动回转刀架

a）四刀位卧式自动转位刀架　b）多刀位转塔式自动转位刀架

图 1-9　双刀架数控车床

馈装置。数控装置将工件加工程序处理后，输出数字指令信号给伺服驱动系统，驱动机床运动，但不检测运动的实际位置，即没有位置反馈信号。开环控制的伺服系统主要使用步进电动机。受步进电动机的步距精度、工作频率以及传动机构的传动精度影响，开环系统的加工精度较低。但由于开环控制结构简单、调试方便、容易维修、成本较低，所以仍被广泛应用于经济型数控机床。

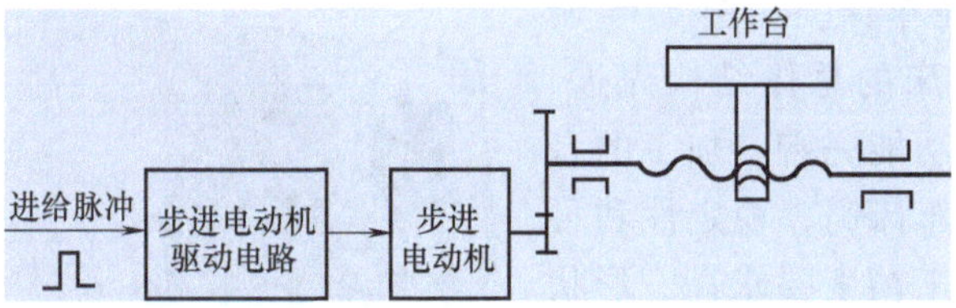

图 1-10　开环控制系统框图

2）闭环控制数控车床。闭环控制系统框图如图 1-11 所示，安装在工作台上的测量反馈元件将工作台实际位移量反馈到数控系统中，系统将其与所要求的位置指令进行比较，用比较的差值进行控制，直到差值消除为止。可见，闭环控制系统可以消除机械传动部件的各种误差和工件加工过程中产生的干扰的影响，从而使加工精度大大提高。

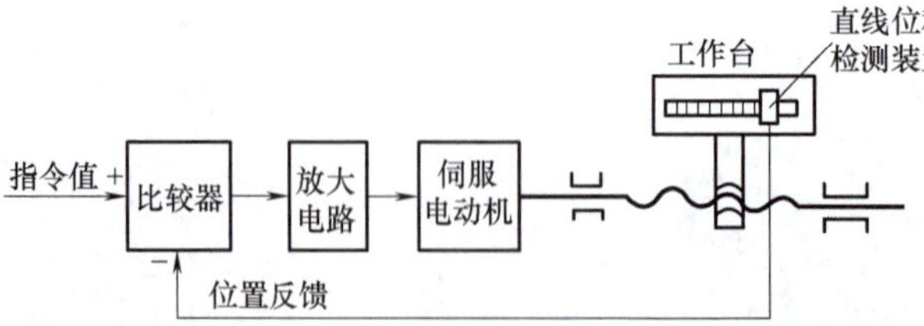

图 1-11　闭环控制系统框图

闭环控制的特点是加工精度高，移动速度快。但这类数控车床采用直流伺服电动机或交流伺服电动机作为驱动元件，电动机的控制电路比较复杂，测量反馈元件价格昂贵，因此调试和维修比较复杂，且成本高。

3）半闭环控制数控车床。半闭环控制系统框图如图 1-12 所示，它不是直接检测工作台的位移量，而是采用转角位移检测元件，如光电编码器，测出伺服电动机或丝杠的转角，推算出工作台的实际位移量，反馈到数控系统中进行位置比较，系统将用比较的差值进行控制。由于反馈环内没有包含工作台，故称半闭环控制。半闭环控制精度较闭环控制差，但稳定性好，成本较低，调试维修也较容易，兼顾了开环控制和闭环控制两者的特点，因此应用比较普遍。

（4）按数控系统的功能分类

1）普通数控车床。如图 1-13 所示，普通数控车床一般采用开环或半闭环伺服系统；主轴一般采用变频调速，并安装有主轴脉冲编码器用于车削螺纹。普通数控车床一般刀架前置（位于操作者一侧）。机床主体结构与普通车床无大的区别，一般有功能简化、针对性强、精度适中等特点，主要用于加工精度要求不高，有一定复杂性的工件。

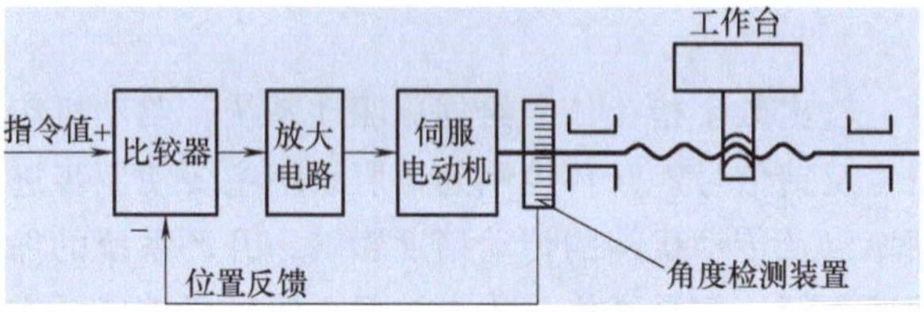

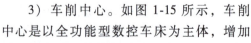

图 1-12　半闭环控制系统框图

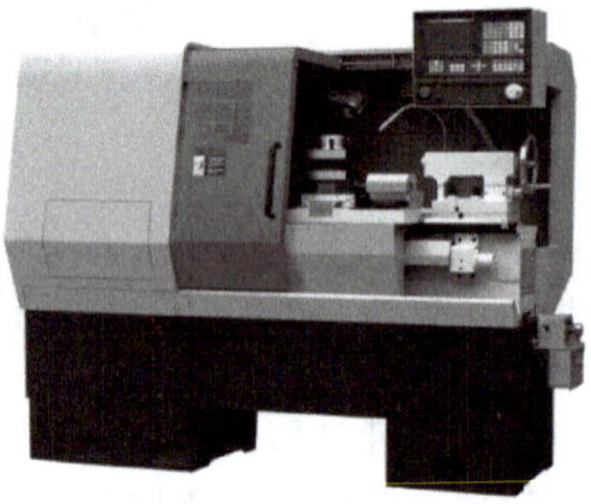
图 1-13　普通数控车床

2）全功能型数控车床。如图 1-14 所示，全功能型数控车床的总体结构先进、控制功能齐全、辅助功能完善、加工的自动化程度比普遍数控车床高，稳定性和可靠性也较好，适宜加工精度要求高、形状复杂、工序多、品种多变的单件或中小批量工件的加工。

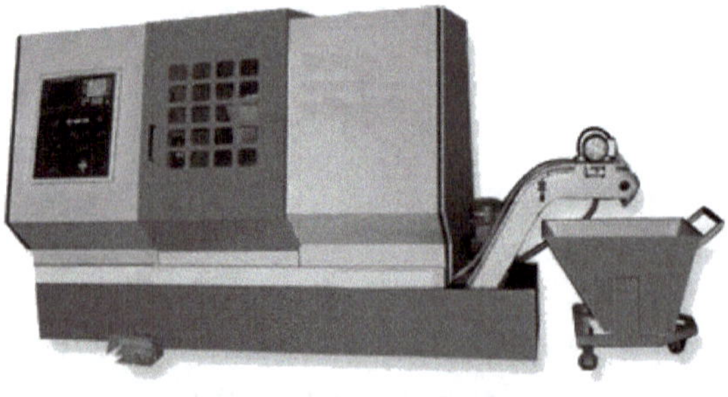
图 1-14　全功能型数控车床

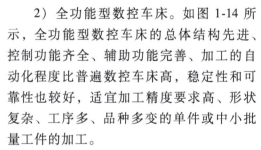

3）车削中心。如图 1-15 所示，车削中心是以全功能型数控车床为主体，增加动力刀座（*C* 轴控制）或刀库。这类机床除具备一般的车削功能外，还具备在零件的端面

和外圆面上进行铣削加工的功能，如图 1-16 所示。

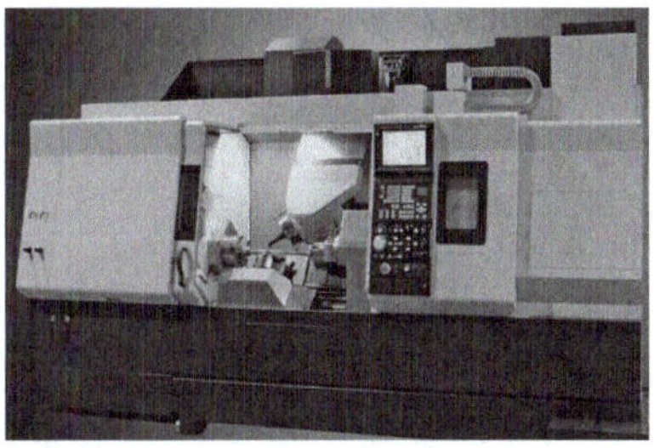

图 1-15　车削中心

a)　　　　　b)

图 1-16　车削中心铣削端面和外圆

a）铣削端面　b）铣削外圆

1.1.5　数控车床的特点

数控车床是实现柔性自动化的重要设备，与普通车床相比，数控车床具有如下特点。

（1）适应性强

数控车床在更换产品时，只需要改变数控装置内的加工程序，调整有关的数据就能满足新产品的生产需要，不需改变机械部分和控制部分的硬件。这一特点不仅可以满足当前产品更新更快的市场竞争需要，而且较好地解决了单件、中小批量和多变产品的加工问题。适应性强是数控车床最突出的优点，也是数控车床得以产生和迅速发展的主要原因。

（2）加工精度高

数控车床本身的精度都比较高，中小型数控车床的定位精度可达 0.005mm，重复定位精度可达 0.002mm，而且还可利用软件进行精度校正和补偿，因此可以获得比车床本身精度还要高的加工精度和重复定位精度。加之数控车床是按预定程序自动工作的，加工过程不需要人工干预，因此工件的加工精度全部由机床保证，消除了操作者的人为误差，因此加工出来的工件精度高、尺寸一致性好、质量稳定。

（3）生产效率高

数控车床具有良好的结构特性，可进行大切削用量的强力切削，有效节省了基本作业时间，还具有自动变速、自动换刀和其他辅助自动化操作等功能，使辅助作业时间大为缩短，所以比普通车床的生产效率高。

（4）自动化程度高，劳动强度低

数控车床的工作是按预先编制好的加工程序自动连续完成的，操作者除了需要输入加工程序或操作键盘、装卸工件、关键工序的中间检测以及观察机床运行之外，不需要进行繁杂的重复性手工操作，劳动强度与紧张程度均可大为减轻，加上数控车床一般都具有较好的安全防护、自动排屑、自动冷却和自动润滑装置，操作者的劳动条件也大为改善。

1.2　数控车床坐标系

为了便于描述数控车床的运动，数控研究人员引入了数学中的坐标系，用机床坐标系来描述机床的运动。为了准确地描述机床的运动，简化程序的编制方法及保证记录数据的互换性，数控车床的坐标和运动方向均已标准化。

1.2.1 坐标系的确定原则

（1）刀具相对于静止工件而运动的原则

刀具相对静止工件而运动的原则使编程人员能在不知道是刀具移近工件还是工件移近刀具的情况下，就可根据零件图样，确定机床的加工过程。

（2）标准坐标（机床坐标）系的规定

数控车床的动作是由数控装置来控制的，为了确定机床上的成形运动和辅助运动，必须先确定机床上运动的方向和运动的距离，这就需要一个坐标系才能实现，这个坐标系称为机床坐标系。

标准的机床坐标系是一个右手笛卡儿直角坐标系，如图 1-17 所示，图中规定了 *X*、*Y*、*Z* 三个直角坐标轴的方向。伸出右手的拇指、食指和中指，并互为 90°，拇指代表 *X* 坐标轴，食指代表 *Y* 坐标轴，中指代表 *Z* 坐标轴。拇指的指向为 *X* 坐标轴的正方向，食指的指向为 *Y* 坐标轴的正方向，中指的指向为 *Z* 坐标轴的正方向。围绕 *X*、*Y*、*Z* 坐标轴的旋转坐标分别用 *A*、*B*、*C* 表示，根据右手螺旋定则，拇指的指向为 *X*、*Y*、*Z* 坐标轴中任意轴的正向，则其余四指的旋转方向即为旋转坐标 *A*、*B*、*C* 的正向。

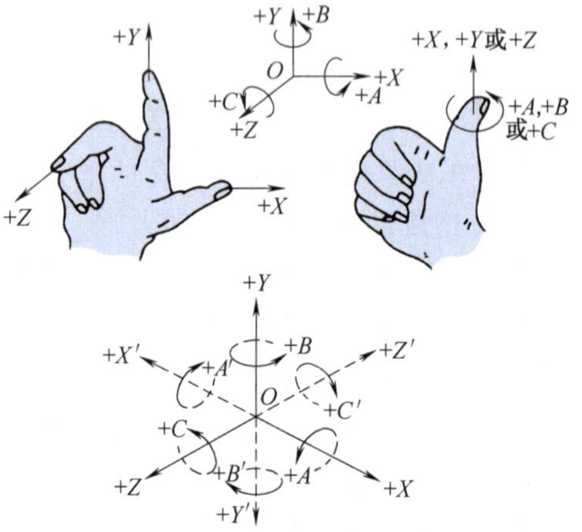

图 1-17 右手笛卡儿直角坐标系

（3）运动方向的规定

对于各坐标轴的运动方向，均将增大刀具与工件距离的方向确定为各坐标轴的正方向。

1.2.2 坐标轴的确定

（1）*Z* 坐标轴

Z 坐标轴的运动方向是由传递切削力的主轴所决定的，与主轴轴线平行的标准坐标轴即为 *Z* 坐标轴，其正方向是增大刀具和工件之间距离的方向，如图 1-18 所示。

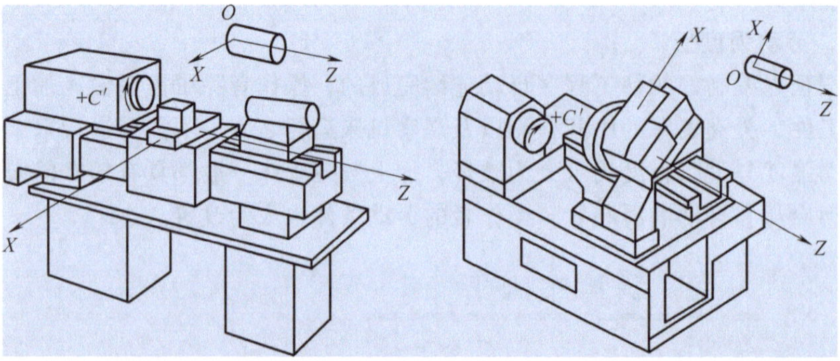

图 1-18 卧式数控车床的坐标系

坐标轴的确定

（2）*X* 坐标轴

X 坐标轴平行于工件装夹面，一般在水平面内，它是刀具或工件定位平面内运动的主要坐标。对于数控车床，*X* 坐标轴的方向是在工件的径向上，且平行于横滑座。*X* 坐标轴的正方向是安装在横向滑座的主要刀架上的刀具离开工件回转中心的方向，如图 1-18 所示。

（3）*Y* 坐标轴

Y 坐标轴垂直于 *X*、Z 坐标轴，依据右手笛卡儿直角坐标系确定。

提示：在普通数控车床上，只有 *X* 和 *Z* 两个坐标轴，没有 *Y* 坐标轴。

1.2.3　机床坐标系

机床坐标系是数控车床的基本坐标系，它是以机床原点为坐标原点建立起来的 *XOZ* 直角坐标系，如图 1-19 所示。机床原点是由生产厂家决定的，是数控车床上的一个固定点。卧式数控车床的机床原点一般取在主轴前端面与中心线交点处，但这个点不是一个物理点，而是一个定义点，它是通过机床参考点间接确定的。机床参考点是一个物理点，其位置由 *X* 方向、*Z* 方向的挡块和行程开关确定。对某台数控车床来讲，机床参考点与机床原点之间有严格的位置关系，机床出厂前已调试准确，确定为某一固定值，这个值就是机床参考点在机床坐标系中的坐标。

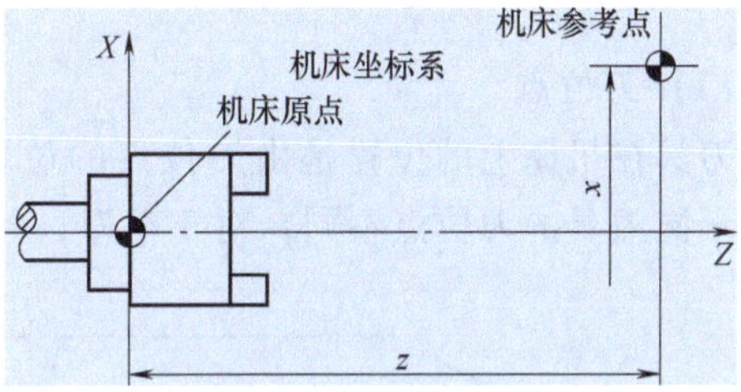

图 1-19　机床坐标系

对于大多数数控车床，开机第一步总是先使机床返回参考点。开机回参考点的目的就是建立机床坐标系，只有机床参考点被确认了，刀具移动才有基准。

1.2.4　工件坐标系

数控车床加工时，工件可以通过卡盘夹持于机床坐标系下的任意位置，但用机床坐标系描述刀具轨迹显得不方便。为此，编程人员在编写零件加工程序时通常要选择一个工件坐标系，也称编程坐标系，这样刀具轨迹就变为工件轮廓在工件坐标系下的坐标了，编程人员就不用考虑工件上的各点在机床坐标系下的位置，从而使问题得到大大简化。

工件坐标系是人为设定的，设定的依据是既要符合尺寸标注的习惯，又要便于坐标的计算和编程。一般工件坐标系的原点最好选在工件的定位基准、尺寸基准或夹具的适当位置上。根据数控车床的特点，工件原点通常设在工件左、右端面的中心或卡盘前端面的中心。图 1-20 所示是以工件右端面为工件原点的工件坐标系。实际加工时考虑加工余量和加工精度，工件原点应选择在精加工后的端面上或精加工后的夹紧定位面上，如图 1-21 所示。

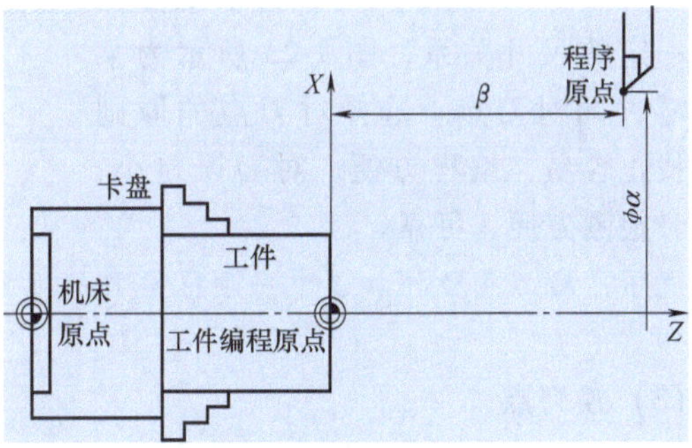

图 1-20　以工件右端面为工件原点的工件坐标系

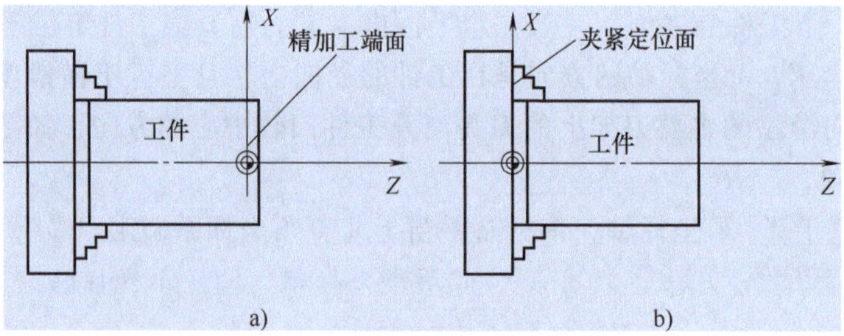

图 1-21　实际加工时的工件坐标系

1.2.5　刀具相关点

（1）刀位点

刀具在机床上的位置是由刀位点的位置来表示的。所谓刀位点，是指刀具的定位基准点。不同刀具的刀位点不同，对于车刀，各类车刀的刀位点如图 1-22 所示。

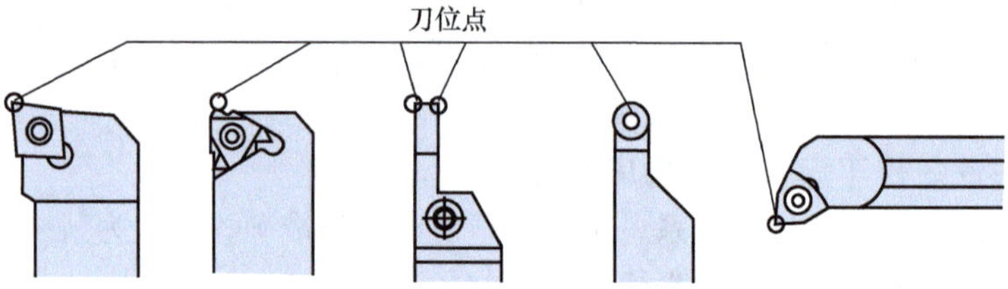

图 1-22　各类车刀的刀位点

（2）对刀点

对刀点是数控加工中刀具相对工件运动的起点，也可以叫作程序起点或起刀点。通过对刀点可以确定机床坐标系和工件坐标系之间的相互位置关系。对刀点可选在工件上，也可选在工件外面（如夹具上或机床上），但必须与工件的定位基准有一定的尺寸关系，图 1-23 所示为某车削零件的对刀点。选择对刀点的原则是：找正容易，编程方便，对刀误差小，加工时检测方便、可靠。

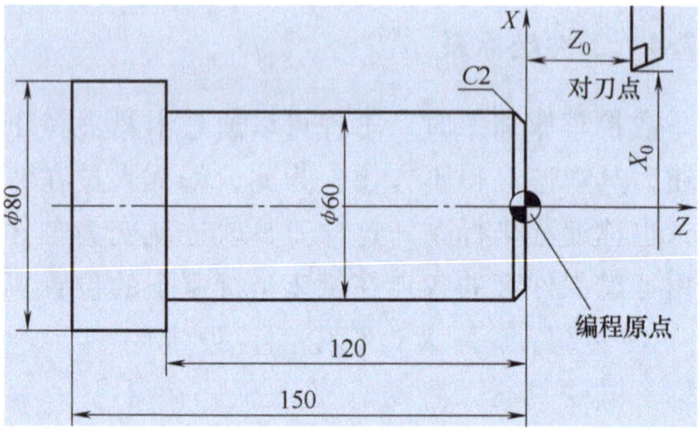

图 1-23　对刀点

提示： 对刀是数控加工中一项很重要的准备工作。所谓对刀是指使刀位点与对刀点重合的操作。

（3）换刀点

换刀点是零件程序开始加工或是加工过程中更换刀具的相关点，如图 1-24 所示。设立换刀点的目的是在更换刀具时让刀具处于一个比较安全的区域。换刀点可在远离工件和尾座处，也可在便于换刀的任何地方，但该点与程序原点之间必须有确定的坐标关系。

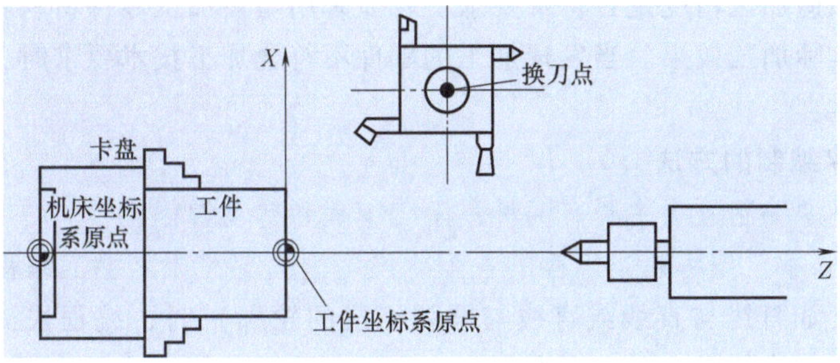

图 1-24　换刀点

1.3　数控车床编程基础

1.3.1　数控编程概述

(1) 数控编程的概念及步骤

数控编程就是把零件的轮廓尺寸、加工工艺过程、工艺参数和刀具参数等信息，按照 CNC 专用的编程代码规则编写成加工程序的过程。数控编程的主要步骤如图 1-25 所示。

1）分析零件图样和制订工艺方案。这项工作的内容包括：对零件图样进行分析，明确加工的内容和要求；确定加工方案；选择合适的数控机床；选择或设计刀具和夹具；确定合理的进给路线，选择合理的切削用量等。这一工作要求编程人员能够对零件图样的技术特性、几何形状、尺寸及工艺要求进行分析，并结合数控机床应用的基础知识，如数控机床的规格、性能和数控系统的功能等，确定加工方法和加工路线。

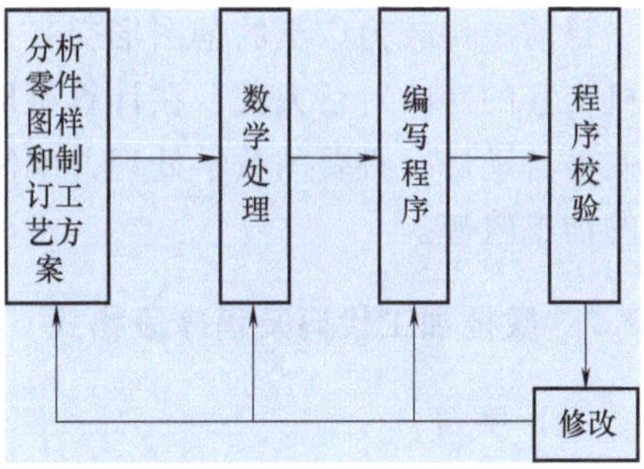

图 1-25　数控编程的主要步骤

2）数学处理。在确定了工艺方案后，就需要根据零件的几何尺寸、加工路线等，计算刀具运动轨迹，以获得刀位数据。数控系统一般具有直线插补与圆弧插补功能，对于加工由圆弧和直线组成的较简单的平面零件，只需要计算出零件轮廓上相邻几何元素交点或切点的坐标值，得出各几何元素的起点、终点、圆弧的圆心坐标值等，就能满足编程要求。当零件的几何形状与控制系统的插补功能不一致时，需要进行较复杂的数值计算，一般需要使用计算机辅助计算，否则难以完成。

3）编写程序。在完成上述工艺处理及数值计算工作后，即可编写零件加工程序。编程人员使用数控系统的程序指令，按照规定的程序格式，逐段编写加工程序。编程人员应对数控机床的功能、程序指令及代码十分熟悉，才能编写出正确的加工程序。

4）程序校验。将编写好的加工程序输入数控系统，就可以控制数控机床的加工工作。一般在正式加工之前，要对程序进行校验，通常可采用机床空运转的方式，来检查机床动作和运动轨迹的正确性，以校验程序。在具有图形模拟显示功能的数控机床上，可通过显示进给轨迹或模拟刀具对工件的切削过程，对程序进行检查。通过检查试件，不仅可确认程序是否正确，还可以知道加工精度是否符合要求。若能采用与被加工零件材料相同的材料进行试切，则更能反映实际加工效果。当发现加工的零件不符合加工技术要求时，可修改程序或采取尺寸补偿等措施。

（2）数控程序编制的方法

数控加工程序的编制方法主要有两种：手工编程和自动编程。

1）手工编程。手工编程是指编程的各个阶段均由人工完成。手工编程的意义在于加工结构简单的零件（如直线与直线或直线与圆弧组成的轮廓）时，编程快捷、简便，不需要具备特别的条件（如计算机和编程软件等），对机床操作或编程人员不受特殊条件的制约，还具有灵活性高和编程费用少等优点。手工编程的缺点是耗费时间较长，容易出现错误，无法胜任复杂结构零件的编程。

在目前手工编程仍是被广泛采用的编程方式，即使在自动编程高速发展的现在与将来，手工编程的重要地位也不可取代。在先进的自动编程方法中，许多重要的经验都来源于手工编程。手工编程一直是自动编程的基础，并不断丰富和推动自动编程的发展。

2）自动编程。自动编程是指利用计算机专用软件来编制数控加工程序。编程人员只需根据零件图样的要求，使用数控语言，由计算机自动地进行数值计算及后置处理，编写出零件加工程序单。自动编程可编制出计算烦琐、手工编程困难或无法手工编制的数控程序。

按照计算机专用软件的不同，自动编程可分为数控语言自动编程、图形交互自动编程和语音提示自动编程等。

目前应用较为广泛的是图形交互自动编程。它直接利用 CAD 模块生成几何图形，采用人机交互的实时对话方式，在计算机屏幕上指定被加工部位，输入相应的加工参数后，计算机便可自动进行必要的数学处理并编制出数控加工程序，同时在计算机屏幕上动态显示出刀具的加工轨迹。

1.3.2 数控加工代码及程序段格式

（1）字符

字符是一个关于信息交换的术语，它的定义是：用来组织、控制或表示数据的各种符号，如字母、数字、标点符号和数学运算符号等。字符是计算机进行存储或传送的信号，也是数控加工程序的最小组成单位。常规加工程序用的字符分四类：第一类是字母，它由 26 个大写英文字母组成；第二类是数字和小数点，它由 0~9 共 10 个阿拉伯数字及一个小数点组成；第三类是符号，由正号（+）和负号（-）组成；第四类是功能字符，它由程序开始（结束）符、程序段结束符、跳过任选程序段符、机床控制暂停符、机床控制恢复符和空格符等组成。

（2）程序字

数控机床加工程序由若干程序段组成，每个程序段由按照一定顺序和规定排列的程序字组成。程序字是一套有规定次序的字符，可以作为一个信息单元（即信息处理的单位）存储、传递和操作，如 X1234.56 就是由 8 个字符组成的一个程序字。

（3）地址和地址字

地址又称为地址符，在数控加工程序中，它是指位于程序字头的字符或字符组，用于识别其后的数据；在传递信息时，它表示其出处或目的地。常用的地址有 N、G、X、Z、U、

W、I、K、R、F、S、T、M 等字符，每个地址都有它的特定含义，见表 1-1。

表 1-1　常用地址符含义

功能	地址符	备注
程序名	O	程序名
程序段号	N	顺序号
准备功能	G	定义运动方式
坐标地址	X、Y、Z	轴向运动指令
	U、V、W	附加轴运动指令
	A、B、C	旋转坐标轴
	R	圆弧半径
	I、J、K	圆心坐标
进给速度	F	定义进给速度
主轴转速	S	定义主轴转速
刀具功能	T	定义刀具号
辅助功能	M	机床的辅助动作
子程序名	P	子程序名
重复次数	L	子程序的循环次数

由带有地址的一组字符而组成的程序字，称为地址字。例如“N200 M30;”这一程序段中就有 N200 及 M30 两个地址字。加工程序中常见的地址字有以下几种：

1）程序段号。程序段号也称顺序号字，一般位于程序段开头，可用于检索，便于检查交流或指定跳转目标等，它由地址符 N 及其后的 1～4 位数字组成。它是数控加工程序中用得最多，但又不容易引起人们重视的一种程序字。

使用顺序号字应注意以下几点：

① 数字部分应为正整数，所以最小顺序号是 N1，不建议使用 N0。

② 顺序号字的数字可以不连续使用，也可以不从小到大使用。

③ 顺序号字不是程序段中的必用字，对于整个程序，可以每个程序段均有顺序号字，也可以均没有顺序号字，也可以在部分程序段中设有顺序号字。

2）准备功能字。准备功能字的地址符是 G，所以又称 G 功能或 G 指令，它是设置机床工作方式或控制系统工作方式的一种命令。在程序段中，G 功能字一般位于尺寸字的前面。G 指令由字母 G 及其后面的两位数字组成，从 G00 到 G99 共 100 种代码，见表 1-2。

表 1-2　准备功能 G 代码

代　码	功　能	程序指令类别	功能仅在出现段内有效
G00	快速点定位	a	
G01	直线插补	a	
G02	顺时针圆弧插补	a	
G03	逆时针圆弧插补	a	
G04	暂停		*

（续）

代　码	功　能	程序指令类别	功能仅在出现段内有效
G05	不指定	#	#
G06	抛物线插补	a	
G07	不指定	#	#
G08	自动加速		*
G09	自动减速		*
G10~G16	不指定	#	#
G17	*XOY* 面选择	c	
G18	*ZOX* 面选择	c	
G19	*YOZ* 面选择	c	
G20~G32	不指定	#	#
G33	等螺距螺纹切削	a	
G34	增螺距螺纹切削	a	
G35	减螺距螺纹切削	a	
G36~G39	永不指定	#	#
G40	取消刀具补偿或刀具偏置	d	
G41	刀尖圆弧半径左补偿	d	
G42	刀尖圆弧半径右补偿	d	
G43	刀具长度正偏置	#(d)	#
G44	刀具长度负偏置	#(d)	#
G45	刀具偏置(Ⅰ象限)+/+	#(d)	#
G46	刀具偏置(Ⅳ象限)+/-	#(d)	#
G47	刀具偏置(Ⅲ象限)-/-	#(d)	#
G48	刀具偏置(Ⅱ象限)-/+	#(d)	#
G49	刀具偏置(*Y* 轴正向)0/+	#(d)	#
G50	刀具偏置(*Y* 轴负向)0/-	#(d)	#
G51	刀具偏置(*X* 轴正向)+/0	#(d)	#
G52	刀具偏置(*X* 轴负向)-/0	#(d)	#
G53	直线偏移注销	f	
G54	沿 *X* 轴直线偏移	f	
G55	沿 *Y* 轴直线偏移	f	
G56	沿 *Z* 轴直线偏移	f	
G57	*XOY* 平面直线偏移	f	
G58	*XOZ* 平面直线偏移	f	
G59	*YOZ* 平面直线偏移	f	
G60	准确定位 1(精)	h	
G61	准确定位 2(中)	h	

（续）

代　码	功　能	程序指令类别	功能仅在出现段内有效
G62	快速定位(粗)	h	
G63	攻螺纹方式		*
G64 ~ G67	不指定	#	#
G68	内角刀具偏置	#(d)	#
G69	外角刀具偏置	#(d)	#
G70 ~ G79	不指定	#	#
G80	取消固定循环	e	
G81 ~ G89	固定循环	e	
G90	绝对尺寸	j	
G91	增量尺寸	j	
G92	预置寄存,不运动	j	
G93	时间倒数进给率	k	
G94	每分钟进给	k	
G95	每转进给	k	
G96	恒线速度控制	i	
G97	每分钟转速,取消 G96	i	
G98 ~ G99	不指定	#	#

注：1 “#”号表示如选作特殊用途，必须在程序格式解释中说明。

2 指定功能代码中，程序指令类别标有 a、c、h、e、f、j、k 及 i，为同一类别代码。在程序中，这种代码为模态指令，可以被同类字母指令所代替或注销。

3 指定了功能的代码不能用于其他功能。

4 “*”号表示功能仅在所出现的程序段内有效。

5 永不指定代码，在本标准内，将来也不指定。

提示：在编制程序时，对于所要进行的操作，必须预先了解所使用的数控装置本身所具有的 G 功能指令。对于同一台数控车床的数控装置来说，它所具有的 G 指令功能只是标准中的一部分，而且各机床由于性能要求不同，也各不一样。

3）坐标尺寸字。坐标尺寸字在程序段中主要用来指令机床的刀具运动到达的坐标位置。尺寸字由规定的地址及后续的带正、负号或者带正、负号又有小数点的多位十进制数组成。地址用得较多的有三组：第一组是 X、Y、Z、U、V、W、P、Q、R，主要用来指令到达点的坐标值或距离；第二组是 A、B、C、D、E，主要用来指令到达点的角度坐标；第三组是 I、J、K，主要用来指令零件圆弧轮廓圆心点的坐标尺寸。

4）进给功能字。进给功能字的地址为 F，所以又称为 F 功能或 F 指令。它的功能是指定切削时的进给速度。现在数控机床一般都能使用直接指定方式（也称直接指定法），即可用 F 后的数字直接指定进给速度，为用户编程带来方便。

FANUC 数控系统的进给速度单位用 G98 和 G99 指定，系统开机默认 G99。G98 指令表示进给速度与主轴转速无关的每分钟进给量，单位为 mm/min 或 in/min[⊖]；G99 指令表示进

⊖ 1in = 0.0254m。

给速度与主轴转速有关的每转进给量，单位为 mm/r 或 in/r。西门子数控系统的进给速度单位用 G94 和 G95 指定，系统开机默认 G95。G94 指令表示进给速度与主轴转速无关的每分钟进给量，单位为 mm/min 或 in/min；G95 指令表示进给速度与主轴转速有关的每转进给量，单位为 mm/r 或 in/r。

5）主轴转速功能字。主轴转速功能字的地址为 S，所以又称为 S 功能或 S 指令。它主要来指定主轴转速或线速度，单位为 r/min 或 m/min。中档以上的数控车床的主轴驱动已采用主轴伺服控制单元，其主轴转速采用直接指定方式，例如 S1500 表示主轴转速为 1500r/min。

中档以上的数控车床还有一种使切削速度保持不变的恒线速度功能。这意味着在切削过程中，如果切削部位的回转直径不断变化，那么主轴转速也要不断地作相应变化，此时 S 指令是指定车削加工的线速度。在程序中一般用 G96 或 G97 指令配合 S 指令来指定主轴的转速。其中，G96 为恒线速控制指令，如“G96 S200”表示主轴的线速度为 200m/min；“G97 S200”表示取代 G96 指令，即主轴不是恒线速功能，其转速为 200r/min。

6）刀具功能字。刀具功能字用地址 T 及其后的数字代码表示，所以也称为 T 功能或 T 指令。它主要用来指令加工中所用刀具的刀具号及自动补偿编组号，其自动补偿内容主要指刀具的刀位偏差或长度补偿及刀具圆弧半径补偿。

T 指令后跟 4 位数字的形式用得比较多，一般前两位数为选择刀具的编码号，后两位为刀具补偿的编组号。

7）辅助功能字。辅助功能又称 M 功能或 M 指令，用于控制数控机床中辅助装置的开关动作或状态。例如，主轴起停、切削液开关以及更换刀具等。与 G 指令一样，M 指令由字母 M 及其后的两位数字组成，从 M00 至 M99 共 100 种，见表 1-3。

表 1-3　辅助功能 M 代码

代码	功能开始时间		模态	非模态	功能
	同时	滞后			
M00	—	*	—	*	程序停止
M01	—	*	—	*	计划停止
M02	—	*	—	*	程序结束
M03	*	—	*	—	主轴顺时针方向运转
M04	*	—	*	—	主轴逆时针方向运转
M05	—	*	*	—	主轴停止
M06	#	#			换刀
M07	*	—	*	—	2 号切削液开
M08	*	—	*	—	1 号切削液开
M09	—	*	*	—	切削液关
M10	#	#	*	—	夹紧
M11	#	#	*	—	松开
M12	#	#	#	#	不指定
M13	*	—	*	—	主轴顺时针方向运转，切削液开

（续）

代码	功能开始时间		模态	非模态	功能
	同时	滞后			
M14	*	—	*	—	主轴逆时针方向运转，切削液开
M15	*	—	—	*	正运动
M16	*	—	—	*	负运动
M17 ~ M18	#	#	#	#	不指定
M19	—	*	*	—	主轴定向停止
M20 ~ M29	#	#	#	#	永不指定
M30	—	*	—	*	纸带结束
M31	#	#	—	*	互锁旁路
M32 ~ M35	#	#	#	#	不指定
M36	*	—	#	—	进给范围 1
M37	*	—	#	—	进给范围 2
M38	*	—	#	—	主轴速度范围 1
M39	*	—	#	—	主轴速度范围 2
M40 ~ M45	#	#	#	#	不指定或齿轮换挡
M46 ~ M47	#	#	#	#	不指定
M48	—	*	*	—	注销 M49
M49	*	—	#	—	进给率修正旁路
M50	*	—	#	—	3 号切削液开
M51	*	—	#	—	4 号切削液开
M52 ~ M54	#	#	#	#	不指定
M55	*	—	#	—	刀具直线位移，位置 1
M56	*	—	#	—	刀具直线位移，位置 2
M57 ~ M59	#	#	#	#	不指定
M60	—	*	—	*	更换零件
M61	*	—	*	—	零件直线位移，位置 1
M62	*	—	*	—	零件直线位移，位置 2
M63 ~ M70	#	#	#	#	不指定
M71	*	—	*	—	零件角度位移，位置 1
M72	*	—	—	—	零件角度位移，位置 2
M73 ~ M89	#	#	#	#	不指定
M90 ~ M99	#	#	#	#	永不指定

注：1 “#”号表示若选作特殊用途，必须在程序中注明。

2 “*”号表示对该具体情况起作用。

1.3.3　程序段的组成

（1）程序段基本格式

程序段是程序的基本组成部分，每个程序段均由若干个程序字构成，而程序字又由表示地址的英文字母、特殊文字和数字构成。如 X30.0、G50 等。

程序段格式是指一个程序段中字、字符、数据的排列、书写方式和顺序。通常情况下，程序段格式包括使用地址符程序段格式、使用分隔符程序段格式以及固定程序段格式三种。后两种程序段格式除在线切割机床中的“3B”或“4B”指令中还能见到外，已很少使用了。因此，这里主要介绍使用地址符程序段格式。

地址符程序段格式如下：

N___	G___	X___ Y___ Z___	F___	S___	T___	M___	LF
程序段号	准备功能	坐标尺寸字	进给功能	主轴功能	刀具功能	辅助功能	结束标记

如 N50 G01 X30.0 Z30.0 F100 S800 T01 M03;

（2）程序段的组成

1）程序段号。程序段号由地址“N”开头，其后为若干位数字。在大部分系统中，程序段号仅作为“跳转”或“程序检索”的目标位置指示。因此，它的大小及次序可以颠倒，也可以省略。程序段在存储器内以输入的先后顺序排列，而程序的执行严格按信息在存储器内的先后顺序一段一段地执行，也就是说，执行的先后次序与程序段号无关。但是，当程序段号省略时，该程序段将不能作为“跳转”或“程序检索”的目标程序段。

程序段号也可以由数控系统自动生成，程序段号的递增量可以通过“机床参数”进行设置，一般可设定增量值为 10。

2）程序段的内容。程序段的中间部分是程序段的内容，程序内容应具备六个基本要素，即准备功能字、尺寸功能字、进给功能字、主轴功能字、刀具功能字和辅助功能字。但并不是所有程序段都必须包含所有功能字，有时一个程序段内可仅包含其中一个或几个功能字。

如图 1-26 所示，为了将刀具从 P_1 点移到 P_2 点，必须在程序段中明确以下几点：

① 移动的目标是哪里？

② 沿什么样的轨迹移动？

③ 选择哪一把刀具？

④ 刀具的切削速度是多少？

⑤ 机床还需要哪些辅助动作？

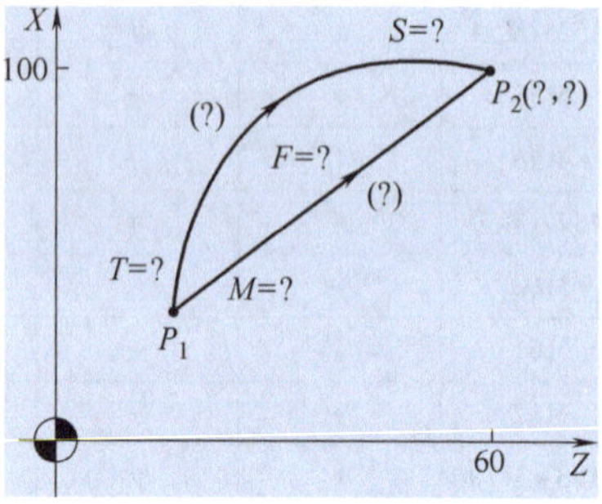

图 1-26 直线刀具轨迹

对于图 1-26 所示的直线刀具轨迹，其程序段可写成如下格式：

N10 G90 G01 X100.0 Z60.0 F100 S300 T01 M03;

如果在该程序段前已指定了刀具功能、转速功能和辅助功能，则该程序段可写成：

N10 G01 X100.0 Z60.0 F100;

3）程序段结束。程序段以结束标记“LF（或 CR）”结束，实际使用时，常用符号“;”或“*”表示“LF（或 CR）”。

（3）程序的斜杠跳跃

有时，在程序段的前面有“/”符号，该符号称为斜杠跳跃符号，该程序段称为可跳跃程序段。如下列程序段：

例 /N10 G00 X100.0;

这样的程序段，可以由操作者对程序段和执行情况进行控制。当操作机床使系统的“跳过程序段”信号生效时，程序执行时将跳过这些程序段；当“跳过程序段”信号无效时，程序段照常执行，该程序段和不加“/”符号的程序段相同。

(4) 程序段注释

为了方便检查、阅读数控程序，在许多数控系统中允许对程序进行注释，注释可以作为对操作者的提示显示在显示器上，但注释对机床动作没有丝毫影响。

程序的注释应放在程序的最后，不允许将注释插在地址和数字之间。FANUC 系统的程序注释用“()”括起来，SIEMENS 系统的程序注释则跟在“;”之后。本书为了便于读者阅读，一律用“;”表示程序段结束，而用“()”表示程序注释。

1.3.4 加工程序的组成与结构

(1) 加工程序的组成

一个完整的数控加工程序由程序号、程序内容和程序结束三部分组成，见表 1-4。

表 1-4　数控加工程序的组成

数控加工程序	注释
O9999;	程序号
N0010　G92　X100.0　Z50.0; N0020　S300　M03; N0030　G00　X40.0　Z0; …… N0120　M05;	程序内容
N0130　M30;	程序结束

1）程序号。每一个存储在系统存储器中的程序都需要指定一个程序号以相互区别。用于区别零件加工程序的代号称为程序号。因为程序号是加工程序开始部分的识别标记（又称为程序名），所以同一数控系统中的程序号（名）不能重复。

程序号写在程序的最前面，必须单独占一行。

FANUC 系统程序号的书写格式为 O××××，其中 O 为地址符，其后为四位数字，数值从 0000 到 9999。在书写时，其数字前的零可以省略不写，如 O0020 可写成 O20。

SIEMENS 系统中，程序号由任意字母、数字和下划线组成。一般情况下，程序号的前两位多以英文字母开头，如 AA123、BB456 等。

2）程序内容。程序内容是整个程序的核心部分，是由若干程序段组成的。一个程序段表示零件的一段加工信息，若干个程序段的集合完整地描述了一个零件加工的所有信息。

3）程序结束。程序结束部分由程序结束指令构成，它必须写在程序的最后。可以作为程序结束标记的 M 指令有 M02 和 M30，它们代表零件加工程序的结束。为了保证最后程序段的正常执行，通常要求 M02 或 M30 单独占一行。

此外，子程序结束的结束标记因系统的不同而不同，如 FANUC 系统中用 M99 表示子程序结束后返回主程序，而 SIEMENS 系统则常用 M17、M02 或字符“RET”作为子程序的结束标记。

(2) 加工程序的结构

数控加工程序的结构形式随数控系统功能的强弱而略有不同。对于功能较强的数控系统，加工程序可分为主程序和子程序，其结构见表 1-5。

表 1-5　主程序与子程序的结构形式

主程序	子程序
O2001；　主程序名 N10 G92 X100.0 Z50.0； N20 S800 M03 T0101； … N80 M98 P2002 L2；　调用子程序 … N200 M30；　程序结束	O2002；　子程序名 N10 G01 U-12. F0.1； N20 G04 X1.0； N30 G01 U12. F0.2； N40 M99；　程序返回

1）主程序。主程序即加工程序，它由指定加工顺序、刀具运动轨迹和各种辅助动作的程序段组成，是加工程序的主体结构。在一般情况下，数控机床是按其主程序的指令执行加工的。

2）子程序。在编制加工程序时，有时会遇到一组程序段在一个程序中多次出现，或在几个程序中都要用到的情况，那么这时就可把这一组加工程序段编制成固定程序，并单独予以命名，这组程序段即称为子程序。

使用子程序可以减少不必要的编程重复，从而达到简化编程的目的。子程序可以在存储器方式下调出使用，即主程序可以调用子程序，一个子程序也可以调用下一级子程序。

在主程序中，调用子程序指令是一个程序段，其格式随具体的数控系统而定。

1.3.5　常用功能指令的属性

（1）指令分组

所谓指令分组，就是将系统中不能同时执行的指令分为一组，并以编号区别。例如，G00、G01、G02、G03 就属于同组指令，其编号为 01 组。同组指令可以相互取代，同组指令在一个程序段内只能有一个生效，当在同一程序段内出现两个或两个以上的同组指令时，一般以最后输入的指令为准，有的机床还会出现机床系统报警。因此，在编程过程中要避免将同组指令编入同一程序段内，以免引起混淆。对于不同组的指令，在同一程序段内可以进行不同的组合。

G98 G40 G21；该程序段是规范的程序段，所有指令均为不同组指令。

G01 G02 X30.0 Z30.0 R30.0 F100；该程序段是不规范的程序段，其中 G01 与 G02 是同组指令。

（2）模态指令

模态指令（又称为续效指令）表示该指令一旦在一个程序段中指定，在接下来的程序段中一直持续有效，直到出现同组的另一个指令时，该指令才失效。与其对应的，仅在编入的程序段内才有效的指令称为非模态指令（或称为非续效指令），如 G 指令中的 G04 指令、M 指令中的 M00、M06 等指令。

模态指令的出现避免了在程序中出现大量的重复指令，使程序变得清晰明了。同样地，尺寸功能字如出现前后程序段的重复，则该尺寸功能字也可以省略。如下例程序段中有下划线的指令可以省略。

G01 X20.0 Z20.0 F150;

G01 X30.0 Z20.0 F150;

G02 X30.0 Z-20.0 R20.0 F100;

因此，以上程序可写成如下形式：

G01 X20.0 Z20.0 F150;

X30.0;

G02 Z-20.0 R20.0 F100;

通常情况下，绝大部分的 G 指令与所有的 F、S、T 指令均为模态指令，M 指令的情况比较复杂，请读者查阅有关系统出厂说明书。

(3) 开机默认指令

为了避免编程人员出现指令遗漏，数控系统中对每一组的指令都选取其中的一个作为开机默认指令，该指令在开机或系统复位时可以自动生效，因而在程序中允许不再编写。

常见的开机默认指令有 G01、G18、G40、G54、G99 和 G97 等。当程序中没有 G96 或 G97 指令时，用指令“M03 S200;”指定的主轴正转转速是 200r/min。

1.3.6 坐标功能指令的规则

(1) 绝对坐标与增量坐标

1) FANUC 系统的绝对坐标与增量坐标。在 FANUC 系统及部分国产系统中，不采用指令 G90/G91 来指定绝对坐标与增量坐标，而直接以地址 X、Z 组成的坐标功能字表示绝对坐标，用地址 U、W 组成的坐标功能字表示增量坐标。绝对坐标地址 X、Z 后的数值表示工件原点至该点间的矢量值，增量坐标地址 U、W 后的数值表示轮廓上前一点到该点的矢量值。如图 1-27 所示，在 *AB* 与 *CD* 轨迹中，*B* 点与 *D* 点的坐标如下：

① *B* 点的绝对坐标为 X20.0 Z10.0，增量坐标为 U-20.0 W-20.0。

② *D* 点的绝对坐标为 X40.0 Z0，增量坐标为 U40.0 W-20.0。

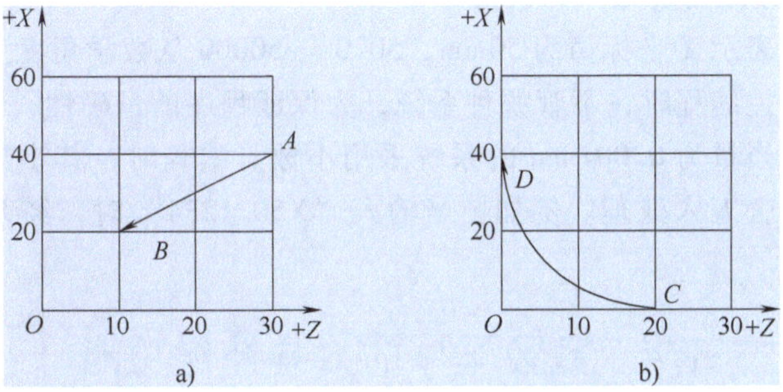

图 1-27 绝对坐标与增量坐标

2) SIEMENS 系统中的绝对坐标与增量坐标。在 SIEMENS 数控车床和数控铣床/加工中心系统中，绝对坐标用 G90 指令表示，增量坐标用 G91 指令表示。这两个指令可以相互切换，但不允许混合使用。如图 1-27 所示，*B* 点与 *D* 点的坐标如下：

① *B* 点的绝对坐标为 G90 X20.0 Z10.0，增量坐标为 G91 X-20.0 Z-20.0。

② *D* 点的绝对坐标为 G90 X40.0 Z0.0，增量坐标为 G91 X40.0 Z-20.0。

在 SIEMENS 系统中，除采用 G90 和 G91 分别表示绝对坐标和增量坐标外，有些系统

（如 802D）还可用符号“AC”和“IC”通过赋值的形式来表示绝对坐标和增量坐标，该符号可与 G90 和 G91 混合使用。其格式如下：

=AC（　）　（绝对坐标，赋值必须要有一个等于符号，数值写在括号中）

=IC（　）　（增量坐标）

例　如图 1-27 所示的轨迹 *AB* 与 *CD*，如采用混合编程，其程序段分别为

AB：G90 G01 X20.0 Z=IC（-20.0）F100；

CD：G91 G02 X40.0 Z=AC（0）CR=20.0 F100；

（2）米制与英制编程

多数系统用准备功能字来选择坐标功能字是使用米制还是英制，如 FANUC 系统采用 G21/G20 来进行米制、英制的切换，而 SIEMENS 系统则采用 G71/G70 来进行米制、英制的切换。其中 G21 或 G71 表示米制，而 G20 或 G70 表示英制。

例　G91 G20 G01 X20.0；（或 G91 G70 G01 X20.0；）表示刀具向 *X* 正方向移动 20in。

G91 G21 G01 X50.0；（或 G91 G71 G01 X50.0；）表示刀具向 *X* 正方向移动 50mm。

米制、英制对旋转轴无效，旋转轴的单位总是（°）（度）。

（3）小数点编程

数字单位（以米制为例）分为两种，一种是以 mm 为单位，另一种是以脉冲当量（即机床的最小输入单位）为单位，现在大多数机床常用的脉冲当量为 0.001mm。

对于数字的输入，有些系统可省略小数点，有些系统则可以通过系统参数来设定是否可以省略小数点，而有些系统小数点则不可省略。对于不可省略小数点编程的系统，当使用小数点进行编程时，数字以 mm（英制为 in）、角度以（°）度为输入单位。当不用小数点编程时，则以机床的最小输入单位作为输入单位。

如从 *A* 点（0，0）移动到 *B* 点（50，0）有以下三种表达方式：

X50.0

X50.　　（小数点后的零可省略）

X50 000　　（脉冲当量为 0.001mm）

以上三组数值均表示 *X* 坐标值为 50mm，50.0 与 50000 从数学角度上看两者相差了 1000 倍。因此，在进行数控编程时，不管哪种系统，为保证程序的正确性，最好不要省略小数点的输入。此外，脉冲当量为 0.001mm 的系统采用小数点编程时，其小数点后的位数超过四位时，数控系统按四舍五入处理。例如，当输入“X50.1234”时，经系统处理后的数值为“X50.123”。

1.4　数控车床的刀具补偿功能

1.4.1　刀具交换功能

（1）FANUC 系统刀具交换指令

T××××；

T 后跟四位数，前两位为刀具号，后两位为刀具补偿号。如 T0101，前面 01 表示换 1 号刀，后面的 01 表示使用 1 号刀具补偿。刀号与刀具补偿号可以相同，也可以不同。

（2）SIEMENS 系统刀具交换指令

T××D××；

T 后跟两位数，表示刀具号；D 后跟两位数，表示刀具补偿号。如 T04D01，表示更换 4 号刀，并采用 1 号刀具补偿。

1.4.2　刀具补偿功能

在数控编程过程中，为使编程工作更加方便，通常将数控刀具的刀尖假想成一个点，该点称为刀位点或刀尖点。在编程时，一般不考虑刀具的长度与刀尖圆弧半径，只需考虑刀位点与编程轨迹是否重合。但在实际加工过程中，由于刀尖圆弧半径与刀具长度各不相同，在加工中会产生很大的加工误差。因此，实际加工时必须利用刀具补偿指令使数控机床根据实际使用的刀具尺寸，自动调整各坐标轴的移动量，确保实际加工轮廓和编程轨迹完全一致。数控机床根据刀具实际尺寸，自动改变机床坐标轴或刀具刀位点位置，使实际加工轮廓和编程轨迹完全一致的功能，称为刀具补偿（系统界面上为“刀具补正”）功能。

数控车床的刀具补偿分为刀具偏移补偿（亦称为刀具长度补偿）和刀尖圆弧半径补偿两种。

1.4.3　刀具偏移补偿

（1）刀具偏移的含义

刀具偏移是用来补偿假定刀具长度与基准刀具长度之差的功能。数控车床系统规定 *X* 轴与 *Z* 轴可同时实现刀具偏移。

刀具偏移分为刀具几何偏移和刀具磨损偏移两种。由于刀具的几何形状不同、刀具安装位置不同而产生的刀具偏移称为刀具几何偏移，由刀具刀尖的磨损产生的刀具偏移则称为刀具磨损偏移（又称磨耗，系统界面显示为“摩耗”）。

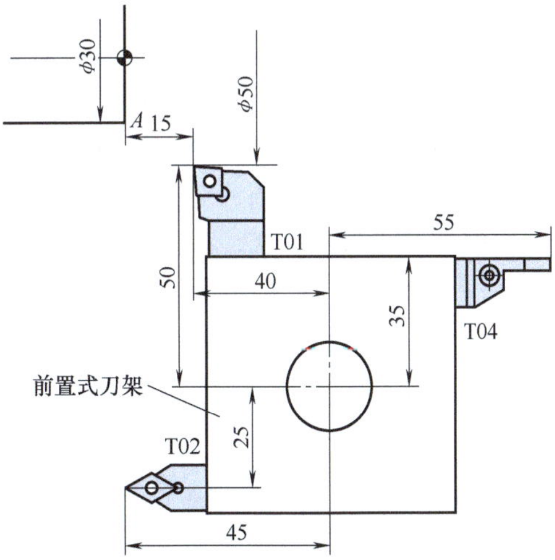

图 1-28　刀具偏移示例

刀具偏移示例如图 1-28 所示。以 1 号刀作为基准刀具，工件原点采用 G54 设定，则其他刀具与基准刀具的长度差值（可用负值表示）及转刀后刀具从刀位点到 *A* 点的移动距离见表 1-6。

表 1-6　刀具偏移补偿示例　（单位：mm）

项目＼刀具	T01(基准刀具)		T02		T04	
	X(直径)	*Z*	*X*(直径)	*Z*	*X*(直径)	*Z*
长度差值	0	0	-10	15	10	5
刀具移动距离	20	15	30	30	10	20

当更换为 2 号刀后，由于 2 号刀比基准刀具短 5mm，直径方向短 10mm；*Z* 方向比基准刀远 15mm（40mm-25mm=15mm）。因此，与基准刀具相比，2 号刀的刀位点从换刀点移动

到 A 点时，在 X 方向要多移动 10mm，而在 Z 方向要多移动 15mm。4 号刀移动的距离计算方法与 2 号刀相同。

FANUC 系统的刀具偏移补偿参数设置如图 1-29 所示，如要进行刀具磨损偏移设置，则只需按下“磨耗”软键即可进入相应的设置界面。具体参数设置过程请参阅本书 FANUC 系统机床操作部分的有关内容。图中的代码“T”指刀沿类型。

工具补正/形状　　O0001 N0000

番号	X	Z	R	T
G01	0.000	0.000	0.000	0
G02	−10.000	5.000	0.000	0
G03	0.000	0.000	0.000	0
G04	10.000	10.000	1.500	3
G05	0.000	0.000	0.000	0
G06	0.000	0.000	0.000	0
G07	0.000	0.000	0.000	0
G08	0.000	0.000	0.000	0

现在位置(绝对坐标)

X50.000 Z30.000

S 0 T0000

[磨耗] [形状] [工件移动] [ ] [ ]

图 1-29　FANUC 系统的刀具偏移补偿参数设置

（2）利用刀具几何偏移进行对刀操作

1）对刀操作的定义。调整每把刀的刀位点，使其尽量重合于某一理想基准点，这一过程称为对刀。

采用 G54 设定工件坐标系后进行对刀时，必须精确测量各刀具安装后相对于基准刀具的刀具长度差值，这给对刀带来了诸多不便，而且基准刀具的对刀误差还会直接影响其他刀具的加工精度。当采用 G50 设定工件坐标系后进行对刀时，原设定的坐标系如遇关机即丢失，并且程序起点还不能为任意位置。所以，目前数控车床普遍采用刀具几何偏移的方法进行对刀。

2）对刀操作的过程。直接利用刀具几何偏移进行对刀操作的过程如图 1-30 所示。首先手动操作加工端面，记录这时刀位点的 Z 方向机械坐标（即相对于机床原点的坐标值）。再用手动操作方式加工外圆，记录这时刀位点的机械坐标 X_1，停机测量工件直径 D，并计算出主轴中心的机械坐标 X。再将 X、Z 值输入相应的刀具几何偏移存储器中，完成该刀具的对刀操作。

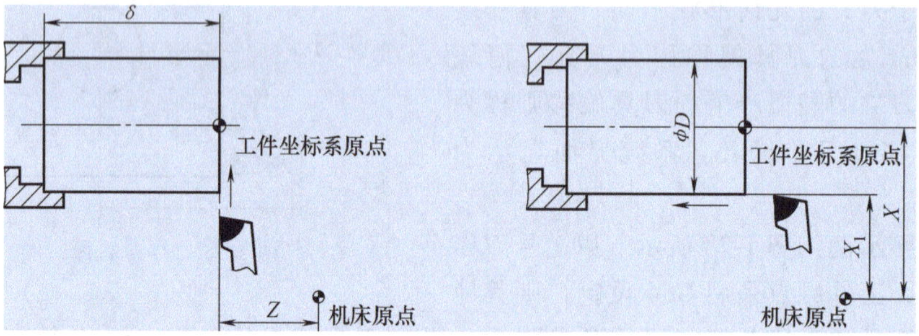

图 1-30　对刀操作的过程

其余刀具的对刀操作与上述方法相似，不过不能采用试切法进行，而是将刀具的刀位点靠到工件表面，记录相应的 Z 及 X_1 尺寸，通过测量计算后将相应的 Z、X 值输入相应的刀具几何偏移存储器中。

3）利用刀具几何偏移进行对刀操作的实质。利用刀具几何偏移进行对刀的实质就是利用刀具几何偏移使工件坐标系原点与机床原点重合。这时，假想的基准刀具位于机床原点，长度为零，通过对刀操作及刀具几何偏移设置后，刀架上的实际刀具比基准刀具的长度相差一个对应的 X 与 Z 值（X 与 Z 的绝对值为机床回参考点后，工件坐标系原点相对于刀架工作位置上各刀具刀位点的轴向距离），每把刀具要移到机床原点，必须多移动相应的 X 与 Z

值，从而使刀位点移到工件坐标系原点处。此时程序中所有坐标值均为相对于机床原点的坐标值。

（3）刀具偏移的应用

利用刀具偏移功能可以修整因对刀不正确或刀具磨损等原因造成的工件加工误差。

例　加工外圆表面时，如果外圆直径比要求的尺寸大了 0.2mm，此时只需将刀具偏移存储器中的 *X* 值减小 0.2，并用原刀具及原程序重新加工该零件，即可修整该加工误差。同样地，如出现 *Z* 方向的误差，其修整方法相同。

1.4.4　刀尖圆弧半径补偿

（1）刀尖圆弧半径补偿的定义

在实际加工中，由于刀具产生磨损及精加工的需要，常将刀具的刀尖修磨成半径较小的圆弧，这时的刀位点为刀尖圆弧的圆心。为确保工件轮廓形状，加工时不允许刀具刀尖圆弧的圆心运动轨迹与被加工工件轮廓重合，而应与工件轮廓偏移一个半径值，这种偏移称为刀尖圆弧半径补偿。圆弧形刀具的切削刃半径偏移也与其相同。

目前，多数数控系统都具有刀尖圆弧半径补偿功能。在编程时，只要按工件轮廓进行编程，再通过系统补偿一个刀尖圆弧半径即可。但有些数控系统却没有刀尖圆弧半径补偿功能。使用这些系统（机床）加工精度较高的圆弧或圆锥表面时，要通过计算来确定刀尖圆弧的圆心运动轨迹，再进行编程。

（2）假想刀尖与刀尖圆弧半径

在理想状态下，将尖形车刀的刀位点假想成一个点，该点即为假想刀尖（图 1-31 中的 *A* 点），在对刀时也是以假想刀尖进行对刀。但实际加工中的车刀，由于工艺或其他要求，刀尖往往不是一个理想的点，而是一段圆弧（图 1-31 中的 *BC* 圆弧）。

所谓刀尖圆弧半径是指车刀刀尖圆弧所构成的假想圆半径（图 1-31 中的 *r*）。实际所有车刀均有大小不等或近似的刀尖圆弧，假想刀尖在实际加工中是不存在的。

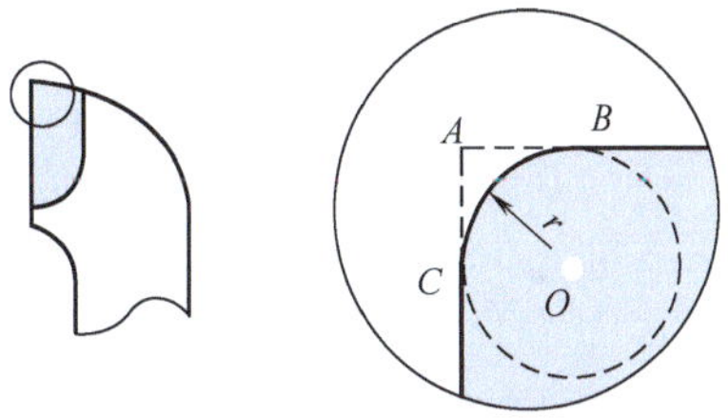

图 1-31　假想刀尖示意图

（3）未使用刀尖圆弧半径补偿功能时的加工误差分析（图 1-32）

用带圆弧刀尖的外圆车刀切削加工时，车刀圆弧刃（图 1-31）的对刀点分别为 *B* 点和 *C* 点，所形成的假想刀位点为 *A* 点。但在实际加工过程中，刀具切削点在刀尖圆弧上变动，从而在加工过程中可能产生过切或欠切现象。因此，在不使用刀尖圆弧半径补偿功能的情况下，采用圆弧刃车刀加工工件会出现以下几种误差情况：

1）加工台阶面或端面时，对加工表面的尺寸和形状影响不大，但在端面的中心位置和台阶的清角位置会产生残留误差（图 1-32a）。

2）加工圆锥面时，对圆锥的锥度不会产生影响，但对锥面的大小端尺寸会产生较大的影响，通常情况下，会使外锥面的尺寸变大（图 1-32b），使内锥面的尺寸变小。

3）加工圆弧时，会对圆弧的圆度和圆弧半径产生影响。加工外凸圆弧时，会使加工后的圆弧半径变小，其值等于理论轮廓半径 *R*−刀尖圆弧半径 *r*（图 1-32c）。加工内凹圆弧时，会使加工后的圆弧半径变大，其值等于理论轮廓半径 *R*+刀尖圆弧半径 *r*（图 1-32d）。

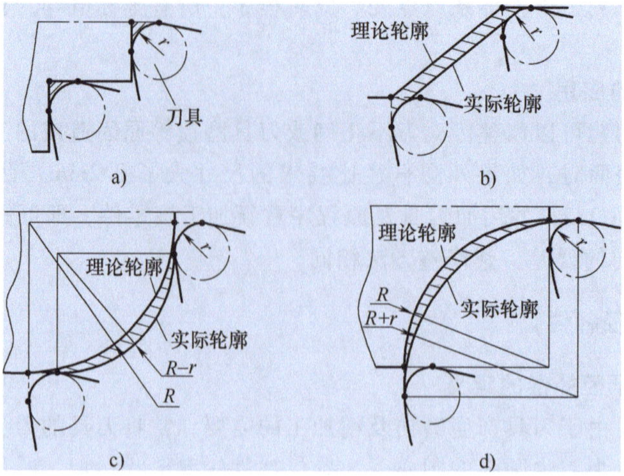

图 1-32 未使用刀尖圆弧半径补偿功能时的加工误差分析

（4）刀尖圆弧半径补偿指令

1）指令格式

G41 G01/G00 X __ Z __ F __； （刀尖圆弧半径左补偿）

G42 G01/G00 X __ Z __ F __； （刀尖圆弧半径右补偿）

G40 G01/G00 X __ Z __； （取消刀尖圆弧半径补偿）

2）指令说明。编程时，刀尖圆弧半径补偿偏置方向的判别如图 1-33a 所示。沿刀具的移动方向看，当刀具处在加工轮廓左侧时，称为刀尖圆弧半径左补偿，使用 G41 指令；当刀具处在加工轮廓右侧时，称为刀尖圆弧半径右补偿，使用 G42 指令。

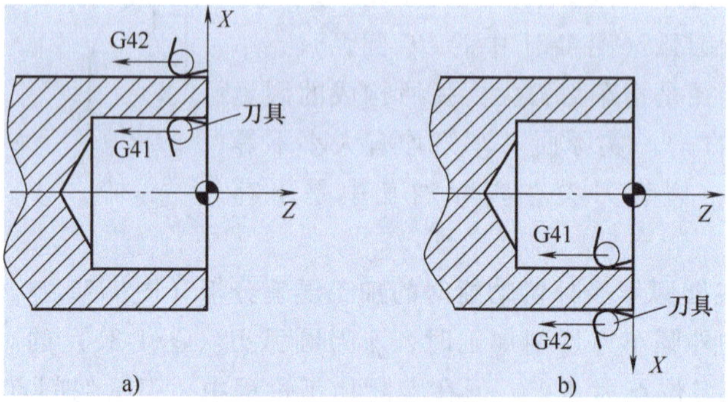

图 1-33 刀尖圆弧半径补偿偏置方向的判别

a）后置刀架 b）前置刀架

在使用刀尖圆弧半径补偿指令时，需要判断刀具是向左还是向右补偿。判别方法如下：顺着 *Y* 轴（垂直于刀具所在 *XOZ* 平面）的正方向看刀具的运动方向，刀具在工件左侧使用 G41 指令，刀具在工件右侧使用 G42 指令。使用该判别方法，可正确判断出前置刀架中刀尖圆弧半径偏置方向，如图 1-33b 所示。

（5）车刀刀沿位置的确定

数控车床采用刀尖圆弧半径补偿进行加工时，如果刀具的刀尖形状和切削时所处的位置（即刀沿位置）不同，那么刀具的补偿量与补偿方向也不同。根据各种刀尖形状及刀尖位置的不同，数控车刀的刀沿位置共有九种，如图 1-34 所示。

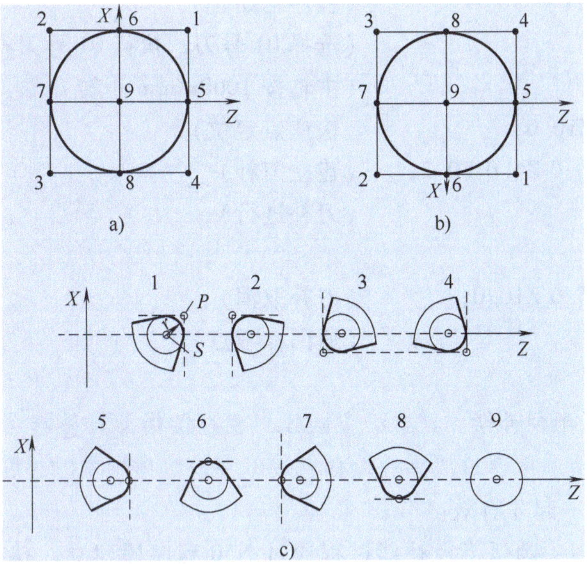

图 1-34　数控车刀的刀沿位置

a）后置刀架　b）前置刀架　c）假想刀尖方向

P—假想刀尖点　*S*—刀沿圆心位置　*r*—刀尖圆弧半径

除 9 号刀沿外，数控车床的对刀均是以假想刀位点进行的。也就是说，在刀具偏移存储器中，G54 坐标系设定的值是通过假想刀尖点（图 1-34c 中 *P* 点）进行对刀后所得的机床坐标系中的绝对坐标值。

数控车床刀尖圆弧半径补偿 G41/G42 指令后不带任何补偿号。在 FANUC 系统中，该补偿号（代表所用刀具对应的刀尖圆弧半径补偿值）由 T 指令指定，其刀尖圆弧半径补偿号与刀具偏置补偿号对应，如图 1-29 中的 “G04” 设置。在 SIEMENS 系统中，该补偿号由 D 指令指定，其后的数字表示刀具偏移存储器号，其设置请参阅本书第 5 章。

刀尖圆弧半径补偿过程

在判别刀沿位置时，同样要沿 *Y* 轴由正、负方向观察刀具，同时也要特别注意前、后置刀架的区别。前置刀架的刀沿位置判别方法与刀尖圆弧半径补偿偏置方向判别方法相似，也可将刀具、工件、*X* 轴绕 *Z* 轴旋转 180°，使 *Y* 轴正向向外，从而使前置刀架转换成后置刀架来进行判别。例如当刀尖靠近卡盘侧时，不管是前置刀架还是后置刀架，其车刀外圆的刀沿位置号均为 3 号。

（6）刀尖圆弧半径补偿过程

刀尖圆弧半径补偿的过程分为三步：建立刀尖圆弧半径补偿、进行刀尖圆弧半径补偿和取消刀尖圆弧半径补偿。其补偿过程如图 1-35 所示（车刀外圆的刀沿号为 3 号），加工程序名为 O0010。

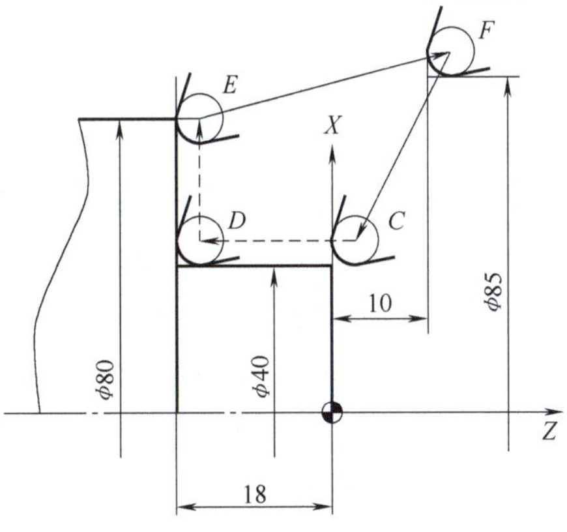

图 1-35　刀尖圆弧半径补偿过程

FC—建立刀尖圆弧半径补偿　*CDE*—进行刀尖圆弧半径补偿　*EF*—取消刀尖圆弧半径补偿

```
O0010;
N10 G99 G40 G21;                (程序初始化)
N20 T0101;                      (选择01号刀，执行01号刀补)
N30 M03 S1000;                  (主轴按1000r/min正转)
N40 G00 X85.0 Z10.0;            (快速点定位)
N50 G42 G01 X40.0 Z5.0 F0.2;    (建立刀补)
N60     Z-18.0;                 (刀补进行)
N70     X80.0;
N80 G40 G00 X85.0 Z10.0;        (刀补取消)
N90 G28 U0 W0;                  (返回参考点)
N100 M30;
```

1）建立刀尖圆弧半径补偿。建立刀尖圆弧半径补偿指刀具从起点接近工件时，车刀圆弧刃的圆心从与编程轨迹重合过渡到与编程轨迹偏离一个偏置量的过程。该过程的实现必须与 G00 或 G01 指令在一起才有效。

在上述程序中，刀尖圆弧半径补偿过程通过 N50 程序段建立。执行 N50 程序段后，车刀圆弧刃的圆心坐标位置由以下方法确定：将包含 G42 指令的下边两个程序段（N60、N70）预读，连接在补偿平面内最近两移动语句的终点坐标（图 1-35 中的 *CD* 连线），其连线的垂直方向为偏置方向，根据 G41 或 G42 指令来确定偏向哪一边，偏置的大小由刀尖圆弧半径值（设置在图 1-29 所示界面中）决定。经补偿后，车刀圆弧刃的圆心位于图 1-35 中的 *C* 点处，其坐标值为［(40+刀尖圆弧半径×2)，5.0］。

2）进行刀尖圆弧半径补偿。在 G41 或 G42 程序段后，程序进入补偿模式，此时车刀圆弧刃的圆心与编程轨迹始终相距一个偏置量，直到取消刀尖圆弧半径补偿。

在该补偿模式下，数控系统同样要预读两段程序，找出当前程序段所示刀具轨迹与下一程序段偏置后的刀具轨迹交点，以确保数控系统把下一段工件轮廓向外补偿一个偏置量，如图 1-35 中的 *D* 点、*E* 点等。

3）取消刀尖圆弧半径补偿。刀具离开工件，车刀圆弧刃的圆心轨迹过渡到与编程轨迹重合的过程称为取消刀尖圆弧半径补偿，如图 1-35 中的 *EF* 段（即 N80 程序段）。

刀尖圆弧半径补偿的取消用 G40 指令来执行。需要特别注意的是，G40 指令必须与 G41 指令或 G42 指令成对使用。

（7）进行刀尖圆弧半径补偿的注意事项

1）刀尖圆弧半径补偿模式的建立与取消程序段只能在 G00 或 G01 移动指令模式下才有效。虽然现在有部分系统也支持 G02、G03 指令模式，但为防止出现差错，在建立与取消刀尖圆弧半径补偿的程序段中最好不使用 G02、G03 指令。

2）G41/G42 指令不带参数，其补偿号（代表所用刀具对应的刀尖圆弧半径补偿值）由 T 指令指定。该刀尖圆弧半径补偿号与刀具偏置补偿号对应。

3）采用切线切入方式或法线切入方式建立或取消刀尖圆弧半径补偿。对于不便于沿工件轮廓线方向切入或法向切入切出时，可根据情况增加一个过渡圆弧的辅助程序段。

4）为了防止在刀尖圆弧半径补偿建立与取消过程中刀具产生过切现象，在建立与取消刀尖圆弧半径补偿时，程序段的起始位置与终点位置最好与补偿方向在同一侧。

5）在刀尖圆弧半径补偿模式下，一般不允许存在连续两段以上的补偿平面非移动指令，否则刀具也会出现过切等危险动作。补偿平面非移动指令通常指：仅有 G、M、S、F、T 指令的程序段（如 G90 指令，M05 指令）及程序暂停程序段（G04 X10.0）。

6）在选择刀尖圆弧偏置方向和刀沿位置时，要特别注意前置刀架和后置刀架的区别。

第 2 章

数控车削加工工艺

思维导图：

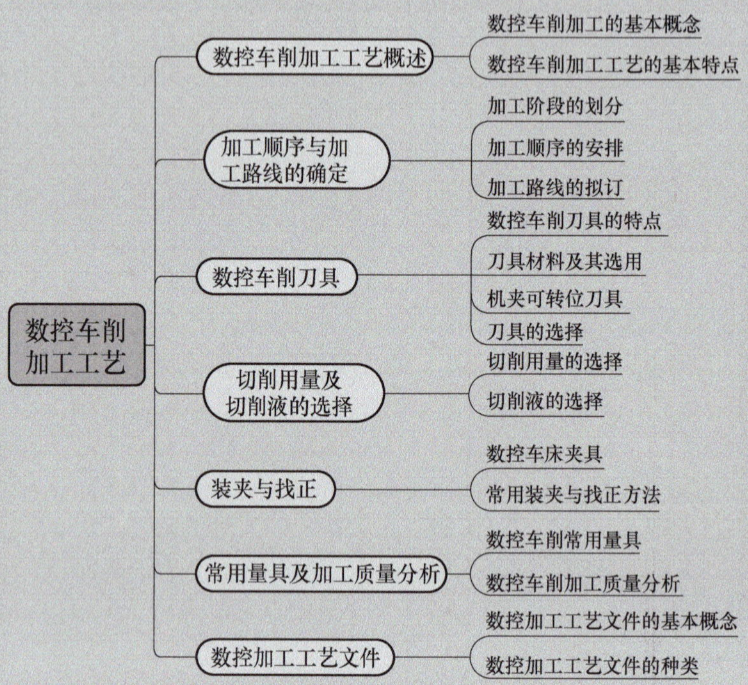

2.1 数控车削加工工艺概述

2.1.1 数控车削加工的基本概念

（1）数控车削加工的定义

数控车削加工是指在数控车床上进行自动加工零件的一种工艺方法。数控车削加工的实质是：数控车床按照预先编制好的加工程序，通过数字控制自动对零件进行加工。

（2）数控车削加工的内容

一般来说，数控车削加工流程如图 2-1 所示，主要包括分析零件图样并制订加工方案、工件的定位与装夹、刀具的选择与安装、编制数控加工程序、试运行或试切削并校验数控车削加工程序、数控车削加工、工件的验收与质量误差分析等内容。

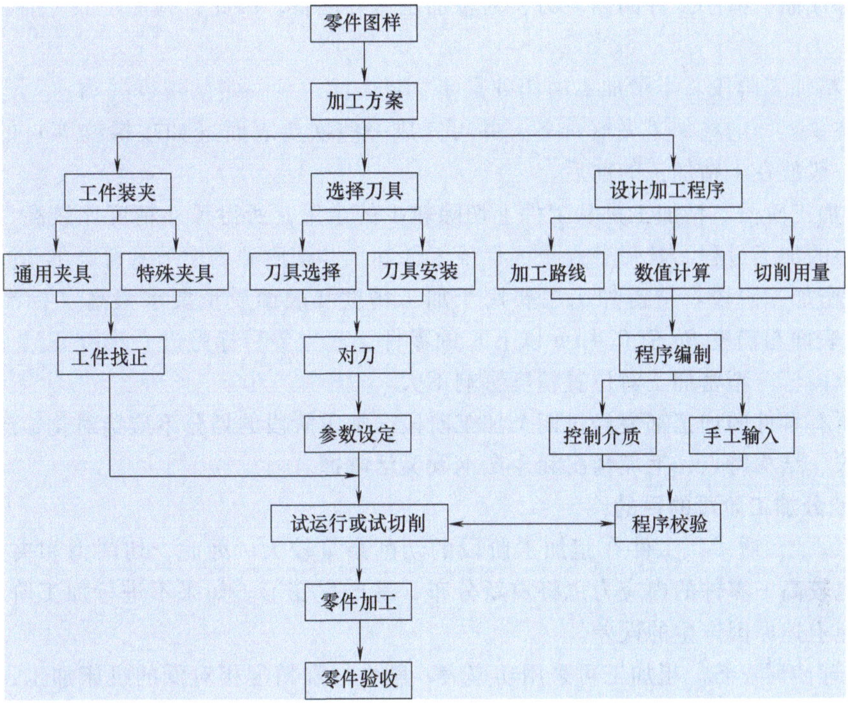

图 2-1　数控车削加工流程

2.1.2　数控车削加工工艺的基本特点

工艺规程是技术工人在加工时的指导性文件。由于普通车床受控于操作者，因此，在普通车床上使用的工艺规程实际上只是一个工艺过程卡，切削用量、进给路线、工序的工步等往往都是由操作者自行选定的。数控车削加工程序是数控车床的指令性文件，数控车床受控于程序指令，加工的全过程都是按程序指令自动进行的。因此，数控车削加工程序与普通车床工艺规程有较大差别，涉及的内容也较广。数控车削加工程序不仅包括零件的工艺过程，还包括切削用量、进给路线、刀具尺寸以及机床的运动过程。因此，要求编程人员对数控车床的性能、特点、运动方式、刀具系统、切削规范以及工件的装夹方法都要非常熟悉。工艺方案的好坏不仅会影响机床效率的发挥，而且将直接影响零件的加工质量。

2.2　加工顺序与加工路线的确定

2.2.1　加工阶段的划分

对于重要的零件，为了保证其加工质量和合理使用设备，加工过程可划分为四个阶段，即粗加工阶段、半精加工阶段、精加工阶段和精密加工（包括光整加工）阶段。

(1) 不同加工阶段的任务

1）粗加工阶段。粗加工的任务是切除毛坯上大部分多余的材料，使毛坯在形状和尺寸上接近零件成品，减小工件的内应力，为精加工做好准备。因此，粗加工的主要目标是提高生产率。

2）半精加工阶段。半精加工的任务是使主要表面达到一定的精度并留有一定的精加工余量，为主要表面的精加工做好准备，并可完成一些次要表面（如攻螺纹等）的加工。热处理工序一般放在半精加工的前后。

3）精加工阶段。精加工是从工件上切除较少的余量，所得尺寸精度比较高、表面粗糙度值比较小的加工过程。其任务是全面保证工件的尺寸精度和表面质量符合加工要求。

4）精密加工阶段。精密加工主要用于加工精度和表面质量要求很高（标准公差等级IT6以上，表面粗糙度 Ra 值 0.4μm 以下）的零件，其主要目标是进一步提高尺寸精度、减小表面粗糙度值。精密加工对位置精度影响不大。

并非所有零件的加工都要经过四个加工阶段，加工阶段的划分不应绝对化，应根据零件的质量要求、结构特点、毛坯情况和生产纲领灵活掌握。

（2）划分加工阶段的目的

1）保证加工质量。工件在粗加工阶段的切削余量较大。因此，切削力和夹紧力较大，切削温度也较高，零件的内应力也将重新分布，易产生变形。如果不进行加工阶段的划分，将无法避免上述原因产生的误差。

2）合理使用设备。粗加工可采用功率大、刚性好和精度相对低的机床加工，切削用量也可取较大值，以提高效率；精加工的切削力较小，对机床破坏小，从而保持了设备的精度。因此，划分加工阶段既可提高生产率，又可延长精密设备的使用寿命。

3）便于及时发现毛坯缺陷。对于毛坯的各种缺陷（如铸件、夹砂和余量不足等），在粗加工后即可发现，便于及时修补或决定是否报废。

4）便于组织生产。通过划分加工阶段，便于安排一些非切削加工工艺（如热处理工艺、去应力工艺等），有助于企业组织生产。

2.2.2 加工顺序的安排

（1）加工顺序安排原则

1）基准面先行原则。用作精基准的表面应优先加工出来，因为定位基准的表面越精确，装夹误差就越小。

2）先粗后精原则。各个表面的加工顺序按照粗加工→半精加工→精加工→精密加工的顺序依次进行，逐步提高表面的加工精度和表面质量。

3）先主后次原则。零件的主要工作表面、装配基面应先加工，从而能及早发现毛坯中主要表面可能出现的缺陷。次要表面可穿插进行，放在主要加工表面加工到一定程度后、最终在精加工之前进行。

（2）工序的划分

1）工序的定义。工序是工艺过程的基本单元。它是一个（或一组）工人在一个工作地点，对一个（或同时几个）工件连续完成的那一部分加工过程。划分工序的要点是工人、工件及工作地点不变，并连续加工完成。

2）工序划分原则。工序划分原则主要有两种，即工序集中原则和工序分散原则。在数控车床、加工中心上加工的零件一般按工序集中原则划分工序。

3）工序划分的方法。常用的工序划分方法主要有以下几种：

① 按所用刀具划分。以同一把刀具完成的那一部分工艺过程为一道工序，这种方法适用于工件的待加工表面较多，机床连续工作时间较长，加工程序的编制和检查难度较大等情况。加工中心常用这种划分方法。

② 按安装次数划分。以一次安装完成的那一部分工艺过程为一道工序。这种方法适用于加工内容不多的工件，加工完成后就能达到待检状态。

③ 按粗、精加工划分。即粗加工完成的那部分工艺过程为一道工序，精加工完成的那一部分工艺过程为一道工序。这种划分方法适用于加工后变形较大，需粗、精加工分开的零件，如毛坯为铸件、焊接件或锻件。

④ 按加工部位划分。即以完成相同形面的那一部分工艺过程为一道工序，对于加工表面多且复杂的零件，可按其结构特点（如内形、外形、曲面和平面等）划分成多道工序。

4）数控车削工序划分示例：

例 1　图 2-2a 所示工件按所用刀具划分加工工序时，工序一：钻头钻孔，去除加工余量；工序二：外圆车刀粗、精加工外形轮廓；工序三：内孔车刀粗、精车内孔。

例 2　图 2-2b 所示工件按安装次数划分加工工序时，工序一：以外形毛坯定位装夹加工左端轮廓；工序二：以加工好的外圆表面定位加工右端轮廓。

例 3　图 2-2a 所示工件按加工部位划分加工工序时，工序一：工件外轮廓的粗、精加工；工序二：工件内轮廓的粗、精加工。

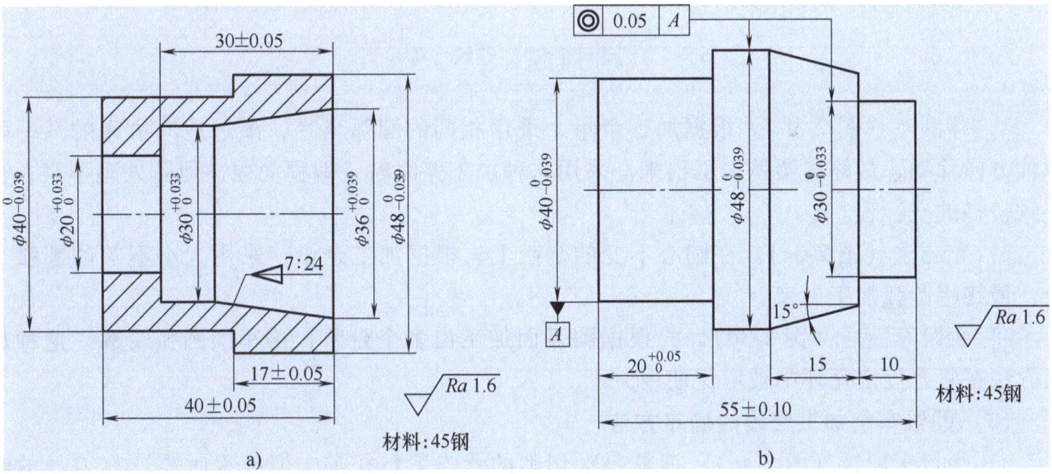

图 2-2　数控车削工序划分示例

a）套类零件　b）轴类零件

（3）工步的划分

工步是指在一次装夹中，加工表面、切削刀具和切削用量都不变的情况下所进行的那部分加工。划分工步的要点是工件表面、切削刀具和切削用量不变，同一工步中可能有几次进给。

通常情况下，可分别按粗、精加工分开，由近及远的加工方法来划分工步。在划分工步时，要根据零件的结构特点、技术要求等情况综合考虑。

2.2.3 加工路线的拟订

(1) 加工路线的确定原则

在数控加工中，刀具刀位点相对于零件运动的轨迹称为加工路线。加工路线的确定与工件的加工精度和表面质量直接相关，其确定原则如下：

1）加工路线应保证被加工零件的精度和表面质量，且效率较高。

2）使数值计算简便，以减少编程工作量。

3）应使加工路线最短，这样既可减少程序段，又可减少空刀时间。

4）加工路线还应根据工件的加工余量和机床、刀具的刚度等具体情况确定。

(2) 圆弧车削加工路线的确定方法

1）车锥法（图 2-3a）。根据加工余量，采用圆锥分层切削的方法将加工余量去除后，再进行圆弧精加工。采用这种加工路线时，加工效率高，但计算麻烦。

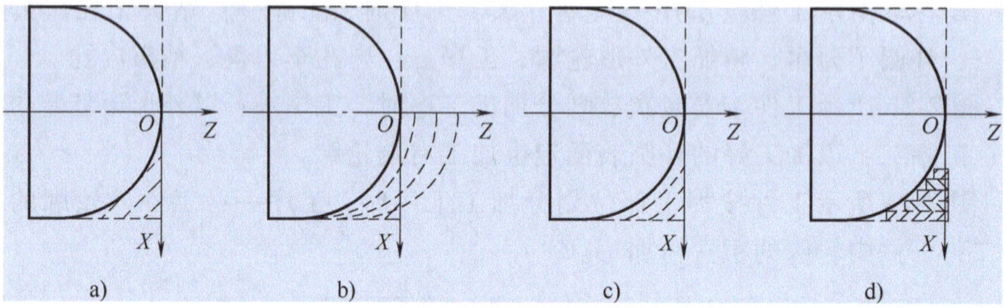

图 2-3 圆弧车削加工路线的确定方法

2）移圆法（图 2-3b）。根据加工余量，采用相同的圆弧半径，渐进地向机床的某一坐标轴方向移动，最终将圆弧加工出来。采用这种加工路线时，编程简便，但若处理不当，会导致较多的空行程。

3）车圆法（图 2-3c）。在圆心不变的基础上，根据加工余量，采用大小不等的圆弧半径，最终将圆弧加工出来。

4）台阶车削法（图 2-3d）。先根据圆弧面加工出多个台阶，再车削圆弧轮廓。这种加工方法在复合固定循环中被广泛使用。

(3) 圆锥车削加工路线的确定方法

1）平行车削法（图 2-4a）。刀具每次切削的背吃刀量相等，但编程时需计算刀具的起点和终点坐标。采用这种加工路线时，加工效率高，但计算麻烦。

2）终点车削法（图 2-4b）。采用这种加工路线时，刀具的终点坐标相同，无须计算终点坐标，计算方便。但每次切削过程中，背吃刀量是变化的。

3）台阶车削法（图 2-4c）。先根据圆弧面加工出多个台阶，再车削圆弧轮廓。这种加工方法在复合固定循环中被广泛使用。

(4) 螺纹加工路线的确定方法

1）螺纹的加工方法：

① 直进法。螺纹车刀 X 方向间歇进给至牙深处（图 2-5a）。采用该方法加工梯形螺纹时，螺纹车刀的三面都参与切削，导致排屑困难，切削力和切削热增加，刀尖磨损严重。当

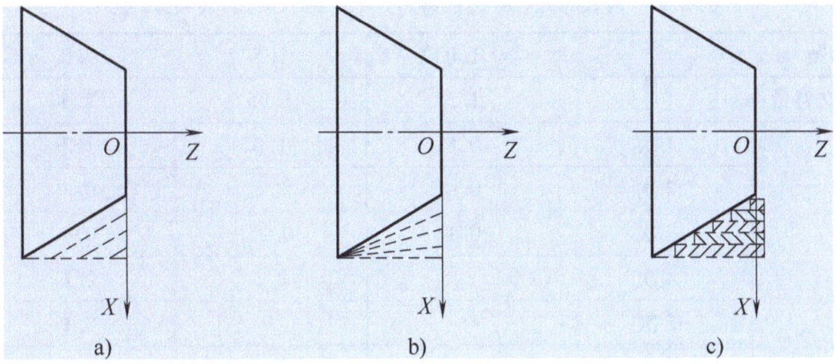

图 2-4　圆锥车削加工路线的确定方法

进给量过大时，还可能产生“扎刀”和“爆刀”现象。

② 斜进法。螺纹车刀沿牙型角方向斜向间歇进给至牙深处（图 2-5b）。采用该方法加工梯形螺纹时，螺纹车刀始终只有一个侧刃参与切削，从而使排屑比较顺利，刀尖的受力和受热情况有所改善，在车削中不易引起“扎刀”现象。

③ 交错切削法。螺纹车刀沿牙型角方向交错间隙进给至牙深（图 2-5c），这种方法类同于斜进法。

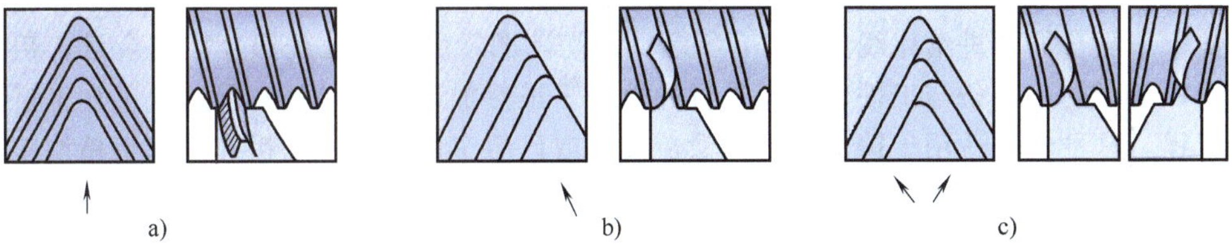

图 2-5　螺纹加工路线的确定方法

2）螺纹轴向起点和终点尺寸的确定方法。在数控车床上车削螺纹时，沿螺距方向的 Z 方向进给量应和机床主轴的旋转保持严格的速比关系，但在实际开始车削螺纹时，伺服系统不可避免地有一个加速的过程，结束前也相应有一个减速的过程。在这两段时间内，螺距得不到有效保证。为了避免在进给机构加速或减速过程中切削，在安排其工艺时要尽可能考虑合理的升速进刀段 δ_1 和降速退刀段 δ_2，如图 2-6 所示。

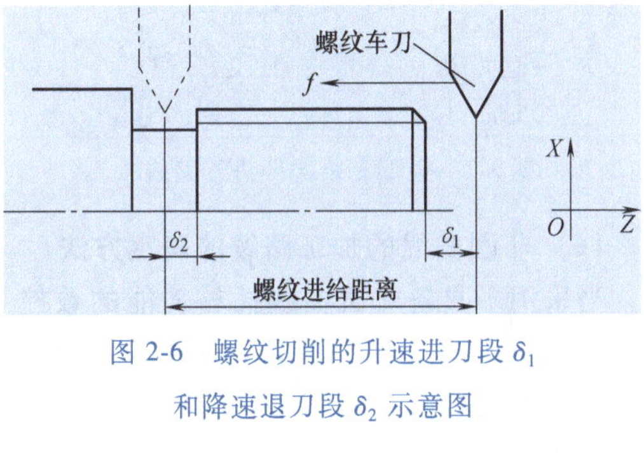

图 2-6　螺纹切削的升速进刀段 δ_1 和降速退刀段 δ_2 示意图

δ_1 和 δ_2 的数值与机床拖动系统的动态特性有关，还与螺纹的螺距和螺纹的精度有关。一般 δ_1 取（2~3）P，大螺距和高精度的螺纹取较大值；δ_2 一般取（1~2）P。若螺尾处没有退刀槽，其 $\delta_2=0$，则该处的收尾形状由数控系统的功能确定。

3）螺纹加工的多刀切削。如果螺纹牙型较深或螺距较大，可分多次进给。每次进给的背吃刀量为实际牙型高度减去精加工背吃刀量后所得的差，并按递减规律分配。常用普通螺纹切削时的进给次数与背吃刀量（直径量）可参考表 2-1 选取。

表 2-1　常用普通螺纹切削时的进给次数与背吃刀量

螺距/mm		1.0	1.5	2.0	2.5
总背吃刀量/mm		1.3	1.95	2.6	3.25
每次背吃刀量/mm	1次	0.8	1.0	1.2	1.3
	2次	0.4	0.6	0.7	0.9
	3次	0.1	0.25	0.4	0.5
	4次		0.1	0.2	0.3
	5次			0.1	0.15
	6次				0.1

（5）毛坯切削循环加工路线的确定方法

在数控车削加工过程中，考虑毛坯的形状、零件的刚性和结构工艺性、刀具形状、生产效率和数控系统具有的循环切削功能等因素，大余量毛坯切削循环加工路线主要有矩形复合循环进给路线和仿形车复合循环进给路线两种形式。

矩形复合循环进给路线如图 2-7 所示，为切除图示的双点画线部分加工余量，粗加工走的是一条类似于矩形的轨迹。粗加工完成后，为避免在工件表面出现台阶形轮廓，还要沿工件轮廓按编程要求的精加工余量走一条半精加工的轨迹。矩形复合循环进给路线较短，加工效率较高，通常通过数控系统的轮廓粗车循环指令来实现。

仿形车复合循环进给路线如图 2-8 所示，为切除图示的双点画线部分加工余量，粗加工和半精加工走的是一条与工件轮廓相平行的轨迹，虽然加工路线较长，但避免了加工过程中的空行程。这种轨迹适用于铸造成形、锻造成形或已粗车成形工件的粗加工和半精加工，通常通过数控系统的轮廓仿形车复合循环指令来实现。

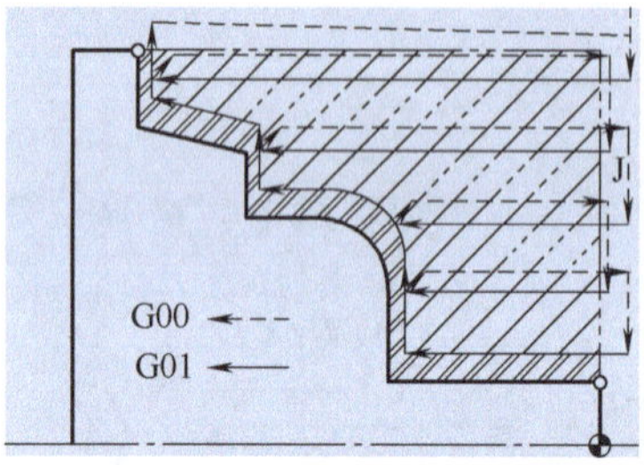

图 2-7　矩形复合循环进给路线

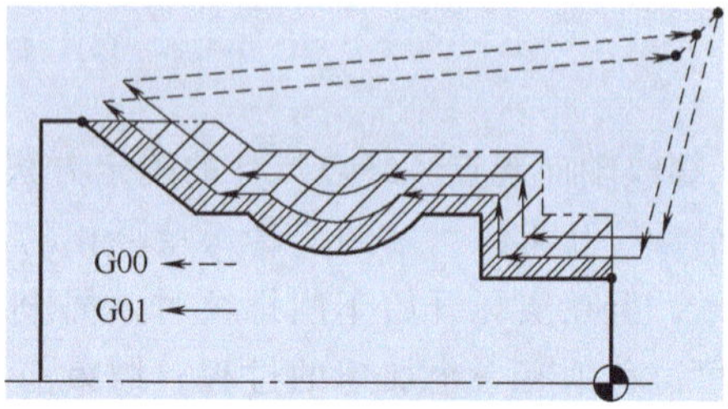

图 2-8　仿形车复合循环进给路线

（6）非圆曲线的加工路线的确定方法

当采用不具备非圆曲线插补功能的数控系统编程加工非圆曲线轮廓的零件时，往往采用短直线或圆弧去近似替代非圆曲线，这种处理方式称为拟合处理，非圆曲线等步距短直线拟合如图 2-9 所示。拟合线段中的交点或切点称为节点。

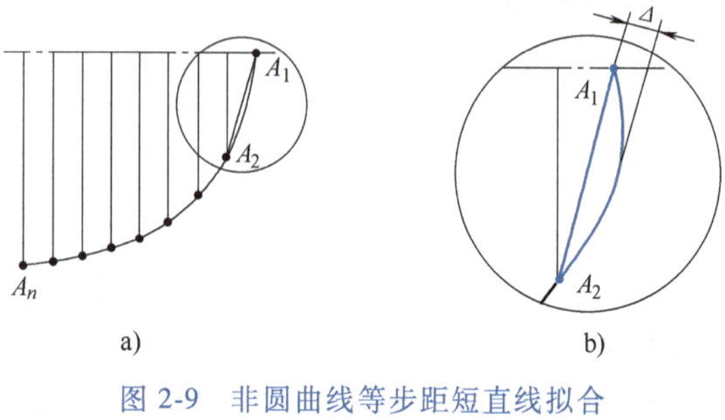

图 2-9　非圆曲线等步距短直线拟合

非圆曲线拟合的方法很多，主要包括直线法和圆弧法两种。直线法包括等步距法、等误差法和等弦长法等；圆弧法包括单圆弧法、双圆弧法和三圆弧法。其中，等步距法和等误差法的应用较为广泛。

2.3　数控车削刀具

2.3.1　数控车削刀具的特点

与普通车削刀具相比，数控车削刀具具有“三高一专”——高效率、高精度、高可靠性和专用化的特点。具体表现在以下方面：

1）刀具切削性能稳定，断屑或卷屑可靠，耐磨性好。

2）采用先进的高效结构，能迅速、精确地调整刀具，并能快速自动换刀。

3）刀具的标准化、系列化和通用化结构体系，与数控车削的特点和数控车床的发展相适应。数控车削刀具系统是一种模块化、层次式可分级更换组合的结构体系。

4）有完善的刀具组装、预调、编码标识与识别系统。对于刀具及工具系统，建有完整的数据库及管理系统。

5）将刀具的结构信息（包括刀具类型、规格，刀片、刀夹、刀柄及刀座的构成）、工艺数据等给予详尽完整的描述，以便合理地使用机床与刀具，获得良好的综合效益。

6）具有可靠的刀具工作状态监控系统。

2.3.2　刀具材料及其选用

（1）常用数控车削刀具材料

刀具材料是决定刀具切削性能的根本因素，对于加工质量、加工效率、加工成本以及刀具寿命都有重大影响。当前使用较为广泛的数控车削刀具材料主要有高速钢、硬质合金、陶瓷、立方氮化硼和聚晶金刚石五类，各种刀具材料的主要性能指标见表 2-2，差别很大，每一种类的刀具材料都有其特定的加工范围。

表 2-2　各种刀具材料的主要性能指标

刀具材料	主要性能指标					
	硬度		抗弯强度/MPa		耐热性/℃	热导率/[W/(m·K)]
高速钢	62～70HRC	低↑高	4500～2000	高↓低	600～700	15.0～30.0
硬质合金	89～93.5HRA		2350～800		800～1100	20.9～87.9
陶瓷	91～95HRA		1500～700		>1200	15.0～38.0
立方氮化硼	4500HV		800～500		1300～1500	130
聚晶金刚石	>9000HV		1100～600		700～800	210

（2）高速钢刀具材料及其选用

高速钢俗称锋钢或白钢，是一种含有较多的 W、Cr、V、Mo 等合金元素的高合金工具钢。高速钢在强度、韧性及工艺性能等方面都有优良的性能表现，而且制造工艺简单，成本低，容易刃磨成锋利的切削刃，锻造、热处理变形小，因此，在复杂刀具（如麻花钻、丝锥、成形刀具、拉刀和齿轮刀具等）制造中仍占有主要地位。

高速钢可分为普通高速钢、高性能高速钢和粉末冶金高速钢等类型。普通高速钢主要以

W18Cr4V 和 W6Mo5Cr4V2 为代表，主要用于加工普通钢、合金钢和铸件。高性能高速钢主要包括高碳高速钢、高钒高速钢、钴高速钢和铝高速钢，其性能比普通高速钢提高了许多，可用于切削高强度钢、高温合金、钛合金等难加工材料。但要注意钴高速钢的韧性较差，不适用于连续切削或在工艺系统刚性不足的条件下使用。

（3）硬质合金刀具材料及其选用

硬质合金是用高硬度、高熔点的金属碳化物（如 WC、TiC、TaC 和 NbC 等）粉末和金属黏结剂（如 Co、Ni 和 Mo 等）经过高压成形，并在 1500℃左右的高温下烧结而成的。由于金属碳化物硬度很高，因此其热硬性、耐磨性好，但其抗弯强度低于高速钢，韧性较差。

依据国际标准化组织颁布的硬质合金分类标准，可将切削用硬质合金按用途分为 P（以蓝色作标志）、M（以黄色作标志）和 K（以红色作标志）三类。而根据其合金元素的含量，常用的硬质合金又分成钨钴类、钨钛钴类和钨钛钽（铌）钴类三类。钨钴类（WC-Co）硬质合金的代号为 YG，相当于 ISO 标准的 K 类。这类硬质合金代号后面的数字代表 Co 含量的质量百分数。钨钛钴类（WC-TiC-Co）硬质合金的代号为 YT，相当于 ISO 标准的 P 类，这类硬质合金代号后面的数字代表 TiC 含量的质量百分数。钨钛钽（铌）钴类［WC-TiC-TaC(NbC)-Co］硬质合金的代号为 YW，相当于 ISO 标准的 M 类。

硬质合金刀具具有良好的切削性能。与高速钢刀具相比，硬质合金刀具加工效率更高，使用的主轴转速通常为高速钢刀具的 3~5 倍。而且刀具的寿命可提高几倍到几十倍，被广泛地用来制作可转位刀片。但硬质合金刀具是脆性材料，容易碎裂。使用较低的主轴转速会使硬质合金刀具崩刃甚至损坏。此外，硬质合金刀具价格昂贵，使用时需要特殊的加工环境。

硬质合金刀具的应用范围相当广泛，在数控刀具材料中占主导地位，覆盖大部分常规加工的领域，既可用于加工各种铸铁，又可用于加工各种钢和耐热合金等，而且还可用来加工淬硬钢及许多高硬度的难加工材料。在现代的被加工材料中，90%~95%的材料可以使用 P 类和 K 类硬质合金加工，其余 5%~10%的材料可以使用 M 类和 K 类硬质合金加工。

（4）陶瓷刀具材料及其选用

陶瓷是含有金属氧化物或氮化物的无机非金属材料，其特点是：具有高硬度、高强度、高热硬性、高耐磨性，化学稳定性优良，摩擦因数低等。陶瓷刀具的最佳切削速度可比硬质合金刀具高 2~10 倍，而且刀具寿命长，换刀次数少，可大大提高生产效率。但是，陶瓷刀具最大的缺点是脆性大，抗弯强度和抗冲击强度都比硬质合金刀具低得多。此外，陶瓷的导热性很差（高温时则更差），热导率仅为硬质合金的 1/5~1/2，热膨胀系数却比硬质合金高 10%~30%。因此，陶瓷的耐热及抗冲击性能很差，当温度变化较大时，容易产生裂纹。这些缺点大大限制了陶瓷刀具的使用范围。

目前陶瓷刀具主要用于硬质合金刀具不能加工的普通钢、铸铁的高速加工以及难加工材料的加工。陶瓷材料的各种机夹可转位车刀常应用于高强度、高硬度、耐磨铸铁（钢）、锻钢、高锰钢、淬火钢、粉末冶金、工程塑料和耐磨复合材料等零部件生产线上，可满足高速、高效、硬质、干式机加工技术的要求。

只有使用转速高、功率大和刚性好的数控机床才能发挥陶瓷刀具的优越性能。陶瓷刀具适用于高速切削，能达到 200~800m/min 或更高的切削速度，因此要求机床应具有较高的转速、较大的功率和较高的刚性。此外，硬铸件毛坯上的严重夹砂和砂眼将会损坏刀具，因此加工前要对缺陷部分进行清理和修正。

(5) 聚晶金刚石刀具材料及其选用

聚晶金刚石（Poly Crystalline Diamond，PCD）的硬度、耐磨性在各个方向都是均匀的，因此，具有极高的硬度和耐磨性、优良的导热性和较低的热膨胀系数，切削刃非常锋利和耐磨。PCD 刀具在断续切削时不易崩刃或碎裂，切削刃上不易形成积屑瘤。

金刚石刀具常用来加工铝、铜、镁、锌及其合金，还有纤维增塑材料、木材复合材料、陶瓷和玻璃等非金属材料；不适合加工钢铁类材料，因为金刚石与铁有很强的化学亲和力，刀具极易损坏。金刚石的热稳定性比较差，在切削温度达到 800℃时，就会失去其硬度。金刚石的热膨胀系数小，不会产生很大的热变形，可以实现尺寸精度很高的精密、超精密加工。

(6) 立方氮化硼刀具材料及其选用

立方氮化硼是用软六方氮化硼为原料，利用超高温、高压技术获得的一种新型无机超硬材料。其硬度很高，仅次于金刚石；耐热温度可达 1300~1500℃，比金刚石几乎高 1 倍；化学稳定性好，在 1000℃以下不会发生氧化现象，与铁族金属在 1200~1300℃时也不易起化学反应，是高速切削黑色金属较为理想的刀具材料。非常适合干式切削、硬态和高速切削加工工艺。立方氮化硼刀具寿命长，适用于数控机床和专用机床，可大大减少换刀次数。

立方氮化硼刀具在加工塑性大的钢铁金属、镍基合金、铝合金和铜合金时，容易产生严重的积屑瘤，使已加工表面质量恶化，故立方氮化硼刀具适用于加工硬度在 45 HRC 以上的淬硬钢、冷硬铸铁、硬质合金、轴承钢及其他难加工材料。被加工材料的硬度越高，越能体现立方氮化硼刀具的优越性。在淬硬模具钢的加工中，用立方氮化硼刀具进行高速切削，可以起到以车代磨的作用，大大减少手工修光的工作量，极大地提高了加工效率。

2.3.3　机夹可转位刀具

由于精密、高效、可靠和优质的硬质合金可转位刀具对提高加工效率和产品质量、降低制造成本显示出越来越大的优越性，因此机夹可转位刀具已成为数控刀具发展的主流。对机夹可转位刀片的运用是数控机床操作人员必须了解的内容之一。

(1) 可转位刀具的组成

可转位刀具是使用可转位刀片的机夹刀具。由刀片、刀垫、刀体（或刀柄）及刀片夹紧装置组成，如图 2-10 所示。刀片是含有数个切削刃的多边形，用夹紧装置、刀垫，以机械夹固的方法夹紧在刀体上。当刀片的一个切削刃用钝后，只要把夹紧装置松开，将刀片转一个角度，换另一个新切削刃，并重新夹紧就可以继续使用。

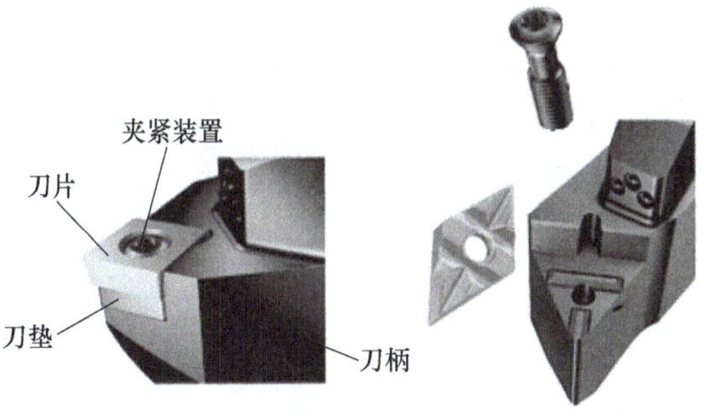

图 2-10　可转位刀具的组成

(2) 刀片形状

机夹可转位刀片的具体形状已标准化，且每一种形状均有一个相应的代码表示，图 2-11 所示是常用的机夹可转位刀片形状。

在选择刀片形状时要特别注意，有些刀片虽然其形状和刀尖角度相等，但由于同时参与切削的切削刃数不同，则其型号也不相同，如图 2-11 中的 T 型和 V 型刀片。另有一些刀片，虽然刀片形状相似，但其刀尖角度不同，其型号也不相同，如图 2-11 中的 D 型和 C 型刀片。

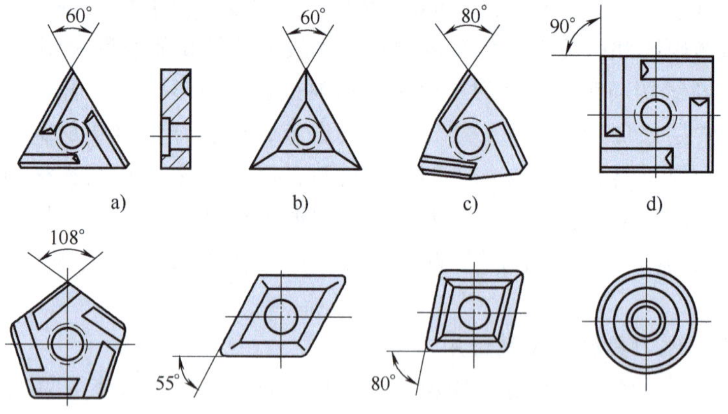

图 2-11 常用的机夹可转位刀片形状

a）T 型 b）V 型 c）W 型 d）S 型 e）P 型 f）D 型 g）C 型 h）R 型

（3）机夹可转位刀片的代码

硬质合金可转位刀片的国家标准与 ISO 国际标准相同。共用十个号位的内容来表示品种规格、尺寸系列、标准公差以及测量方法等主要参数的特征。按照规定，任何一个型号刀片都必须用前七个号位，后三个号位在必要时才使用。其中第十号位前要加一短横线“—”与前面号位隔开，第八、九两个号位如只使用其中一位，则写在第八号位上，中间不需要空格。

可转位刀片型号表示方法编制如下。

C	N	M	G	12	04	04	E	N	—	TF
1	2	3	4	5	6	7	8	9		10

十个号位表示的内容见表 2-3。刀片型号的具体含义请查阅相关数控刀具手册。

表 2-3 可转位刀片十个号位表示的内容

位号	表示内容	代表符号	备注
1	刀片形状	一个英文字母	具体含义应查有关标准
2	刀片主切削刃法向后角	一个英文字母	
3	刀片尺寸精度	一个英文字母	
4	刀片固定方式及有无断屑槽形	一个英文字母	
5	刀片主切削刃长度	两位数	
6	刀片厚度，主切削刃到刀片定位底面的距离	两位数	
7	刀尖圆角半径或刀尖转角形状	两位数或一个英文字母	
8	切削刃形状	一个英文字母	
9	刀片切削方向	一个英文字母	
10	制造商选择代号（断屑槽形及槽宽）	英文字母或数字	

例　TBHG120408EL-CF

T 表示三角形刀片，B 表示刀具法向主后角为 5°，H 表示刀片厚度公差为±0.013mm，G 表示圆柱孔夹紧，12 表示切削刃长为 12mm，04 表示刀片厚度为 4.76mm，08 表示刀尖圆弧半径为 0.8mm，E 表示切削刃倒圆，L 表示切削方向向左，CF 为制造商代号。

2.3.4　刀具的选择

（1）刀具类型的选择

数控车床的刀具类型主要根据零件的加工形状进行选择，常用的刀具类型如图 2-12 所示，主要有外轮廓加工刀具、孔加工刀具、槽加工刀具和内外螺纹加工刀具等。对于内外轮廓加工刀具，其刀片的形状主要根据轮廓的外形进行选择，以防止加工过程中刀具后面对工件产生干涉。

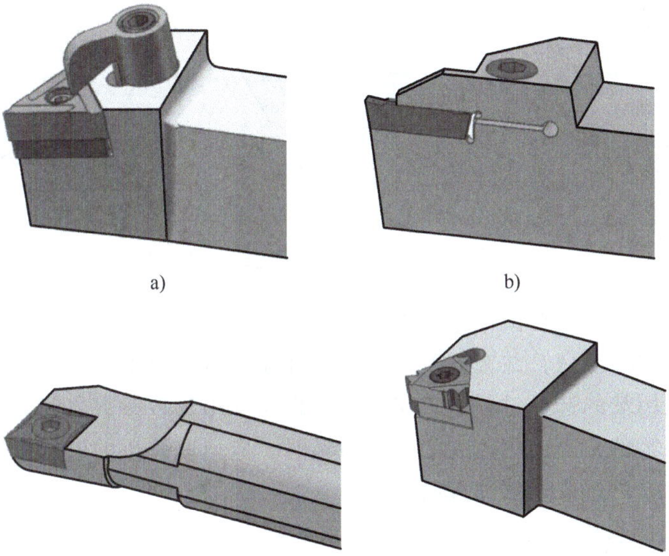

a)　b)　c)　d)

图 2-12　常用的刀具类型

a）机夹外圆车刀　b）机夹切槽刀　c）机夹内孔刀　d）机夹螺纹刀

（2）刀具参数

对于机夹可转位刀具，其刀具参数已设置成标准化参数。选择这些刀具参数时，主要应考虑工件材料、硬度、切削性能、具体轮廓形状和刀具材料等诸多因素。以硬质合金外圆精车刀为例，数控车刀的刀具角度参数如图 2-13 所示，具体角度的定义方法请参阅有关切削手册。

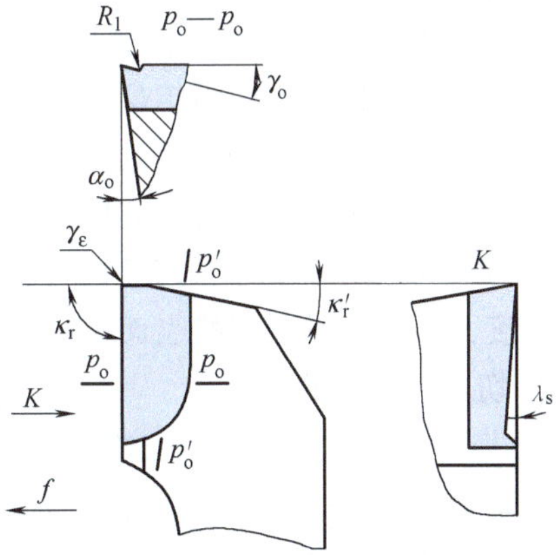

图 2-13　数控车刀的刀具角度参数

2.4　切削用量及切削液的选择

2.4.1　切削用量的选择

数控车削过程中的切削用量是指切削速度、进给速度（进给量）和背吃刀量三者的总称，不同车削加工方法的切削用量如图 2-14 所示。

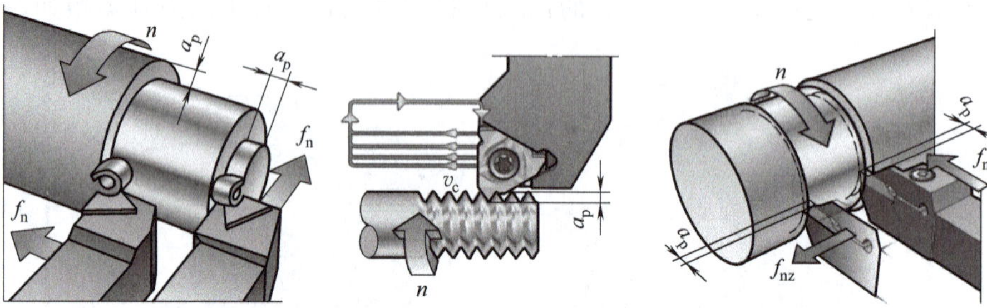

图 2-14　不同车削加工方法的切削用量

切削用量的选择原则是在保证零件加工精度和表面质量的情况下，充分发挥刀具的切削性能，保证合理的刀具寿命，并充分发挥机床的性能，最大限度地提高生产率，降低加工成本。另外，在切削用量的选择过程中，应充分考虑切削用量各参数之间的关联性。例如，用同一刀具加工同一零件，当选用较大的背吃刀量时，应选取较小的进给速度；反之，当选用较小的背吃刀量时，可选取较大的进给速度。

（1）背吃刀量的选择

粗加工时，除留下精加工余量外，一次进给应尽可能切除全部余量。在加工余量过大、刚度较低、机床功率不足及刀具强度不够等情况下，可分多次进给。切削表面有硬皮的铸锻件时，应尽量使 a_p 大于硬皮层的厚度，以保护刀尖。精加工的加工余量一般较小，可一次切除。

在中等功率机床上，粗加工的背吃刀量可达 8~10mm，半精加工的背吃刀量取 0.5~5mm，精加工的背吃刀量取 0.2~1.5mm。

（2）进给速度（进给量）**的确定**

进给速度是数控机床切削用量中的重要参数，主要根据零件的加工精度、表面粗糙度要求以及刀具、工件的材料性质选取，最大进给速度受机床刚度和进给系统的性能限制。

粗加工时，由于对工件的表面质量没有太高的要求，这时主要根据机床进给机构的强度和刚性、刀柄的强度和刚性、刀具材料、刀柄和工件尺寸以及已选定的背吃刀量等因素来选取进给速度。精加工时，则按表面粗糙度要求、刀具及工件材料等因素来选取进给速度。

（3）切削速度的确定

切削速度 v_c 可根据已经选定的背吃刀量、进给量及刀具寿命进行选取。实际加工过程中，也可根据生产经验和查表的方法来选取。

当粗加工或工件材料的加工性能较差时，宜选用较低的切削速度。当精加工或刀具材料、工件材料的切削性能较好时，宜选用较高的切削速度。

切削速度 v_c 确定后，可根据刀具或工件直径（D）按公式 $n=1000v_c/\pi D$ 来确定主轴转速 n（r/min）。

在实际生产过程中，切削用量一般根据经验并通过查表的方式来进行选取。常用硬质合金或涂层硬质合金刀具切削不同材料时的切削用量推荐值见表 2-4。

表 2-4　常用硬质合金或涂层硬质合金刀具切削不同材料时的切削用量推荐值

刀具材料	工件材料	粗加工			精加工		
		切削速度/(m/min)	进给量/(mm/r)	背吃刀量/mm	切削速度/(m/min)	进给量/(mm/r)	背吃刀量/mm
硬质合金或涂层硬质合金	非合金钢	220	0.2	3	260	0.1	0.4
	低合金钢	180	0.2	3	220	0.1	0.4
	高合金钢	120	0.2	3	160	0.1	0.4
	铸铁	80	0.2	3	140	0.1	0.4
	不锈钢	80	0.2	2	120	0.1	0.4
	钛合金	40	0.2	1.5	60	0.1	0.4
	灰铸铁	120	0.3	2	150	0.15	0.5
	球墨铸铁	100	0.3	2	120	0.15	0.5
	铝合金	1600	0.2	1.5	1600	0.1	0.5

注意：当进行进给时，进给量取表中相应值的一半。

2.4.2　切削液的选择

（1）切削液的作用

切削液的作用主要是冷却和润滑，加入特殊添加剂后，还可以起清洗和防锈作用，以保护机床、刀具和工件等不被周围介质腐蚀。

（2）切削液的种类

1）水溶液。水溶液的主要成分是水和防腐剂、防霉剂等。为了提高清洗能力，还可加入清洗剂。为使其具有润滑性，还可加入油性添加剂。

2）乳化液。乳化液是水和乳化油经搅拌后形成的乳白色液体。乳化油是一种油膏，由矿物油和表面活性乳化剂（石油磺酸钠、磺化蓖麻油等）配制而成，表面活性剂的分子上带极性一端与水亲和，不带极性一端与油亲和，使水油均匀混合。

3）合成切削液。合成切削液是国内外推广使用的高性能切削液，由水、各种表面活性剂和化学添加剂组成。它具有良好的冷却、润滑、清洗和防锈功能，热稳定性好，使用周期长。

4）极压切削液。极压切削液是在矿物油中添加氯、硫、磷等极压添加剂配制而成的。它在高温下可不破坏润滑膜，具有良好的润滑效果，故被广泛使用。

5）固体润滑剂。固体润滑剂主要以二硫化钼（MoS_2）为主。二硫化钼形成的润滑膜具有极小的摩擦因数和高的熔点（1185℃）。因此，高温不易改变它的润滑性能，具有很高的抗压性能和牢固的附着能力，同时还具有较高的化学稳定性和温度稳定性。

（3）切削液的选用

1）根据加工性质选用。粗加工时，由于加工余量及切削用量均较大，因此，在切削过程中会产生大量的切削热，易使刀具磨损，这时应降低切削区域温度，所以应选择以冷却作用为主的乳化液或合成切削液。

精加工时，为了减少切屑及工件与刀具之间的摩擦，保证工件的加工精度和表面质量，应选用润滑性能较好的极压切削油或高浓度极压乳化液。

半封闭加工（如钻孔、铰孔或深孔加工）时，排屑、散热条件均非常差，不仅刀具磨损严重，还容易发生退火，而且切屑容易拉毛已加工表面。因此，须选用黏度较小的极压切削液或极压切削油，并加大切削液的流量和压力。

2）根据工件材料选用。

① 一般钢件，粗加工时选择乳化液，精加工时选用硫化乳化液。

② 加工铸铁、铸铝等脆性金属，为了避免细小切屑堵塞冷却系统或黏附在机床上难以清除，一般不用切削液；有时也可选用 7%～10%的乳化液或煤油。

③ 加工有色金属或铜合金时，不宜采用含硫的切削液，以免腐蚀工件。

④ 加工镁合金时，不用切削液，以免燃烧起火。必要时，可用压缩空气冷却。

⑤ 加工不锈钢、耐热钢等难加工材料时，应选用 10%～15%的极压切削油或极压乳化液。

3）根据刀具材料选用。

① 高速钢刀具，粗加工时，选用乳化液；精加工时，选用极压切削油或浓度较高的极压乳化液。

② 硬质合金刀具，为避免刀片因骤冷骤热产生崩刃，一般不用切削液；如使用切削液，须连续充分浇注切削液。

（4）切削液的使用方法

切削液的使用普遍采用浇注法。对于深孔加工、难加工材料的加工以及高速或强力切削加工，应采用高压冷却法。切削时，切削液的工作压力约为 1～10MPa，流量为 50～150L/min。喷雾冷却法也是一种较好的方法，加工时，切削液被高压并通过喷雾装置雾化，被高速喷射到切削区。

2.5 装夹与找正

2.5.1 数控车床夹具

数控车床夹具是指安装在数控车床上，用于装夹工件或引导刀具，使工件和刀具具有正确的相互位置关系的装置。

（1）数控车床夹具的组成

数控车床夹具的组成如图 2-15 所示，按其作用和功能通常可由定位元件、夹紧元件、安装连接元件和夹具体等几个部分组成。

定位元件是夹具的主要定位元件之一，其定位精度将直接影响工件的加工精度。常用的定位元件有 V 形块、定位销和定位块等。夹紧元件的作用是保持工件在夹具中的原定位置，使工件不致因加工时受外力而改变

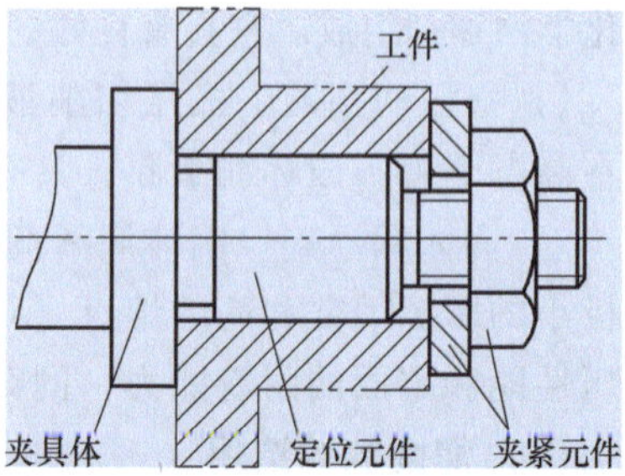

图 2-15　数控车床夹具的组成

原定位置。连接元件用于确定夹具在机床上的位置，从而保证工件与机床之间的正确加工位置。

（2）数控车床夹具的基本要求

1）精度和刚度要求。数控车床具有多形面连续加工的特点，所以对数控车床夹具的精度和刚度的要求同样比一般车床要高，这样可以减少工件在夹具上的定位、夹紧误差以及粗加工的变形误差。

2）定位要求。工件相对夹具一般应完全定位，且工件的基准相对于机床坐标系原点应具有严格的确定位置，以满足刀具相对于工件正确运动的要求。同时，夹具在机床上也应完全定位，夹具上的每个定位面相对于数控车床的坐标系原点均应有精确的坐标尺寸，以满足数控车床简化定位和安装的要求。

3）敞开性要求。数控车床加工为刀具自动进给加工。夹具及工件应为刀具的快速移动和换刀等动作提供较宽敞的运行空间。尤其对于需多次进出工件的多刀、多工序加工，夹具的结构更应尽量简单、开敞，使刀具容易进入，以防刀具在运动中与夹具工件相碰撞。此外，夹具的敞开性还体现排屑通畅，清除切屑方便。

4）快速装夹要求。为适应高效、自动化加工的需要，夹具结构应适应快速装夹的需要，尽量减少工件装夹辅助时间，提高机床切削运转利用率。

（3）夹具的分类

夹具的种类很多，按其通用化程度可分为以下几类：

1）通用夹具。自定心卡盘、单动卡盘和顶尖等均属于通用夹具，这类夹具已实现了标准化。其特点是通用性强、结构简单，装夹工件时无须调整或稍加调整即可，主要用于单件、小批量生产。

2）专用夹具。专用夹具是专为某个零件的某道工序设计的，其特点是结构紧凑，操作迅速、方便。但这类夹具的设计和制造的工作量大、周期长、投资大，只有在大批大量生产中才能充分发挥它的经济效益。专用夹具有结构可调式和结构不可调式两种类型。

3）成组夹具。成组夹具是随着成组加工技术的发展而产生的，它是根据成组加工工艺把工件按形状尺寸和工艺的共性分组，针对每组相近工件而专门设计的。其特点是使用对象明确、结构紧凑和调整方便。

4）组合夹具。组合夹具是由一套预先制造好的标准元件组装而成的专用夹具。它具有专用夹具的特点，用完后可拆卸存放，从而缩短了生产准备周期，减少了加工成本。因此，组合夹具既适用于单件及中、小批量生产，又适用于大批大量生产。

2.5.2 常用装夹与找正方法

（1）自定心卡盘及其装夹找正

自定心卡盘（图 2-16）是数控车床最常用的通用夹具。自定心卡盘的三个卡爪在装夹过程中是联动的，具有装夹简单、夹持范围大和自动定心的特点。因此，自定心卡盘主要用于在数控车床上装夹加工圆柱形轴类零件和套类零件。自定心卡盘的夹紧方式主要有机械螺旋式、气动式或液压式等多种形式。其中，气动卡盘和液压卡盘装夹迅速、方便，适合批量加工。

在使用自定心卡盘时，要注意自定位卡盘的定位精度不是很高。因此，当需要二次装夹加工同轴度要求较高的工件时，须对装夹好的工件进行同轴度的找正。工件的找正方法如图2-17所示，将百分表固定在工作台面上，触头触压在圆柱侧母线的上方，然后轻轻手动转动卡盘，根据百分表的读数用铜棒轻敲工件进行调整。当主轴再次旋转的过程中百分表读数不变时，表示工件装夹表面的轴线与主轴轴线同轴。

（2）单动卡盘及其装夹找正

单动卡盘如图2-18所示，在装夹工件过程中每一个卡爪可以单独进行装夹。因此，单动卡盘不仅适用于圆柱形轮廓的轴套类零件的加工，还适用于偏心轴套类零件和长度较短的方形表面零件的加工。在数控车床上使用单动卡盘进行工件的装夹时，必须进行工件的找正，以保证所加工表面的轴线与主轴的轴线重合。

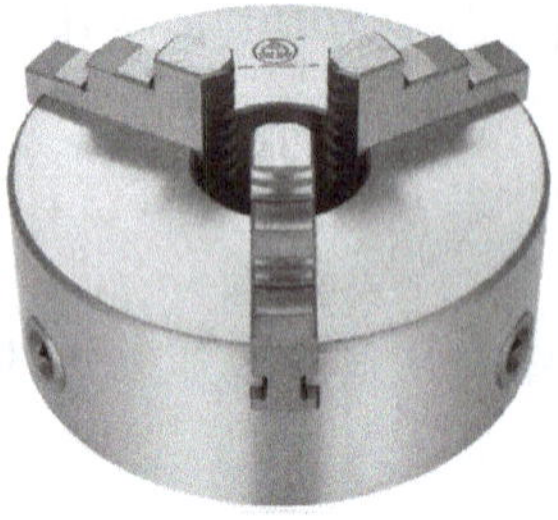

图2-16　自定心卡盘

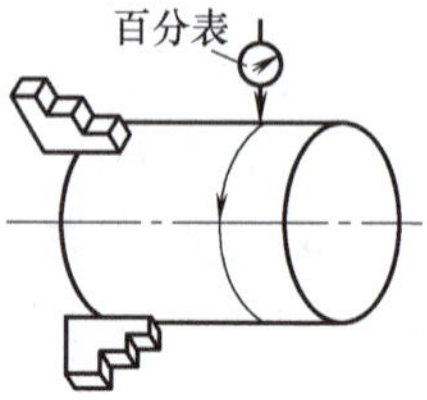

图2-17　工件的找正方法

图2-18　单动卡盘

单动卡盘装夹圆柱工件的找正方法和自定心卡盘的找正方法相同。下面以加工方形工件正中心孔（图2-19a）为例介绍单动卡盘装夹与找正方法。找正时，将百分表固定在数控车床拖板上，触头接触侧平面（图2-19b），前后移动百分表，调节工件保证百分表读数一致，将工件转动90°，再次前后移动百分表，从而找正侧平面与主轴轴线垂直。工件中心（即所要加工孔的中心）的找正方法如图2-19c所示，触头接触外圆上侧素线，轻微转动主轴，找正外圆的上侧素线，读出此时的百分表读数，将卡盘转动180°，仍然用百分表找正外圆的上侧素线，读出相应的百分表读数，根据两次百分表的读数差值调节上、下两个卡爪。左右两卡爪的找正方法相同。

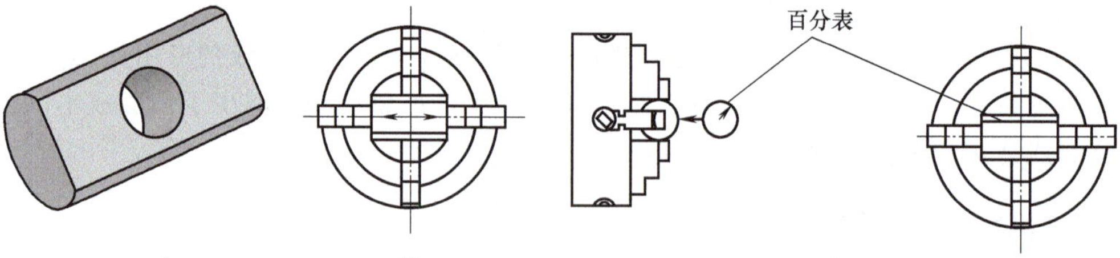

图2-19　单动卡盘装夹与找正方法

（3）软爪

软爪从外形来看和自定心卡盘无大的区别，不同之处在于其卡爪硬度不同。普通的自定心卡盘的卡爪为了保证刚度要求和耐磨性要求，通常要经过淬火等热处理，硬度较高，很难用常用刀具材料切削加工。而软爪的卡爪通常在夹持部位焊有铜等软材料，是一种可以切削的卡爪，它是为了配合被加工工件而特别制造的。

软爪主要用于同轴度要求较高且需要二次装夹的工件的加工，它可以在使用前进行自镗加工（图 2-20），从而保证卡爪轴线与主轴轴线同轴。因此，工件的装夹表面也应是精加工表面。

(4) 弹簧夹套

弹簧夹套的定位精度高，装夹工件快速方便，常用于精加工的外圆表面定位。在实际生产中，如没有弹簧夹套，可根据工件夹持表面直径自制薄壁套（图 2-21）来代替弹簧夹套，自制的薄壁套内孔直径与工件夹持表面直径相等，侧面锯出一条锯缝，并用自定心卡盘夹持薄壁套外壁。

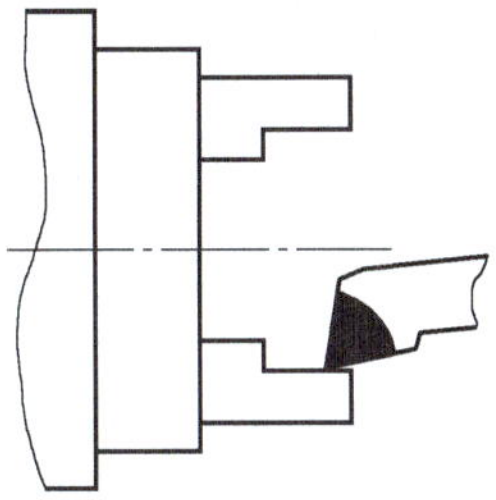

图 2-20　自镗加工

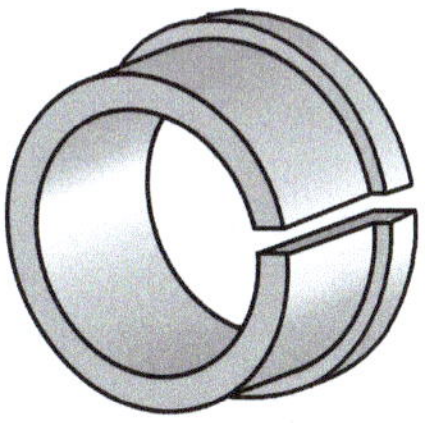

图 2-21　自制薄壁套

(5) 两顶尖拨盘

两顶尖拨盘包括前、后顶尖和对分夹头或鸡心夹头拨杆三部分。两顶尖定位的优点是定心正确可靠，安装方便。顶尖的作用是定心、承受工件重量和切削力。

前顶尖（图 2-22a）与主轴的装夹方式有两种：一种是插入主轴锥孔内，另一种是夹在卡盘上。前顶尖与主轴一起旋转，与主轴中心孔不产生摩擦。

后顶尖（图 2-22b）插入尾座套筒。后顶尖一种是固定的，另一种是回转的，其中回转顶尖使用较为广泛。

图 2-22　两顶尖拨盘

a）前顶尖　b）后顶尖

两顶尖只对工件起定心和支承作用，工件必须通过对分夹头或鸡心夹头的拨杆（图 2-23）带动旋转。对分夹头或鸡心夹头夹紧工件一端。

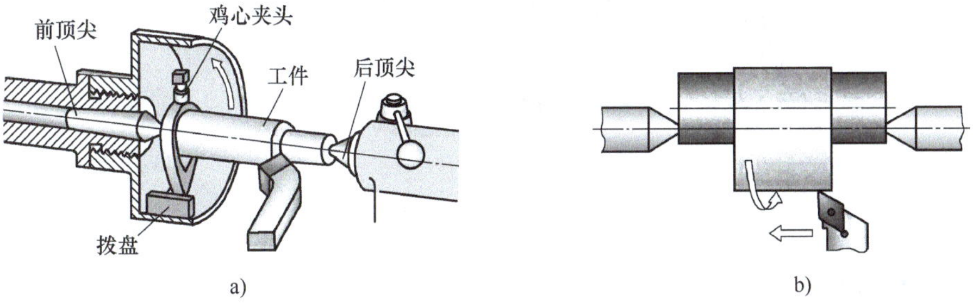

图 2-23　拨杆

（6）拨动顶尖

常用的拨动顶尖有内、外拨动顶尖和端面拨动顶尖，与两顶尖拨盘相比，不使用拨杆而直接由拨动顶尖带动工件旋转。端面拨动顶尖如图 2-24 所示，利用端面拨爪带动工件旋转，适合装夹工件的直径为 $\phi50\sim\phi150$mm。

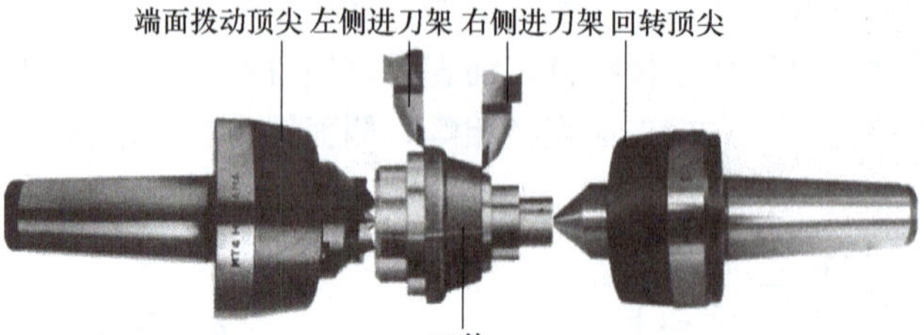

图 2-24　端面拨动顶尖

（7）定位芯轴

在数控车床上加工齿轮、套筒和轮盘等零件时，为了保证外圆轴线和内孔轴线的同轴度要求，常以定位芯轴加工外圆和端面，如图 2-25 所示。当工件内孔为圆柱孔时，常用间隙配合芯轴（图 2-25a）、过盈配合芯轴（图 2-25b）定位；当工件内孔为圆锥孔、螺纹孔和内花键时，则采用相应的圆锥芯轴（图 2-25c）、螺纹芯轴（图 2-25d）、花键芯轴（图 2-25e）定位。

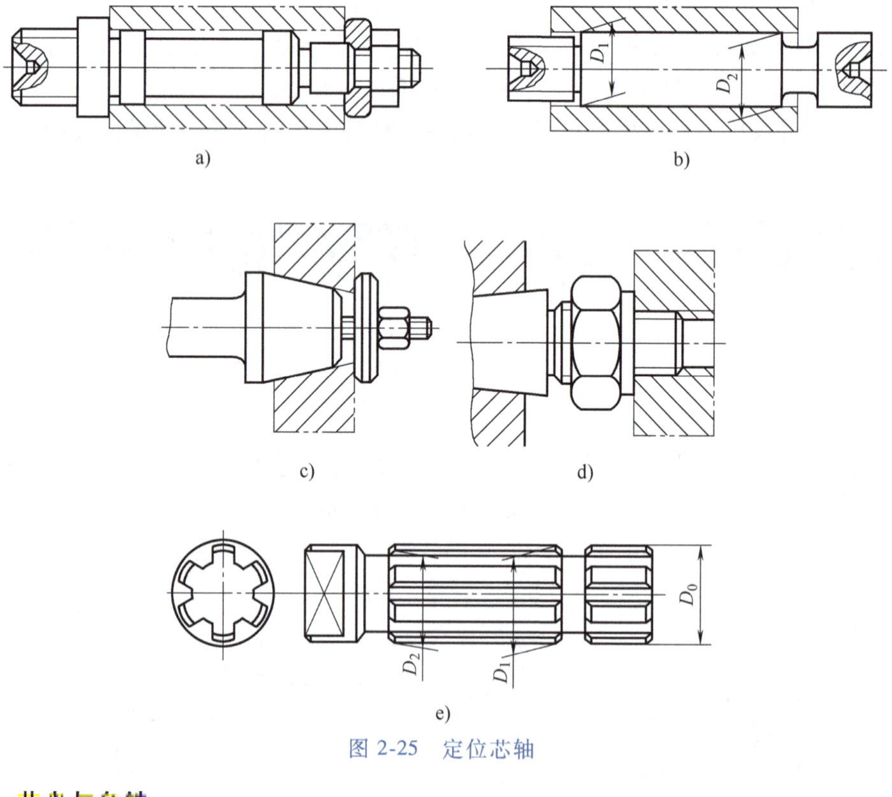

图 2-25　定位芯轴

（8）花盘与角铁

数控车削时，常会遇到一些形状复杂和不规则的零件，此时不能用卡盘和顶尖进行装夹，可借助花盘、角铁等辅助夹具进行装夹。花盘、角铁及常用附件如图 2-26 所示。

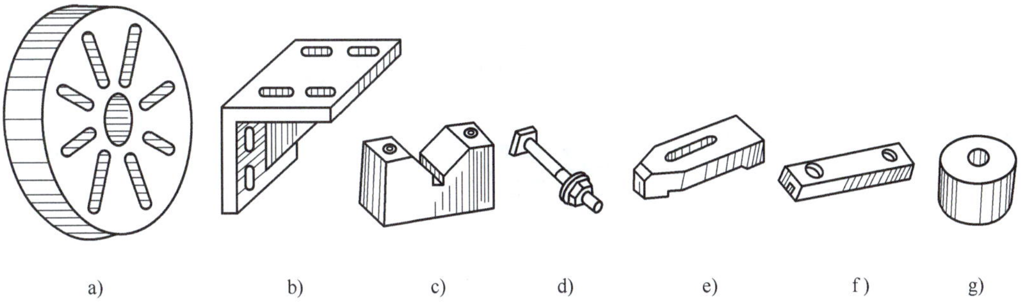

图 2-26　花盘、角铁及常用附件

a）花盘　b）角铁　c）V 形架　d）方头螺钉　e）压板　f）平垫铁　g）平衡块

加工表面的回转轴线与基准面垂直且外形复杂的零件可以装夹在花盘上加工，图 2-27 所示为双孔连杆工件的加工。一些加工表面的回转轴线与基准面平行且外形复杂的零件可以装夹在角铁上加工，图 2-28 所示为轴承座孔的加工。

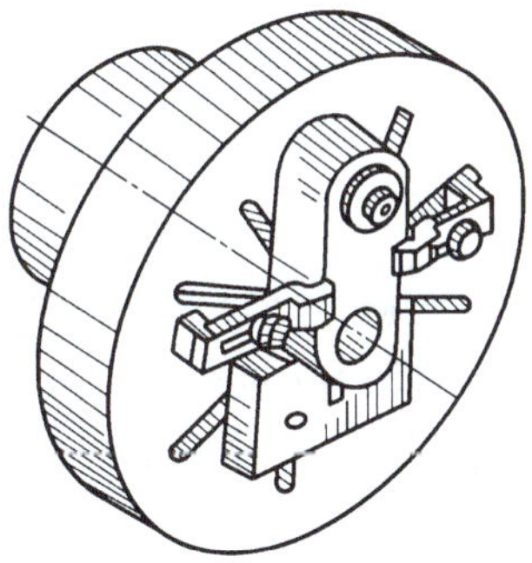

图 2-27　双孔连杆工件的加工

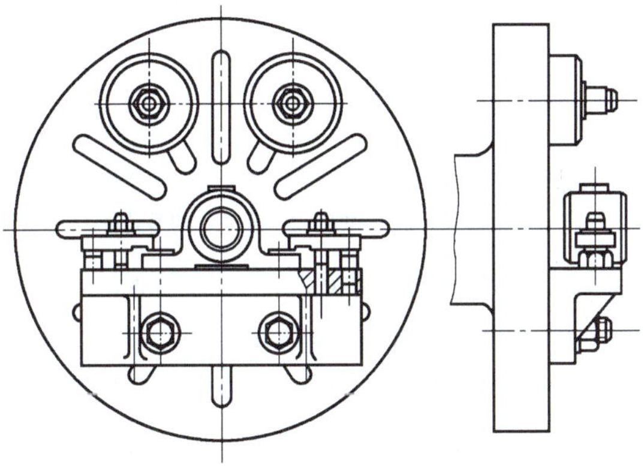

图 2-28　轴承座孔的加工

2.6　常用量具及加工质量分析

2.6.1　数控车削常用量具

（1）外形轮廓测量用量具

外形轮廓类零件常用量具如图 2-29 所示，主要有游标卡尺（图 2-29a）、外径千分尺（图 2-29b）、游标万能角度尺（图 2-29c）、直角尺（图 2-29d）、半径样板（图 2-29e）和百分表（图 2-29f）等。

1）用游标卡尺测量工件对操作人员的手感要求较高。测量时，游标卡尺夹持工件的松紧程度对测量结果影响较大。因此，实际测量时的测量精度不是很高。游标卡尺的测量范围有 0~125mm、0~150mm、0~200mm 和 0~300mm 等多种形式。

2）外径千分尺的测量精度通常为 0.01mm，测量灵敏度要比游标卡尺高，而且测量时

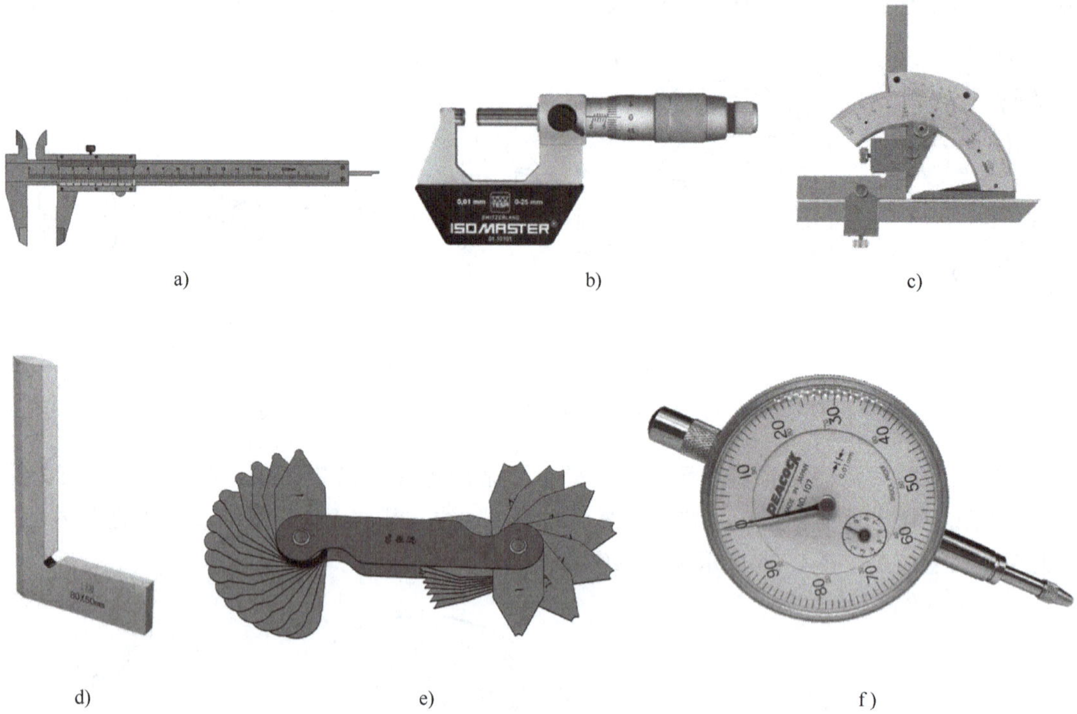

图 2-29　外形轮廓类零件常用量具

a）游标卡尺　b）外径千分尺　c）游标万能角度尺　d）直角尺　e）半径样板　f）百分表

也易控制其夹持工件的松紧程度。因此，外径千分尺主要用于有较高精度要求的轮廓尺寸的测量。外径千分尺在 500mm 范围内每 25mm 一档，如 0~25mm、25~50mm 等。

3）游标万能角度尺和直角尺主要用于各种角度和垂直度的测量，通常采用透光检查法进行测量。游标万能角度尺寸的测量范围是 0~320°。

4）半径样板主要用于各种圆弧的测量，采用透光检查法进行测量。常用的规格有 *R*7~*R*14.5mm、*R*15~*R*25mm 等，每隔 0.5mm 为一档。

5）百分表借助磁性表座进行同轴度、径向圆跳动和平行度等几何公差的测量。

（2）内孔测量用量具

孔径尺寸精度要求较低时，可采用钢直尺、内卡钳或游标卡尺进行测量。当孔的精度要求较高时，可以用以下几种量具进行测量。

1）塞规。塞规（图 2-30a）是一种专用量具，一端为通端，另一端为止端。使用塞规检测孔径时，当通端能进入孔内，而止端不能进入孔内，说明孔径合格，否则孔径为不合格。与此相类似，轴类零件也可采用环规（图 2-30b）测量。

2）内径百分表。内径百分表如图 2-31 所示，测量内孔时，图中左端触头在孔内摆动，读出的直径方向最大尺寸即为内孔尺寸。内径百分表适用于深度较大内孔的测量。

3）内径千分尺。内径千分尺如图 2-32 所示，内径千分尺的测量方法和外径千分尺的测量方法相同，但其刻线方向和外径千分尺相反，测量时的旋转方向也相反。

（3）螺纹测量用量具

螺纹的主要测量参数有螺距、大径、小径和中径等。

a)　　　　　　b)

图 2-30　塞规和环规

a）塞规　b）环规

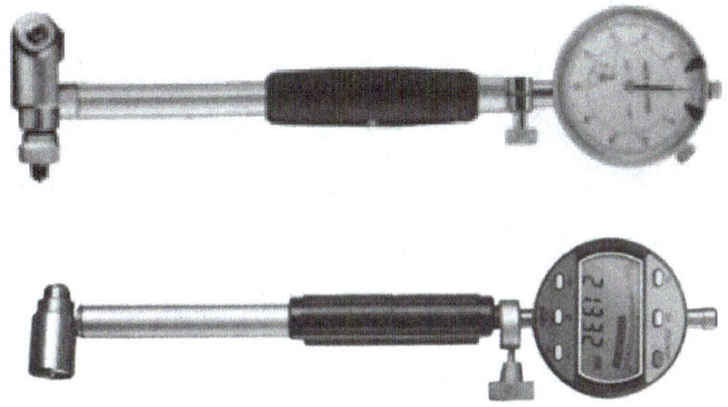

图 2-31　内径百分表

图 2-32　内径千分尺

外螺纹大径和内螺纹小径的公差一般比较大，可用游标卡尺或千分尺测量。螺距的测量一般可用钢直尺或螺距规测量。由于普通螺纹的螺距一般较小，所以采用钢直尺测量时，最好测量 10 个螺距的长度，然后除以 10，就可得出一个较正确的螺距尺寸。

对于精度较高的普通螺纹中径，可用外螺纹千分尺（图 2-33）直接测量，所测得的千分尺读数就是该螺纹中径的实际尺寸；也可用三针测量法进行间接测量（三针测量法仅适用于外螺纹的测量），但需通过计算才能得到其中径尺寸。

此外，还可采用综合测量法检查内、外螺纹是否合格。综合测量法使用的量具是如图 2-34 所示的螺纹塞规或螺纹环规。螺纹塞规或螺纹环规的测量方法类似于光塞规和光环规，使用螺纹塞规检测内螺纹时，当通端能旋入而止端不能旋入时，说明内螺纹合格，否则为不合格。

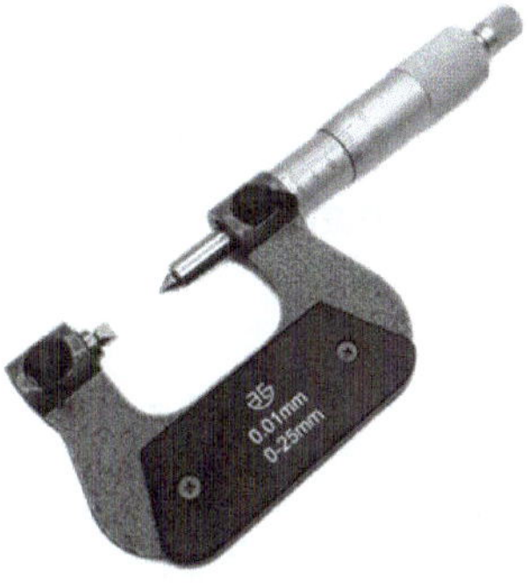

图 2-33　外螺纹千分尺

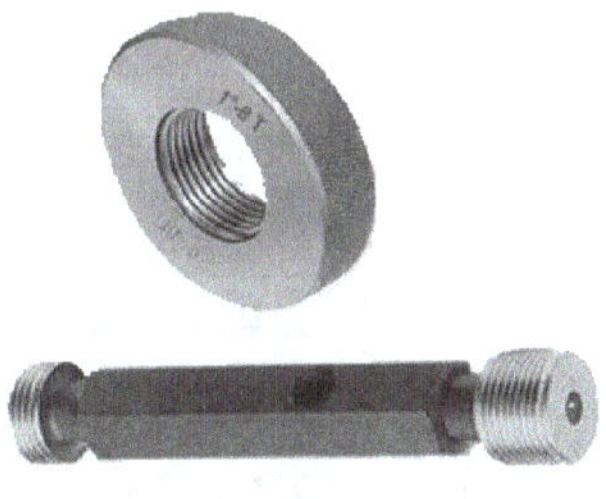

图 2-34　螺纹塞规与螺纹环规

（4）间隙测量及量块比较测量

1）间隙测量。在配合类零件的加工过程中，经常要进行配合间隙测量，由于间隙较小，无法采用游标卡尺或千分尺进行测量，只能采用如图 2-35 所示的塞尺进行测量。

塞尺由多种厚度不同的片状体叠合而成，每个片状体的厚度规定如下：在 0.02～0.1mm 范围内，每片厚度相隔为 0.01mm；在 0.1～1mm 范围内，每片厚度相隔为 0.05mm。

使用塞尺时，根据间隙的大小，可用一片或数片叠在一起插入间隙内。例如，用 0.52mm 的塞尺可以插入、而 0.58mm 的塞尺不能插入时，表示其间隙在 0.52～0.58mm 之间。

2）量块比较测量。量块是由不易变形的耐磨材料（如铬锰钢）制成的长方形六面体，它有两个工作表面和四个非工作表面。

如图 2-36 所示，量块有 42 块一套、87 块一套等几种。采用量块测量工件尺寸时，首先选用不同的量块叠合在一起组成所需测量的尺寸，再与所测量的尺寸进行比较，两者之间的差值即为所测尺寸的误差。

选用量块组合尺寸时，为了减少积累误差，应尽量采用最少的块数。87 块一套的量块，一般不要超过 4 块；42 块一套的量块，一般不超过 5 块。

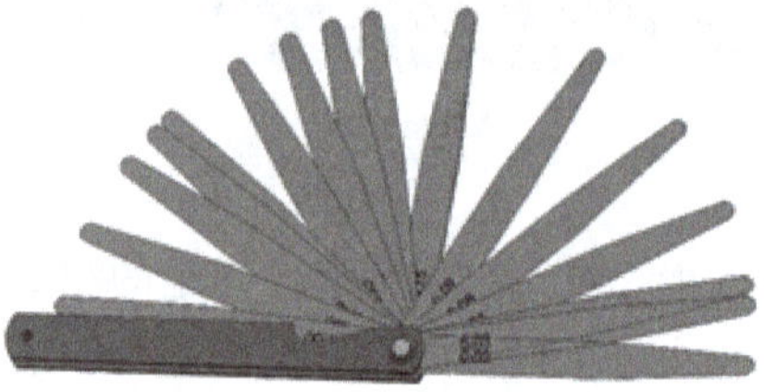

图 2-35　塞尺

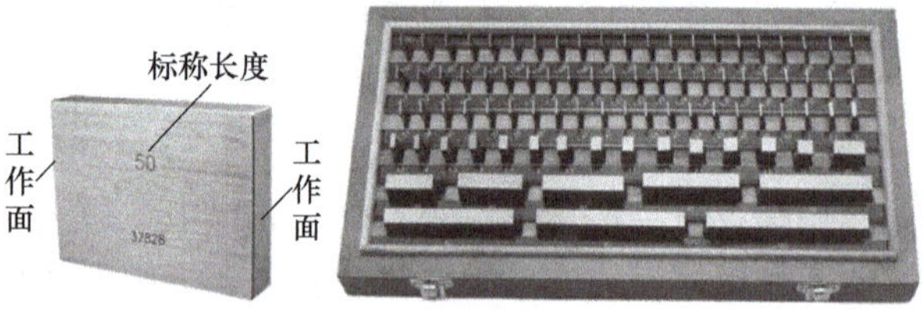

图 2-36　成套量块

2.6.2　数控车削加工质量分析

（1）轮廓加工质量分析

轮廓加工过程中产生尺寸精度降低的原因是多方面的，在实际加工过程中，造成数控车削尺寸精度降低的原因分析见表 2-5，数控车削加工几何精度降低的原因分析见表 2-6，工件表面质量影响因素分析见表 2-7。

表 2-5　数控车削尺寸精度降低的原因分析

影响因素	序号	产生原因
装夹与找正	1	工件找正不正确
	2	工件装夹不牢固，加工过程中产生松动与振动
刀具	3	对刀不正确
	4	刀具在使用过程中产生磨损
	5	刀具刚性差，刀具加工过程中产生振动
加工	6	背吃刀量过大，导致刀具发生弹性变形
	7	刀具长度补偿参数设置不正确
	8	精加工余量选择过大或过小

（续）

影响因素	序号	产生原因
加工	9	切削用量选择不当，导致切削力、切削热过大，从而产生热变形和内应力
工艺系统	10	机床原理误差
	11	机床几何误差
	12	工件定位不正确或夹具与定位元件制造误差

表 2-6　数控车削加工几何精度降低的原因分析

影响因素	序号	产生原因
装夹与找正	1	工件装夹不牢固，加工过程中产生松动与振动
	2	夹紧力过大，产生弹性变形，切削完成后变形恢复
	3	工件找正不正确，造成加工面与基准面不平行或不垂直
刀具	4	刀具刚性差，刀具加工过程中产生振动
	5	对刀不正确，产生位置精度误差
加工	6	背吃刀量过大，导致刀具发生弹性变形，加工面呈锥形
	7	切削用量选择不当，导致切削力过大，产生工件变形
工艺系统	8	夹具本身的精度误差
	9	机床几何误差
	10	工件定位不正确或夹具与定位元件制造误差

表 2-7　工件表面质量影响因素分析

影响因素	序号	产生原因
装夹与找正	1	工件装夹不牢固，加工过程中产生振动
刀具	2	刀具磨损后没有及时修磨
	3	刀具刚性差，刀具加工过程中产生振动
	4	主偏角、副偏角等刀具参数选择不当
加工	5	进给量选择过大，残留面积高度增高
	6	切削速度选择不合理，产生积屑瘤
	7	背吃刀量（精加工余量）选择过大或过小
	8	粗、精加工没有分开或没有精加工
	9	切削液选择不当或使用不当
	10	加工过程中刀具停顿
加工工艺	11	工件材料热处理不当或热处理工艺安排不合理
	12	采用不合理的进给路线

（2）镗孔加工质量分析

镗孔加工误差原因分析见表 2-8。

表 2-8　镗孔加工误差原因分析

误差种类	序号	可能产生原因
尺寸不对	1	测量不正确
	2	车刀安装不对,刀柄与孔壁相碰
	3	产生积屑瘤,增加刀尖长度,使镗孔尺寸变大
	4	工件的热胀冷缩
镗孔有锥度	5	刀具磨损
	6	刀柄刚度差,产生让刀现象
	7	刀柄与孔壁相碰
	8	车床主轴轴线歪斜、床身歪斜、床身导轨磨损等机床原因
镗孔不圆	9	孔壁薄,装夹时产生变形
	10	轴承间隙太大,主轴颈成椭圆
	11	工件加工余量和材料组织不均匀
镗孔不光滑	12	车刀磨损
	13	车刀刃磨不良,表面粗糙度值大
	14	车刀几何角度不合理,装刀低于中心
	15	切削用量选择不当
	16	刀柄细长,产生振动

(3) 切槽质量分析

数控车床切槽时常见的加工误差原因分析见表 2-9。

表 2-9　数控车床切槽加工误差原因分析

误差现象	序号	产生原因
槽底倾斜	1	刀具安装不正确
槽的侧面呈现凹凸面	2	刀具刃磨角度不对称
	3	刀具刃磨前小后大
	4	刀具安装角度不对称
	5	刀具两刀尖磨损不对称
槽底出现振动现象,有振纹	6	工件安装不正确
	7	刀具刚性差或刀具伸出太长
	8	切削用量选择不当,导致切削力过大
	9	刀具刃磨参数不正确
	10	在槽底的程序延时时间太长
切削过程出现扎刀现象	11	进给量过大
	12	切屑阻塞
槽直径或槽宽尺寸不正确	13	对刀不正确
	14	刀具磨损或修改刀具磨损参数不当
	15	编程出错

(4) 螺纹加工质量分析

数控车床加工螺纹过程中产生螺纹精度降低的原因是多方面的，数控车削螺纹尺寸精度降低的原因分析见表 2-10。

表 2-10　数控车削螺纹尺寸精度降低的原因分析

问题现象	序号	产生原因
螺纹牙顶呈刀口状或过平	1	刀具角度选择不正确
	2	工件外径尺寸不正确
	3	螺纹切削过深或背吃刀量不够
	4	刀具中心错误
刀具牙底圆弧过大或过宽	5	刀具选择错误
	6	刀具磨损严重
	7	螺纹有乱牙现象
螺纹牙型半角不正确	8	刀具安装不正确
	9	刀具角度刃磨不正确
螺纹表面质量差	10	切削速度过低
	11	刀具中心过高
	12	切削液选用不合理
	13	刀尖产生积屑瘤
	14	刀具与工件安装不正确，产生振动
	15	切削参数选用不正确，产生振动
螺距误差	16	伺服系统滞后效应
	17	加工程序不正确

2.7　数控加工工艺文件

2.7.1　数控加工工艺文件的基本概念

将工艺规程的内容填入一定格式的卡片中，用于生产准备、工艺管理和指导工人操作等各种技术文件称为工艺文件。它是编制生产计划、调整劳动组织、安排物质供应、指导工人加工操作及技术检验等的重要依据。编写数控加工技术文件是数控加工工艺设计的内容之一。这些文件既是数控加工和产品验收的依据，也是需要操作者遵守和执行的规程。数控加工工艺文件还作为加工程序的具体说明或附加说明，其目的是让操作者更加明确程序的内容、安装与定位方式、各加工部位所选用的刀具及其他需要说明的事项，以保证程序的正确运行。

2.7.2　数控加工工艺文件的种类

数控加工工艺文件的种类和形式多种多样，主要包括数控加工工序卡、数控加工进给路线图、数控刀具调整卡、零件加工程序单及加工程序说明卡等。然而目前，这些文件尚无统一的国家标准，但在各企业或行业内部已有一定的规范可循。这里仅选几例，供读者自行设计时参考。

（1）数控加工工序卡

数控加工工序卡与普通加工工序卡有许多相似之处，不同的是：该卡中应反映使用的辅具、刀具切削参数和切削液等，它是操作人员配合数控程序进行数控加工的主要指导性工艺资料，主要包括工步顺序、工步内容、各工步所用刀具及切削用量等。工序卡应按已确定的工步顺序填写。若在数控机床上只加工零件的一个工步，也可不填写工序卡。在工序加工内容不十分复杂时，可把零件草图反应在工序卡上。

图 2-37 所示为轴承套零件，该零件表面由内外圆柱面、内圆锥面、顺圆弧、逆圆弧及外螺纹等组成，其中多个直径尺寸与轴向尺寸有较高的尺寸精度和表面质量要求。零件图尺寸标注完整，符合数控加工尺寸标注要求，轮廓描述清楚完整，零件材料为 45 钢，切削加工性能较好，无热处理和硬度要求。表 2-11 为轴承套数控加工工序卡。

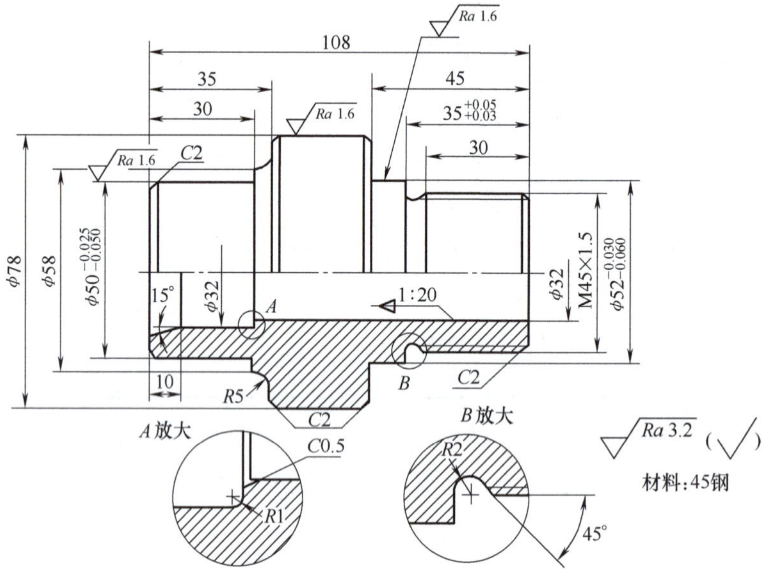

图 2-37　轴承套零件

表 2-11　轴承套数控加工工序卡

单位名称		产品名称或代号		零件名称		零件图号	
				轴承套			
工序号	程序编号	夹具名称		使用设备		车间	
001		自定心卡盘和自制芯轴		CK6240		数控中心	
工步号	工步内容	刀具号	刀具规格/mm	主轴转速/(r/min)	进给速度/(mm/min)	背吃刀量/mm	备注
1	车端面	T01	25×25	320	—	1	—
2	钻 φ5mm 中心孔	T02	φ5	950	—	2.5	—
3	钻底孔	T03	φ26	200	—	13	—

（续）

单位名称		产品名称或代号		零件名称		零件图号	
				轴承套			
工序号	程序编号	夹具名称		使用设备		车间	
001		自定心卡盘和自制芯轴		CK6240		数控中心	
工步号	工步内容	刀具号	刀具规格 /mm	主轴转速 /(r/min)	进给速度 /(mm/min)	背吃刀量 /mm	备注
4	粗镗 ϕ32mm 内孔、15°斜面及 C0.5mm 倒角	T04	20×20	320	40	0.8	—
5	精镗 ϕ32mm 内孔、15°斜面及 C0.5mm 倒角	T04	20×20	400	25	0.2	—
6	掉头装夹粗镗 1∶20 锥孔	T04	20×20	320	40	0.8	—
7	精镗 1∶20 锥孔	T04	20×20	400	20	0.2	—
8	芯轴装夹从右至左粗车外轮廓	T05	25×25	320	40	1	—
9	从左至右粗车外轮廓	T06	25×25	320	40	1	—
10	从右至左精车外轮廓	T05	25×25	400	20	0.1	—
11	从左至右精车外轮廓	T06	25×25	400	20	0.1	—
12	卸芯轴，改为自定心卡盘装夹，粗车 M45×1.5 螺纹	T07	25×25	320	480	0.4	—
13	精车 M45×1.5 螺纹	T07	25×25	320	480	0.1	—
编制		审核		批准		年　月　日	共　页　第　页

（2）数控加工进给路线图

在数控加工中，特别要防止刀具在运动中与夹具、工件等发生意外碰撞，为此必须设法在工艺文件中告诉操作者关于程序中的刀具路线图，如从哪里进刀、退刀或斜进刀等，使操作者在加工前就了解并计划好夹紧位置及控制夹紧元件的尺寸，以避免发生事故。

根据图 2-37 所示的轴承套零件的结构特征，可先加工其内孔各表面，然后加工外轮廓表面。由于该零件为小批量生产，进给路线设计不必考虑最短进给路线或最短空行程路线，外轮廓表面车削进给路线可沿零件轮廓顺序进行，外轮廓加工进给路线图如图 2-38 所示。

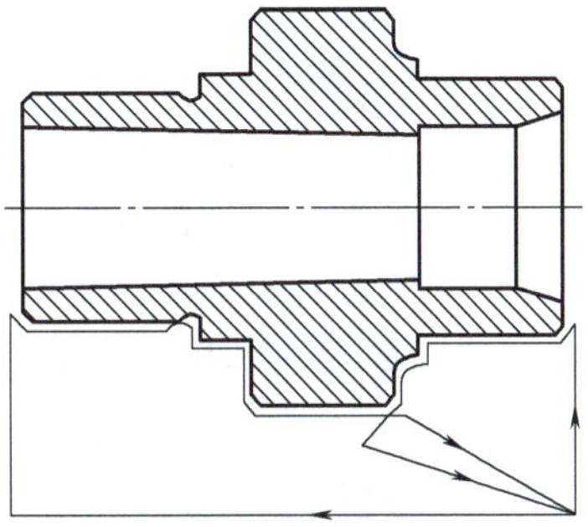

图 2-38　外轮廓加工进给路线图

（3）数控刀具调整卡

数控刀具调整卡主要包括数控刀具卡片（简称刀具卡）和数控刀具明细表（简称刀具表）两部分。

数控加工时，对刀具的要求十分严格，一般要在机外对刀仪上预先调整好刀具直径和长度。刀具卡主要反映刀具编号、刀具结构、加工部位、刀片型号和材料等，它是组装刀具和调整刀具的依据。数控刀具明细表是调刀人员调整刀具输入的主要依据。表 2-12 所示为轴承套数控加工刀具明细表。

表 2-12　轴承套数控加工刀具明细表

产品名称或代号				零件名称	轴承套	零件图号	
序号	刀具号	刀具规格名称	数量	加工表面		刀尖圆弧半径/mm	备注
1	T01	45°硬质合金端面车刀	1	车端面		0.5	—
2	T02	ϕ5mm 中心钻	1	钻 ϕ5mm 中心孔		—	—
3	T03	ϕ26mm 钻头	1	钻底孔		—	—
4	T04	镗刀	1	镗内孔各表面		0.4	—
5	T05	93°右偏刀	1	从右至左车外表面		0.3	—
6	T06	93°左偏刀	1	从左至右车外表面		0.2	—
7	T07	60°外螺纹车刀	1	车 M45 螺纹		0.1	—
编制		审核		批准	年　月　日	共　页	第　页

(4) 数控加工程序单

数控加工程序单是编程人员根据工艺分析情况，经过数值计算，按照机床特点使用指令代码编制的。它是记录数控加工工艺过程、工艺参数、位移数据的清单以及手动数据输入(MDI) 和制作控制介质、实现数控加工的主要依据。数控加工程序单是数控加工程序的具体体现，通常应进行保存，以便于检查、交流或下次加工时调用。

(5) 数控加工程序说明卡

实践证明，仅用加工程序单和工艺规程来指导实际数控加工会有许多问题。由于操作者对程序的内容不够清楚，对编程人员的意图理解不够，经常需要编程人员在现场说明和指导。因此，对加工程序进行详细说明是必要的，特别是对那些需要长时间保存和使用的程序尤其重要。

根据实践，一般应作说明的主要内容如下：

1）所用数控设备型号及控制器型号。

2）对刀点与编程原点的关系以及允许的对刀误差。

3）加工原点的位置及坐标方向。

4）所用刀具的规格、型号及其在程序中对应的刀具号，必须按刀具尺寸加大或缩小补偿值的特殊要求（如用同一个程序，同一把刀具，用改变刀尖圆弧半径补偿值的方法进行粗、精加工），更换刀具的程序段序号等。

5）整个程序加工内容的顺序安排（相当于工步内容说明与工步顺序）。

6）对程序中编入的子程序应说明其内容。

7）其他需要特殊说明的问题，如需要在加工中调整夹紧点的计划停机程序段号，中间测量用的计划停机程序段号，允许的最大刀尖圆弧半径和位置补偿值，切削液的使用与开关。

第 3 章

FANUC 0*i* 系统数控车床编程与操作

思维导图：

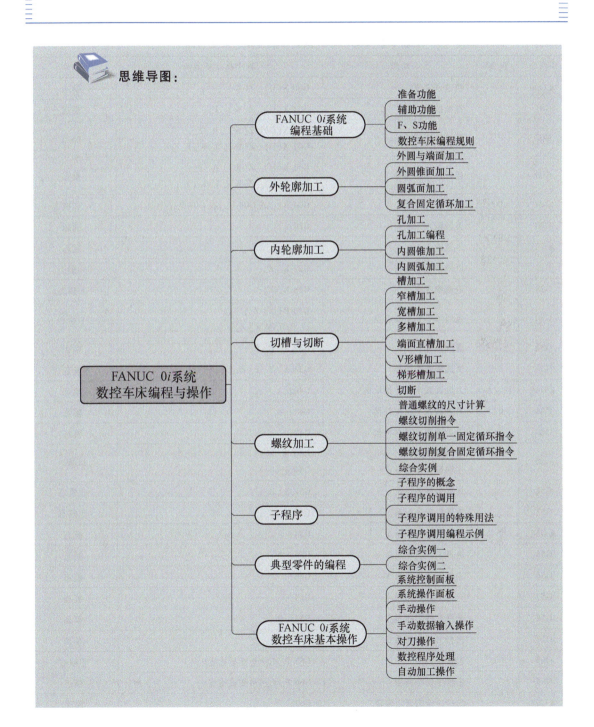

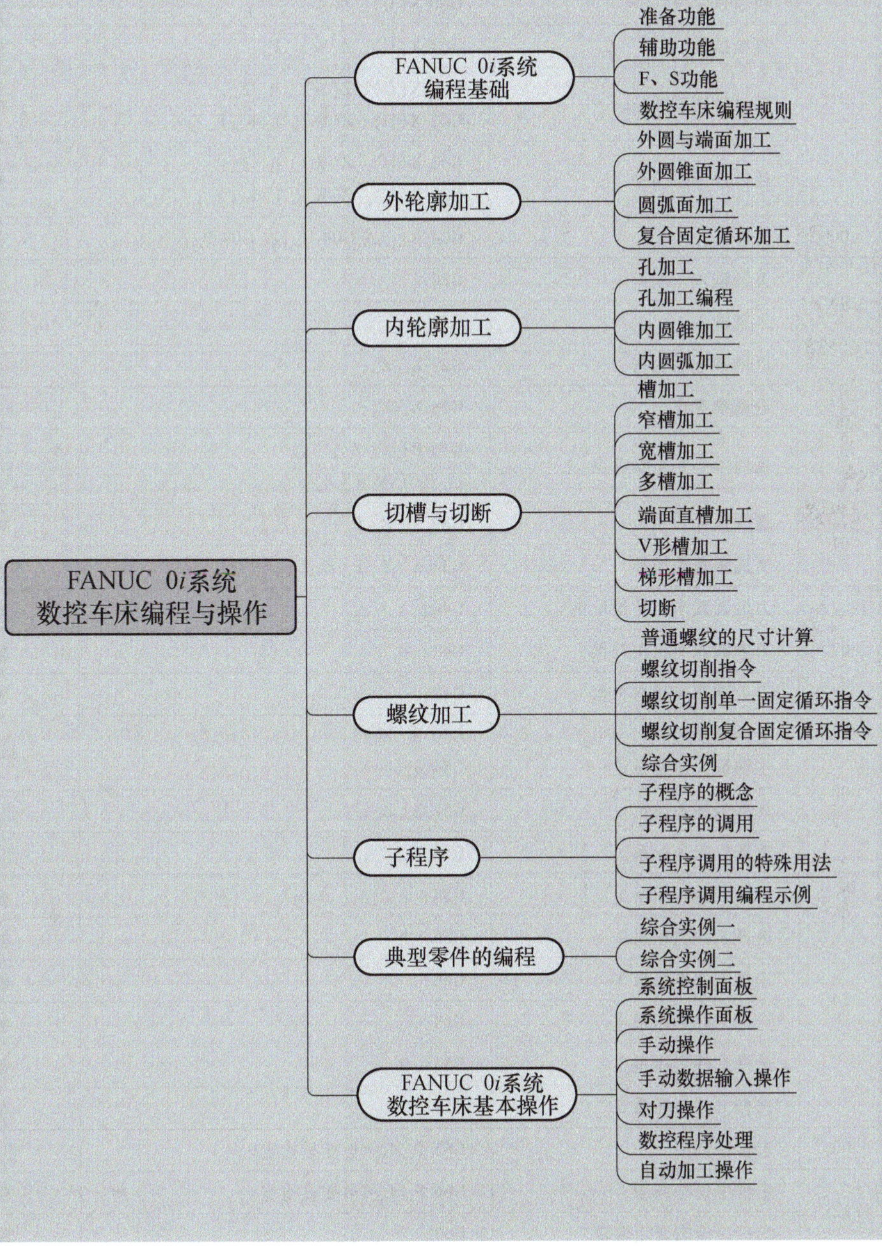
FANUC 0i系统
数控车床编程与操作
FANUC 0i系统
编程基础
准备功能
辅助功能
F、S功能
数控车床编程规则
外轮廓加工
外圆与端面加工
外圆锥面加工
圆弧面加工
复合固定循环加工
内轮廓加工
孔加工
孔加工编程
内圆锥加工
内圆弧加工
切槽与切断
槽加工
窄槽加工
宽槽加工
多槽加工
端面直槽加工
V形槽加工
梯形槽加工
切断
螺纹加工
普通螺纹的尺寸计算
螺纹切削指令
螺纹切削单一固定循环指令
螺纹切削复合固定循环指令
综合实例
子程序
子程序的概念
子程序的调用
子程序调用的特殊用法
子程序调用编程示例
典型零件的编程
综合实例一
综合实例二
FANUC 0i系统
数控车床基本操作
系统控制面板
系统操作面板
手动操作
手动数据输入操作
对刀操作
数控程序处理
自动加工操作

3.1 FANUC 0*i* 系统编程基础

3.1.1 准备功能

FANUC 0*i* 数控系统常用的准备功能见表 3-1。

表 3-1 FANUC 0*i* 数控系统常用的准备功能

G 指令	组别	功能	程序格式及说明	备注
▲G00	01	快速点定位	G00 X(U)_ Z(W)_;	模态
G01		直线插补	G01 X(U)_ Z(W)_ F_;	模态
G02		顺时针圆弧插补	G02 X(U)_ Z(W)_ R_ F_; G02 X(U)_ Z(W)_ I_ K_ F_;	模态
G03		逆时针圆弧插补	G03 X(U)_ Z(W)_ R_ F_; G03 X(U)_ Z(W)_ I_ K_ F_;	模态
G04	00	暂停	G04 X_; 或 G04 U_;或 G04 P_;	非模态
G20	06	英制输入	G20;	模态
▲G21		米制输入	G21;	模态
G27	00	返回参考点检查	G27 X_ Z_;	非模态
G28		返回参考点	G28 X_ Z_;	非模态
G30		返回第 2、3、4 参考点	G30 P3 X_ Z_; 或 G30 P4 X_ Z_;	非模态
G32	01	螺纹插补	G32 X_ Z_ F_;	模态
G34		变螺距螺纹插补	G34 X_ Z_ F_ K_;	模态
▲G40	07	刀尖圆弧半径补偿取消	G40;	模态
G41		刀尖圆弧半径左补偿	G41;	模态
G42		刀尖圆弧半径右补偿	G42;	模态
G50	00	坐标系设定 主轴最大速度设定	G50 X_ Z_; G50 S_;	非模态
G52		局部坐标系设定	G52 X_ Z_;	非模态
G53		选择机床坐标系	G53 X_ Z_;	非模态
▲G54	14	选择工件坐标系 1	G54;	模态
G55		选择工件坐标系 2	G55;	模态
G56		选择工件坐标系 3	G56;	模态
G57		选择工件坐标系 4	G57;	模态
G58		选择工件坐标系 5	G58;	模态
G59		选择工件坐标系 6	G59;	模态
G65	00	宏程序调用	G65 P_ L_<自变量指定>;	非模态
G66	12	宏程序模态调用	G66 P_ L_<自变量指定>;	模态
▲G67		宏程序模态调用取消	G67;	模态

（续）

G 指令	组别	功能	程序格式及说明	备注
G70	00	精加工循环	G70 P_ Q_;	非模态
G71		内外圆粗车循环	G71 U_ R_; G71 P_ Q_ U_ W_ F_;	非模态
G72		端面粗车循环	G72 W_ R_; G72 P_ Q_ U_ W_ F_;	非模态
G73		固定形状粗车循环	G73 U_ W_ R_; G73 P_ Q_ U_ W_ F_;	非模态
G74		镗孔复合循环与深孔钻削循环	G74 R_; G74 X(U)_ Z(W)_ P_ Q_ R_ F_;	非模态
G75		内外圆切槽复合循环	G75 R_; G75 X(U)_ Z(W)_ P_ Q_ R_ F_;	非模态
G76		螺纹切削复合循环	G76 P_ Q_ R_; G76 X(U)_ Z(W)_ R_ P_ Q_ F_;	非模态
G90	01	内外圆切削循环	G90 X(U)_ Z(W)_ F_; G90 X(U)_ Z(W)_ R_ F_;	模态
G92		螺纹车削循环	G92 X(U)_ Z(W)_ F_; G92 X(U)_ Z(W)_ R_ F_;	模态
G94		端面切削循环	G94 X(U)_ Z(W)_ F_; G94 X(U)_ Z(W)_ R_ F_;	模态
G96	02	恒线速度控制	G96 S_;	模态
▲G97		取消恒线速度控制	G97 S_;	模态
G98	05	每分钟进给速度	G98 F_;	模态
▲G99		每转进给速度	G99 F_;	模态

注：1 打▲的为开机默认指令。

2 00 组 G 代码都是非模态指令。

3 不同组的 G 代码能够在同一程序段中指定。如果同一程序段中指定了同组 G 代码，则最后指定的 G 代码有效。

4 G 代码按组号显示，对于表中没有列出的功能指令，请参阅有关厂家的编程说明书。

3.1.2　辅助功能

FANUC 0*i* 数控系统常用的辅助功能见表 3-2。

表 3-2　FANUC 0*i* 数控系统常用的辅助功能

序号	代码	功　能	序号	代码	功　能
1	M00	程序暂停	7	M08	切削液开启
2	M01	选择性停止	8	M09	切削液关闭
3	M02	结束程序运行	9	M30	结束程序运行且返回程序开头
4	M03	主轴正转	10	M98	子程序调用
5	M04	主轴反转	11	M99	子程序结束
6	M05	主轴停止			

3.1.3 F、S 功能

（1）F 功能

F 功能用于指定进给速度，它是用地址 F 与其后面的若干位数字来表示的。

1）每分钟进给 G98 指令。数控系统在执行了 G98 指令后，遇到 F 指令时，便认为 F 所指定的进给速度单位为 mm/min。如 F200，表示进给速度是 200mm/min。

G98 指令被执行一次后，数控系统就保持 G98 指令状态，直至数控系统执行了含有 G99 指令的程序段，G98 指令才被取消，而 G99 指令将发生作用。

2）每转进给 G99 指令。数控系统在执行了 G99 指令后，遇到 F 指令时，便认为 F 所指定的进给速度单位为 mm/r。如 F0.2，表示进给速度是 0.2mm/r。

要取消 G99 指令状态，须重新指定 G98 指令，G98 指令与 G99 指令相互取代。要注意的是，FANUC 数控系统开机后一般默认为 G99 指令状态。

（2）S 功能

S 功能用于指定主轴转速或速度。

1）恒线速度控制 G96 指令。G96 指令是恒线速切削控制有效指令。系统执行 G96 指令后，S 后面的数值表示切削速度。如 G96 S100，表示切削速度是 100m/min。

2）主轴转速控制 G97 指令。G97 指令是恒线速切削控制取消指令。系统执行 G97 指令后，S 后面的数值表示主轴每分钟的转数。如 G97 S800，表示主轴转速为 800r/min。系统开机后默认为 G97 状态。

3）主轴最高转速限定 G50 指令。G50 指令除了具有坐标系设定功能外，还有主轴最高转速设定功能，即用 S 功能指定的数值设定主轴每分钟的最高转速。如 G50 S2000，表示主轴最高转速为 2000r/min。

用恒线速控制加工端面、锥面和圆弧时，由于 X 坐标值不断变化，当刀具逐渐接近工件的旋转中心时，主轴转速会越来越高，工件有从卡盘飞出的危险，为防止事故的发生，有时必须限定主轴的最高转速。

3.1.4 数控车床编程规则

（1）直径编程和半径编程

因为车削零件的横截面一般都为圆形，所以尺寸有直径指定和半径指定两种方法。当用直径指定时称为直径编程，当用半径指定时称为半径编程。具体是用直径指定还是半径指定，可以用参数设置。当 X 轴用直径指定时的注意事项见表 3-3。

表 3-3 直径指定时的注意事项

项目	注意事项
Z 轴指令	与用直径指定还是半径指定无关
X 轴指令	用直径指定
用地址 U 的增量值指令	用直径指定
坐标系设定（G50）	用直径指定 X 轴坐标值
刀具长度补偿量 X 值	用参数设定直径值还是半径值

（续）

项目	注意事项
G90、G92、G94 指令中的 R 值	用半径值指令
圆弧插补的半径值 R，或者圆心坐标中的 I 值	用半径指令
X 轴方向进给速度	用半径指令
X 轴位置显示	用直径值显示

注：1 在后面的说明中，凡是没有特别指出用直径指定还是半径指定，均为用直径指定。

2 当切削外径时，刀具长度补偿量用直径值指定，其变化量与零件外径的变化量相同。例如：刀具长度补偿量变化 10mm，则零件外径也变化 10mm。

（2）绝对值编程、增量值编程和混合值编程

数控车床编程时，可以采用绝对值编程、增量值编程或混合值编程。绝对值编程是根据已设定的工件坐标系计算出工件轮廓上各点的绝对坐标值进行编程的方法，程序中常用 X、Z 表示。增量值编程是用相对前一个位置的坐标增量来表示坐标值的编程方法，FANUC 系统用 U、W 表示，其正负由行程方向确定：当行程方向与工件坐标轴方向一致时为正，反之为负。混合值编程是将绝对值编程和增量值编程混合起来进行编程的方法。如图 3-1 所示的位移示意图，三种方式编程如下：

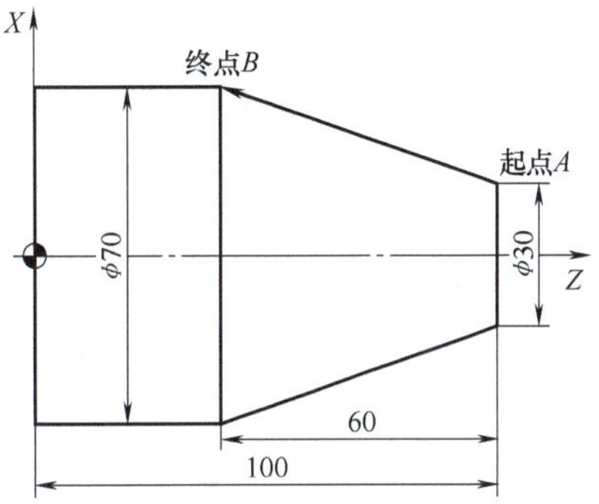

图 3-1　位移示意图

绝对值编程：X70.0 Z40.0；

增量值编程：U40.0 W-60.0；

混合值编程：X70.0 W-60.0；或 U40.0 Z40.0；

当 X 和 U 或 Z 和 W 在一个程序段中同时指令时，后面的指令有效。

3.2　外轮廓加工

3.2.1　外圆与端面加工

（1）常用外圆与端面加工指令

1）快速点定位指令（G00）。G00 指令使刀具以点定位控制方式从刀具所在点快速运动到下一个目标位置。它一般用于加工前的快速定位或加工后的快速退刀。

① 指令格式

G00 X(U)__ Z(W)__；

式中，X、Z 为刀具目标点的绝对坐标值；U、W 为刀具目标点相对于起始点的增量坐标值。

② 指令说明。

a. G00 为模态指令，可由 01 组中代码（如 G01、G02、G03、G32 等）注销。

b. 移动速度不能用程序指令设定，而是由厂家通过机床参数预先设置的，它可由面板上的快速进给倍率修调旋钮修正。

c. 执行 G00 指令时，*X*、*Z* 两轴同时以各轴的快进速度从当前点开始向目标点移动，一般各轴不能同时到达终点，其行走路线可能为折线，如图 3-2 所示。使用时注意刀具是否和工件发生干涉。

③ 编程示例。G00 指令应用示例如图 3-2 所示，要求刀具快速从 *A* 点移动到 *B* 点，编程如下：

绝对值编程：G00 X50.0 Z80.0;

增量值编程：G00 U-40.0 W-40.0;

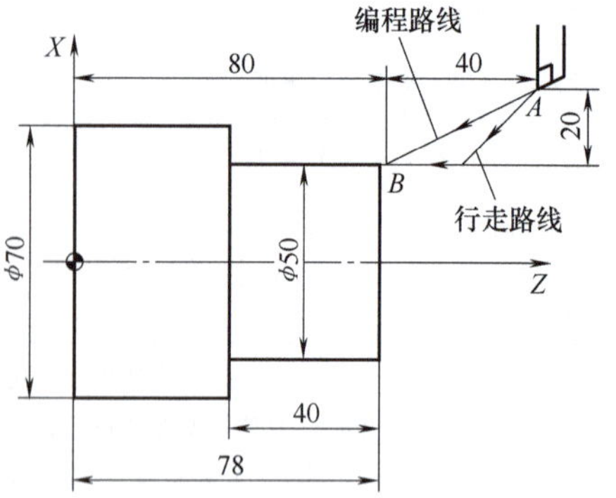

图 3-2　G00 指令应用示例

2）直线插补指令（G01）。G01 指令是直线插补指令，规定刀具在两坐标间以插补联动方式按指定的 F 进给速度做任意直线运动。

① 指令格式

G01　X(U)__　Z(W)__　F__;

式中，X、Z 为刀具目标点的绝对坐标值；U、W 为刀具目标点相对于起始点的增量坐标值；F 为刀具切削进给速度，单位可以是 mm/min 或 mm/r。

G00 指令应用示例

② 指令说明。

a. G01 指令中的进给速度由 F 指令决定，且 F 指令是模态指令。如果在 G01 指令之前的程序段没有 F 指令，且现在的 G01 程序段中也没有 F 指令，则机床不运动。

b. G01 为模态指令，可由 01 组中代码（如 G01、G02、G03、G32 等）注销。

③ 编程示例。G01 指令应用示例如图 3-3 所示，刀具轨迹为 *A*→*B*→*C*。

绝对值编程：

G01 X25.0 Z35.0 F100;　　*A*→*B*

Z13.0;　　*B*→*C*

增量值编程：

G01 U-25.0 F100;　　*A*→*B*

W-22.0;　　*B*→*C*

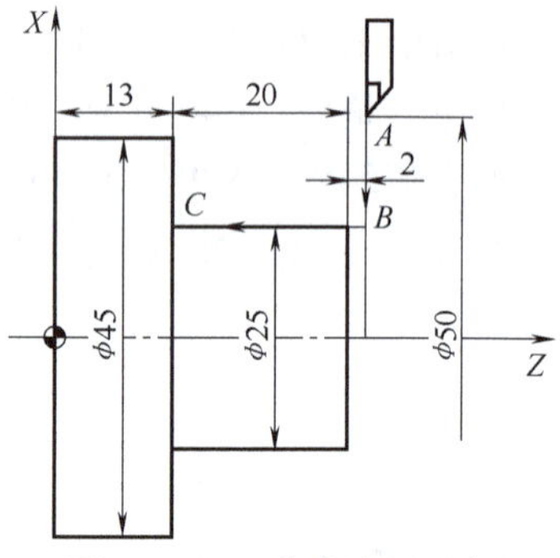

图 3-3　G01 指令应用示例

3）内外圆切削循环指令（G90）。当零件的直径差较大，加工余量也较大时，需要多次重复同一路径循环加工，才能去除全部余量，导致程序占用的内存较大。为了简化编程，数控系统提供了不同形式的固定循环功能，以缩短程序的长度，减少程序所占的内存。

① 指令格式

G90 X(U)__ Z(W)__ F__;

式中，X、Z 为绝对值编程时的切削终点坐标值；U、W 为增量值编程时的切削终点相对循环起点的增量坐标值；F 为切削进给速度。

② 指令说明。图 3-4 所示为 G90 指令刀具运动轨迹，刀具从循环起点 *A* 出发，第一段沿 *X* 轴负方向快速进刀，到达切削起点 *B*，第二段以 F 指令的进给速度切削到达切削终点 *C*，第三段沿 *X* 轴正方向切削退刀至 *D* 点，第四段快速退回到循环起点，完成一个切削循

环。G90 指令每一次切削加工结束后刀具均返回至循环起点。

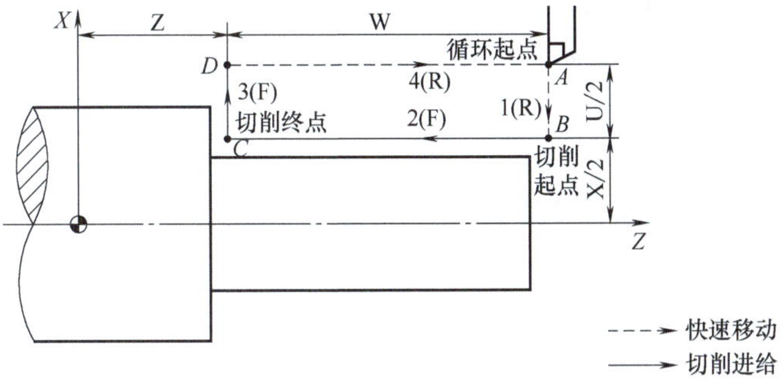

图 3-4　G90 指令刀具运动轨迹

G90 指令刀具运动轨迹

③ 编程示例。G90 指令应用示例如图 3-5 所示。

程序如下：

……

N50 G90 X40. 0 Z20. 0 F0. 1;　　*A*→*B*→*C*→*D*→*A*

N60 X30. 0;　　*A*→*E*→*F*→*D*→*A*

N70 X20. 0;　　*A*→*G*→*H*→*D*→*A*

……

G90 指令应用示例

4）端面切削循环指令（G94）。这里的端面是指与 *X* 坐标轴平行的端面。G94 指令与 G90 指令的使用方法类似，它主要用于径向尺寸较大而轴向尺寸较短的盘类工件的端面切削。

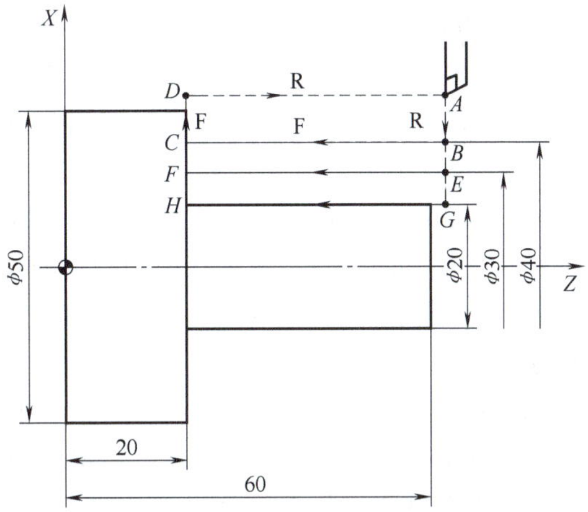

图 3-5　G90 指令应用示例

① 指令格式

G94　X(U)__　Z(W)__　F__;

式中，X(U)、Z(W)、F 的含义与 G90 指令格式中各参数含义相同。

② 指令说明。

a. 如图 3-6 所示为 G94 指令刀具运动轨迹，刀具从循环起点 *A* 出发，第一段沿 *Z* 轴负方向快速进刀，到达切削始点 *B*，第二段以 F 指令的进给速度切削到达切削终点 *C*，第三段沿 *Z* 轴正方向切削退刀至 *D*，第四段快速退回到循环起点，完成一个切削循环。

b. G94 指令的特点是：选用刀具的端面切削刃作为主切削刃，以车削端面的方式进行循环加工。G90 指令与 G94 指令的区别在于：G90 指令是在工件径向作分层粗加工；而 G94 指令是在工件轴向作分层粗加工；G90 指令第一步先沿 *X* 轴进给，而 G94 指令第一步先沿 *Z* 轴进给。

（2）外圆加工

1）用 G01 指令车削外圆。如图 3-7 所示，应用 G01 指令车削 ϕ45mm 外圆，毛坯直径为 ϕ50mm，直径方向有 5mm 的加工余量。工件右端面中心为编程坐标系原点，选用 90° 车刀，刀具初始点设在（X100.0，Z100.0）处。

① 刀具切削起点。编程时，对刀具快速接近工件加工部位的点应精心设计，保证刀具在该点与工件的轮廓有足够的安全间隙。如图 3-7 所示，可设计刀具切削起点为（X54.0，Z2.0）。

G94 指令刀具运动轨迹

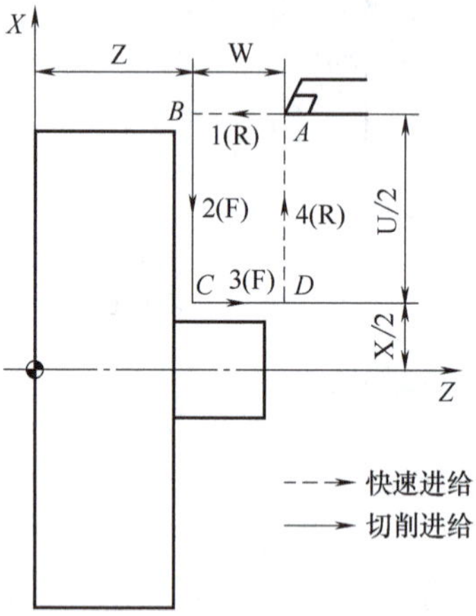

图 3-6　G94 指令刀具运动轨迹

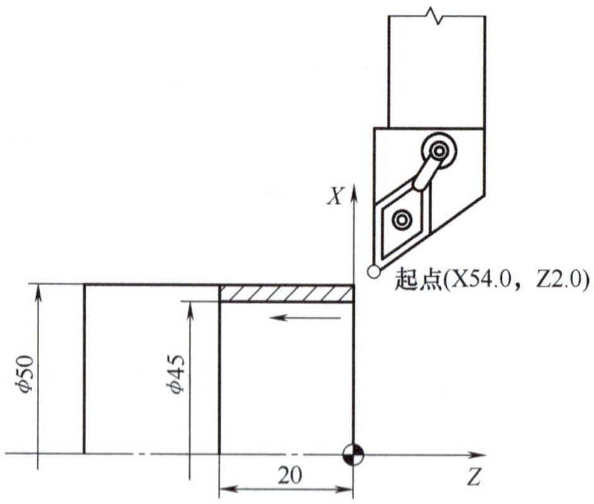

图 3-7　用 G01 指令车削外圆

② 刀具靠近工件。首先将刀具以 G00 快速运动的方式移动到点（X54.0，Z2.0），再以 G00 方式移动到 *X* 轴切削起点，准备粗加工。

N10 T0101;　　　　（选择 01 号刀，执行 01 号刀补）

N20 M03 S700;　　　　（主轴正转，转速为 700r/min）

N30 G00 X54.0 Z2.0 M08;　　　　（快速靠近工件）

N40 X46.0;　　　　（刀具沿 *X* 轴负向进刀）

③ 粗车

N50 G01 Z-20.0 F0.2;　　　　（粗车外圆）

刀具以 0.2mm/r 进给速度切削到指定的长度位置。

④ 刀具返回。刀具返回时，先沿 *X* 轴正向退到工件之外，再沿 *Z* 轴正向以 G00 方式回到起点。

N60 G01 X54.0;　　　　（沿 *X* 轴正向返回）

N70 G00 Z2.0;　　　　（沿 *Z* 轴正向返回）

程序段 N50 为实际切削运动，切削完成后执行程序段 N60，刀具将快速脱离工件。

⑤ 精车

N80 X45.0;　　　　（刀具沿 *X* 轴负向进刀）

N90 G01 Z-20.0 S900 F0.1;　　　　（精车，主轴转速为 900r/min，进给速度为 0.1mm/r）

N100 X54.0;　　　　（沿 *X* 轴正向退刀）

⑥ 返回换刀点

N110 G00 X100.0 Z100.0;　　　　（刀具返回到初始点）

⑦ 程序结束

N120 M30;　　　　（程序结束）

2）用 G90 指令车削外圆。如图 3-8 所示，用 G90 指令车削 ϕ30mm 外圆，毛坯尺寸为

ϕ50mm×40mm，ϕ30mm 外圆在直径方向上有 20mm 的加工余量。设工件右端面中心为编程坐标系原点，选用 90°车刀，刀具起始点设在（X100.0，Z100.0）处，刀具切削起点设在与工件具有安全间隙的（X55.0，Z2.0）处。

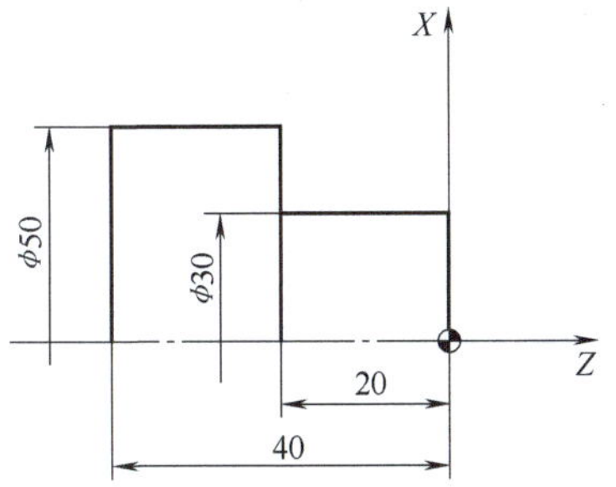

图 3-8　用 G90 指令车削 ϕ30mm 外圆

其加工参考程序见表 3-4。

表 3-4　用 G90 指令车削 ϕ30mm 外圆参考程序

参考程序	注释
O3001;	程序名
N10 T0101;	选择 01 号刀,执行 01 号刀补
N20 S800 M03;	主轴正转,转速为 800r/min
N30 G00 X55.0 Z2.0;	刀具快速运动至循环起点
N40 G90 X46.0 Z-19.8 F0.2;	X 方向背吃刀量为 2mm,端面留余量 0.2mm
N50 X42.0;	G90 模态有效,X 方向切削至 ϕ42mm
N60 X38.0;	G90 模态有效,X 方向切削至 ϕ38mm
N70 X34.0;	G90 模态有效,X 方向切削至 ϕ34mm
N80 X31.0 ;	X 方向留单边余量 0.5mm 用于精加工
N90 M03 S1200;	提高主轴转速至 1200r/min
N90 G90 X30.0 Z-20.0 F0.1;	精车至 ϕ30mm 尺寸要求
N100 G00 X100.0 Z100.0;	刀具快速退至起始点
N110 M05;	主轴停
N120 M30;	程序结束

（3）端面加工

1）用 G01 指令单次车削端面。工件毛坯直径为 ϕ50mm，右端面中心为编程坐标系原点，加工时右端面留 0.5mm 的余量，选用 90°偏刀，刀具初始点设在换刀点（X100.0，Z100.0）处。

① 刀具切削起点。编程时，对刀具快速接近工件加工部位的点应精心设计，保证刀具在该点与工件的轮廓应有足够的安全间隙。如图 3-9 所示，可设计刀具切削起点为（X55.0，Z0.0）。

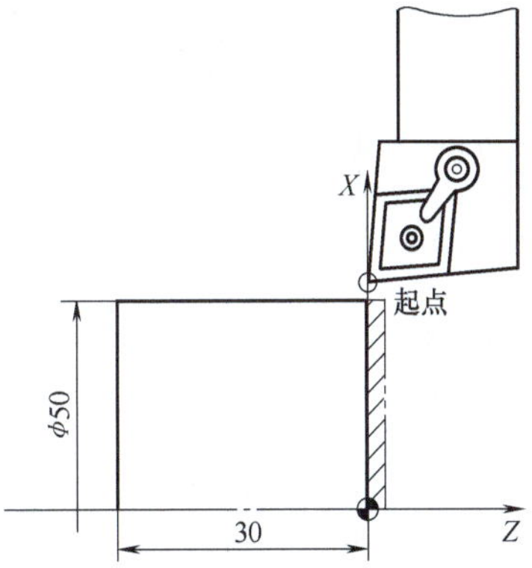

图 3-9　用 G01 指令单次车削端面

② 刀具靠近工件。首先沿 Z 方向移动到起点，然后沿 X 方向移动到起点，以减小刀具趋近工件时发生干涉

的可能性。

N10 T0101;　　　　（选择 01 号刀，执行 01 号刀补）

N20 S700 M03;　　　（主轴正转，转速为 700r/min）

N30 G00 Z0 M08;　　（刀具沿 *Z* 轴方向到达切削起点）

N40 X55.0;　　　　（刀具沿 *X* 轴负方向到达切削起点）

若把 N30、N40 合写成“G00 X55.0 Z0”可简便一些，但必须保证定位路线上没有障碍物。

③ 刀具切削程序段

N50 G01 X0 F0.1;　（车端面）

④ 刀具返回。刀具返回时宜先沿 *Z* 轴正方向离开工件。

N60 G00 Z2.0;　　　（沿 *Z* 轴正方向退出）

N70 X100.0 Z100.0;（返回至初始点）

⑤ 程序结束

N80 M05;　　　　　（主轴停）

N90 M30;　　　　　（程序结束）

2）用 G94 指令切削端面。用 G94 指令编写如图 3-10 所示工件的端面车削程序。设刀具的起点为与工件具有安全间隙的 *S* 点（X55.0，Z2.0）。加工参考程序见表 3-5。

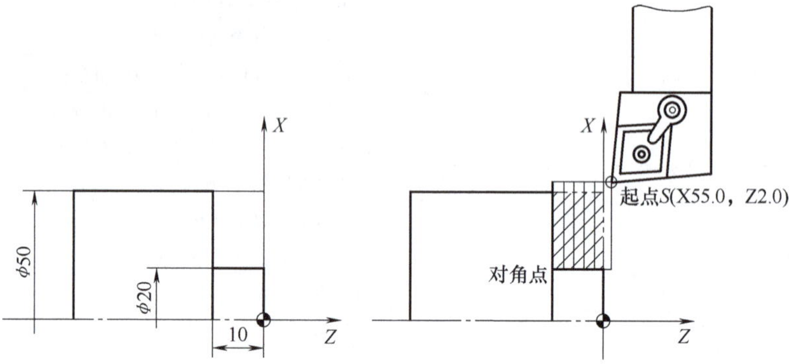

图 3-10　用 G94 指令车削端面

表 3-5　用 G94 指令车削端面加工参考程序

参考程序	注释
O3002;	程序名
N10 G99 T0101;	选择 01 号刀，执行 01 号刀补
N20 G00 X55.0 Z2.0 S500 M03;	快速靠近工件，主轴正转，转速为 500r/min
N30 G94 X20.2 Z-2.0 F0.1;	粗车第一刀，*Z* 方向背吃刀量为 2mm，*X* 方向留 0.2mm 的余量
N40 Z-4.0;	粗车第二刀
N50 Z-6.0;	粗车第三刀
N60 Z-8.0;	粗车第四刀
N70 Z-9.8;	粗车第五刀
N80 X20.0 Z-10.0 F0.08 S900 ;	精加工
N90 G00 X100.0 Z100.0 M05;	返回起始点，主轴停
N100 M30;	程序结束

3.2.2　外圆锥面加工

（1）常用圆锥面加工指令

圆锥面加工中，当切削余量不大时，可以直接使用 G01 指令进行编程加工。如果切削余量较大，一般采用圆锥面切削循环 G90 和 G94 指令。G01 指令格式在前面已介绍，在此不再赘述。

1）圆锥面车削循环指令（G90）。

① 指令格式

G90　X(U)__　Z(W)__　R__　F__;

式中，X、Z 为圆锥面切削终点的绝对坐标值，即图 3-11 所示 *C* 点在编程坐标系中的坐标值；U、W 为圆锥面切削终点相对循环起点的增量值，即图 3-11 所示 *C* 点相对于 *A* 点的增量坐标值；R 为车削圆锥面时起点半径与终点半径的差值；F 为切削进给速度。

② 指令说明。图 3-11 所示为圆锥面车削循环 G90 指令刀具运动轨迹，刀具从 *A*→*B* 为快速进给，因此在编程时，*A* 点在轴向和径向上要离开工件一段距离，以保证快速进刀时的安全；刀具从 *B*→*C* 为切削进给，按照指令中的 F 值进给；刀具从 *C*→*D* 时也为切削进给，为了提高生产率，*D* 点在径向上不要离工件太远；刀具从 *D* 点快速返回起点 *A*，循环结束。

2）圆锥端面车削循环指令（G94）。

① 指令格式

G94 X(U)__　Z(W)__　R__　F__;

式中，X、Z 为圆锥端面切削终点绝对坐标值，即图 3-12 所示 *C* 点在编程坐标系中的坐标值；U、W 为圆锥端面切削终点相对循环起点的增量值，即图 3-12 所示 *C* 点相对于 *A* 点的增量坐标值；R 为切削起点与切削终点 *Z* 轴绝对坐标的差值，当 R 与 U 的符号不同时，要求 |R| ≤ |W|；F 为切削进给速度。

圆锥面车削循环 G90 指令刀具运动轨迹

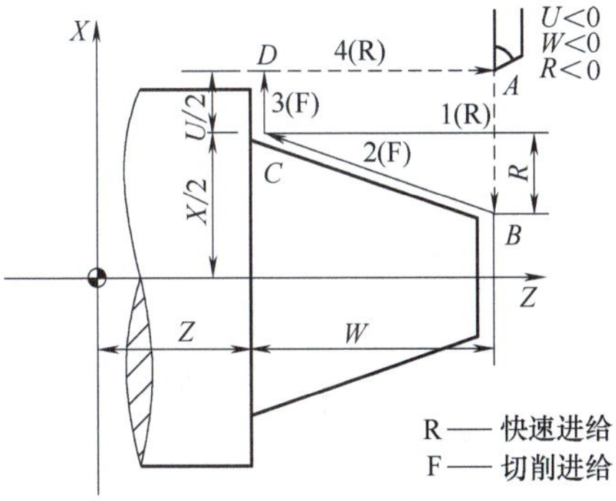

图 3-11　圆锥面车削循环 G90 指令刀具运动轨迹

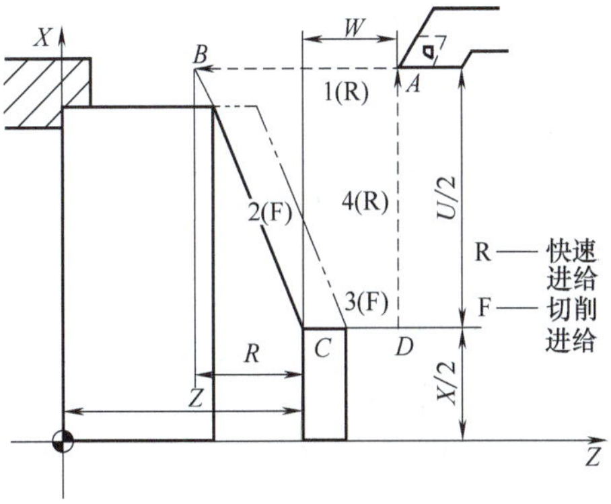

图 3-12　圆锥端面车削循环 G94 指令刀具运动轨迹

② 指令说明。

a. 图 3-12 所示为圆锥端面车削循环 G94 指令刀具运动轨迹，刀具从 *A*→*B* 为快速进给，因此在编程时，*A* 点在轴向和径向上要离开工件一段距离，以保证快速进刀时的安全；刀具从 *B*→*C* 为切削进给，按照

圆锥端面车削循环 G94 指令刀具运动轨迹

指令中的 F 值进给；刀具从 $C \to D$ 时也为切削进给，为了提高生产率，D 点在轴向上不要离工件太远；刀具从 D 快速返回起点 A，循环结束。

b. 进行编程时，应注意 R 的符号，确定的方法是：锥面起点坐标大于终点坐标时为正，反之为负。

（2）外圆锥面加工

1）用 G01 指令加工外圆锥面。可以应用 G01 指令加工圆锥工件，但在加工中一定要注意刀尖圆弧半径补偿，否则加工的锥体将会有加工误差，如图 3-13 所示。

由图可知，C 点 $X=40\text{mm}-\frac{1}{5}\times 42\text{mm}=31.6\text{mm}$

由此，可以确定粗车第一刀起点坐标为（X35.0，Z2.0），粗车第二刀起点坐标为（X32.6，Z2.0），精车起点坐标为（X31.6，Z2.0）。加工参考程序见表 3-6。

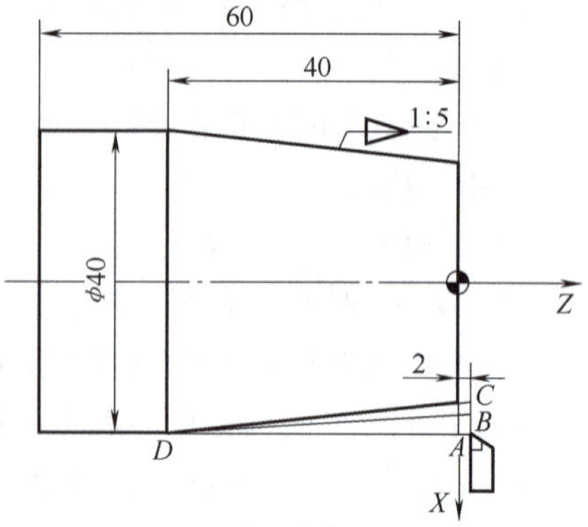

图 3-13 圆锥面车削加工路线

表 3-6 用 G01 指令加工外圆锥面参考程序

参考程序	注释
O3003;	程序名
N5 T0101;	选择 01 号刀,执行 01 号刀补
N10 S500 M03;	主轴正转,转速为 500r/min
N20 G00 X40.0 Z2.0;	快速进刀至起刀点
N30 X35.0;	进刀至切入点
N40 G01 X40.0 Z-40.0 F0.2;	粗车第一刀，进给量为 0.2mm/r
N50 G00 Z2.0;	Z 方向退刀
N60 X32.6;	X 方向进刀至切入点
N70 G01 X40.0 Z-40.0 F0.2;	粗车第二刀
N80 G00 Z2.0;	Z 方向退刀
N90 M03 S1000;	主轴变速,主轴转速为 1000r/min
N100 G42 X31.6;	进刀至精加工切入点,并建立刀尖圆弧半径右补偿
N110 G01 X40.0 Z-40.0 F0.1;	精车锥体
N120 X45.0;	X 方向退刀
N130 G40 G00 X100.0 Z100.0;	取消刀尖圆弧半径补偿,刀具退至起始点
N140 M05;	主轴停
N150 M30;	程序结束

2）用 G90 指令加工外圆锥面。图 3-14 所示为用 G90 指令加工圆锥面示例，参考程序见表 3-7。

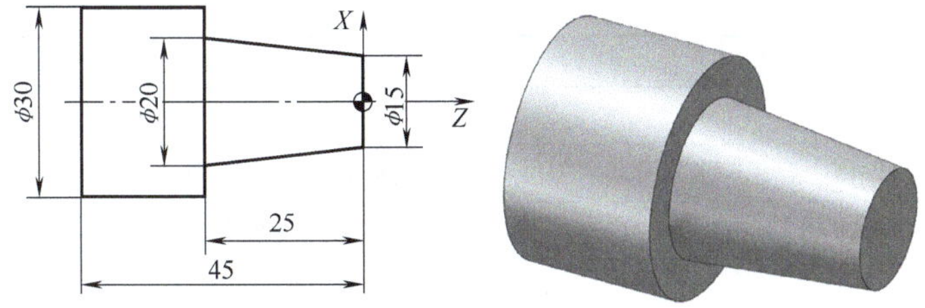

图 3-14 用 G90 指令加工外圆锥面示例

表 3-7 用 G90 指令加工外圆锥面参考程序

参考程序	注释
O3004;	程序名
N10 T0101;	选择 01 号刀,执行 01 号刀补
N20 M03 S800;	主轴正转,转速为 800r/min
N30 G00 X35.0 Z2.0;	快速靠近工件
N40 G90 X26.0 Z-25.0 R-2.7 F0.2;	第一次循环加工
N50 X22.0;	第二次循环加工
N60 X20.0;	第三次循环加工
N70 G00 X100.0 Z50.0 M05;	快速退至起始点,主轴停
N80 M30;	程序结束

注意：N40 程序段中的 R 值计算必须考虑刀具 Z 方向起点（Z2.0），否则，会导致加工锥度不正确。

3）用 G94 指令加工外圆锥面。图 3-15 所示为用 G94 指令加工外圆锥面示例。毛坯直径为 50mm，参考程序见表 3-8。

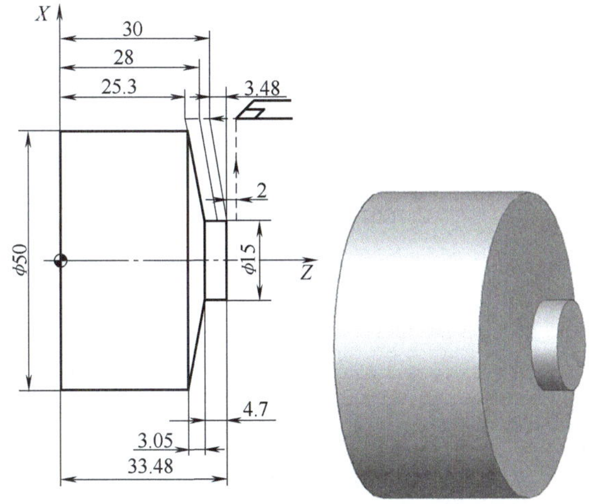

图 3-15 用 G94 指令加工外圆锥面示例

表 3-8 用 G94 指令加工外圆锥面参考程序

参考程序	注释
O3005;	程序名
N10 M03 S600;	主轴正转,转速为 600r/min

（续）

参考程序	注释
N20 T0101;	选择 01 号刀,执行 01 号刀补
N30 G41 G00 X55.0 Z35.48;	快速到达循环起点,执行刀尖圆弧半径左补偿
N40 G94 X15.0 Z33.48 R-3.48 F100;	圆锥面第一次循环加工
N50 Z31.48;	圆锥面第二次循环加工
N60 Z28.78;	圆锥面第三次循环加工
N70 G40 G00 X100.0 Z100.0;	快速返回起始点,取消刀尖圆弧半径左补偿
N80 M05;	主轴停
N90 M30;	程序结束

3.2.3 圆弧面加工

（1）圆弧插补指令（G02/G03）

圆弧插补指令 G02/G03 可使刀具相对工件以指定的速度从当前点（起始点）向终点进行圆弧插补。G02 为顺时针圆弧插补，G03 为逆时针圆弧插补，如图 3-16 所示。

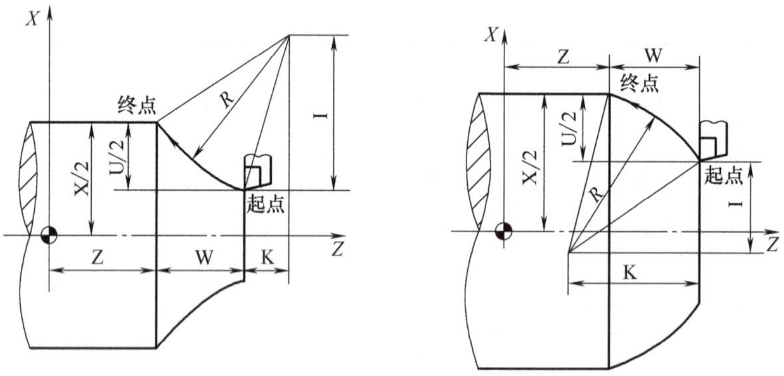

a）　　b）

圆弧插补指令

图 3-16　圆弧插补指令

a）G02 指令　b）G03 指令

1）指令格式

$$\left.\begin{matrix}G02\\G03\end{matrix}\right\}X(U)\_\ Z(W)\_\left\{\begin{matrix}I\_\ K\_\\R\_\end{matrix}\right\}F\_;$$

指令中各程序字的含义见表 3-9。

表 3-9　圆弧插补指令各程序字的含义

程序字	指定内容	含义
X、Z	终点位置	圆弧终点的绝对坐标值
U、W		圆弧终点相对于圆弧起点的增量坐标值
I、K	圆心坐标	圆弧圆心在 X、Z 轴方向上相对于圆弧起点的增量坐标值
R	圆弧半径	圆弧半径

2）顺时针圆弧与逆时针圆弧的判别。在使用圆弧插补指令时，需要判断刀具是沿顺时针还是逆时针方向加工零件。判别方法是：沿垂直于圆弧所在 *XOZ* 平面的 *Y* 轴的正方向看该圆弧，顺时针方向为 G02 指令，逆时针方向为 G03 指令。在判别圆弧的顺逆方向时，一定要注意刀架的位置及 *Y* 轴的方向，如图 3-17 所示。

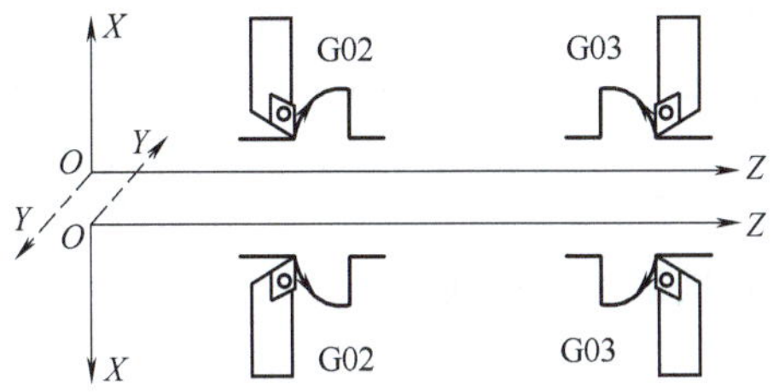

图 3-17　顺时针圆弧与逆时针圆弧的判别

3）圆心坐标的确定。圆心坐标 I、K 值为圆弧起点到圆弧圆心的矢量在 *X*、*Z* 轴向上的投影，如图 3-18 所示。I、K 为增量值，带有正负号，且 I 值为半径值。I、K 的正负取决于该矢量方向与坐标轴方向的异同，相同者为正，相反者为负。若已知圆心坐标和圆弧起点坐标，则 $I=X_{圆心}-X_{起点}$（半径差）；$K=Z_{圆心}-Z_{起点}$。图 3-18 中 I 值为−10，K 值为−20。

4）圆弧半径的确定。圆弧半径 *R* 有正值与负值之分。当圆弧所对的圆心角小于或等于 180°时，*R* 取正值；当圆弧所对的圆心角大于 180°并小于 360°时，*R* 取负值，如图 3-19 所示。通常情况下，在数控车床上加工的圆弧的圆心角小于 180°。

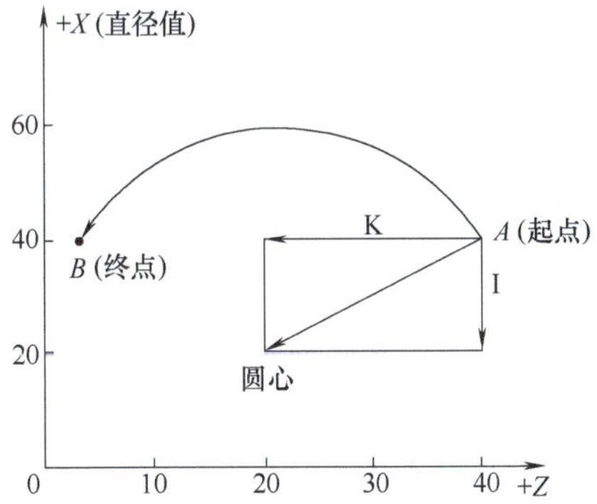

图 3-18　圆心坐标 I、K 值的确定

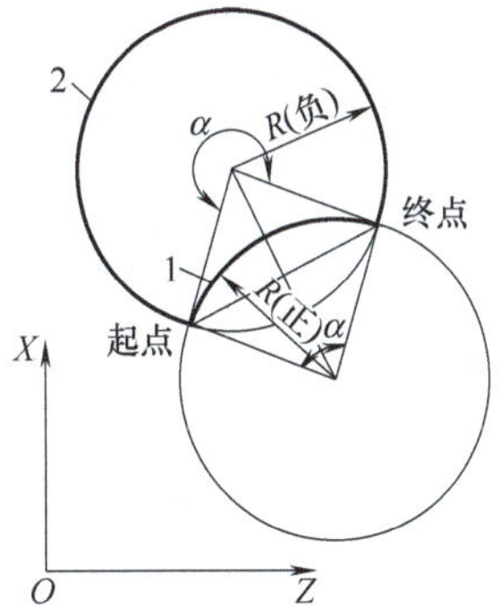

图 3-19　圆弧半径 *R* 正负的确定

5）编程示例。编制图 3-20 所示 $P_1 \rightarrow P_2$ 圆弧的精加工程序，参考程序见表 3-10。

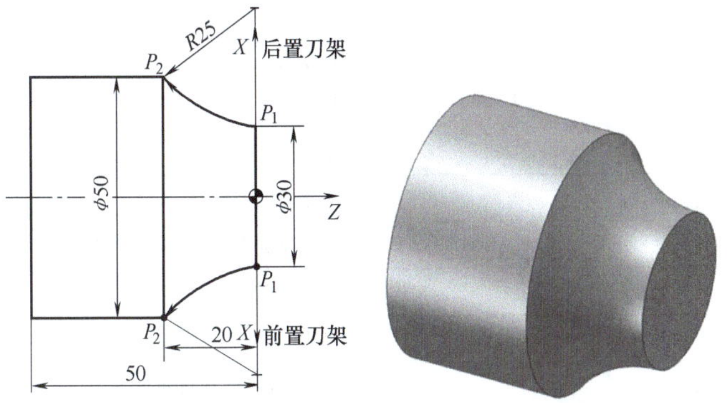

图 3-20　圆弧编程示例

表 3-10 $P_1 \to P_2$ 圆弧加工参考程序

编程方式	圆心坐标 I、K	圆弧半径 R
绝对值编程	G02 X50.0 Z-20.0 I25.0 K0 F0.3;	G02 X50.0 Z-20.0 R25.0 F0.3;
增量值编程	G02 U20.0 W-20.0 I25.0 K0 F0.3;	G02 U20.0 W-20.0 R25.0 F0.3;

(2) 圆弧面的车削示例

1) 车锥法加工圆弧面。如图 3-21 所示，先用车锥法粗车掉以 *AB* 为母线的圆锥面外的余量，再用圆弧插补粗车右侧圆弧面。

① 相关计算。确定点 *A*、*B* 两点坐标，经平面几何的推算，得出如下简单公式：

$$CA = CB = \frac{R}{2}$$

$$即\ CA = CB = \frac{22\text{mm}}{2} = 11\text{mm}$$

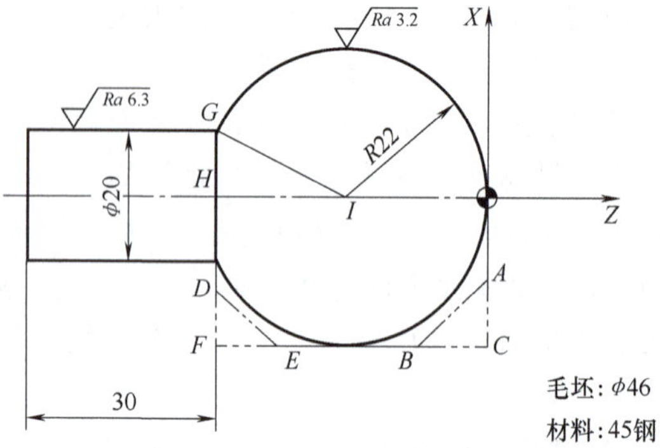

图 3-21 车锥法加工圆弧面示例

所以 *A* 点坐标为（X22.0，Z0），*B* 点坐标为（X44.0，Z−11.0）。

② 参考程序。用车锥法车削掉以 *AB* 为母线的圆锥面外的余量，然后用 G03 指令车削右侧圆弧面，参考程序见表 3-11。

表 3-11 车锥法加工圆弧面示例参考程序

参考程序	注释
O3006;	程序名
……	……
N50 G42 G01 X46.0 Z0 F0.2;	执行刀尖圆弧半径右补偿，刀具到达切削起点
N60 U-4.0;	*X* 方向进刀，准备车第一刀
N70 X44.0 Z-1.0;	车第一刀
N80 G00 Z0;	*Z* 方向退刀
N90 G01 U-8.0 F0.2;	*X* 方向进刀，准备车第二刀
N100 X44.0 Z-3.0;	车第二刀
N110 G00 Z0;	*Z* 方向退刀
N120 G01 U-12.0 F0.2;	*X* 方向进刀，准备车第三刀
N130 X44.0 Z-5.0;	车第三刀
N140 G00 Z0;	*Z* 方向退刀
N150 G01 U-16.0 F0.2;	*X* 方向进刀，准备车第四刀
N160 X44.0 Z-7.0;	车第四刀
N170 G00 Z0;	*Z* 方向退刀
N180 G01 U-20.0 F0.2;	*X* 方向进刀，准备车第五刀
N190 X44.0 Z-9.0;	车第五刀

（续）

参考程序	注释
N200　G00 Z0；	Z 方向退刀
N210　G01 U-24.0 F0.2；	X 方向进刀，准备车第六刀
N220　X44.0 Z-11.0；	车第六刀
N230　G00 Z0；	Z 方向退刀
N240　G01 X0 F2.0；	X 方向退刀
N250　G03 X44.0 Z-22.0 R22.0 F0.1；	应用 G03 指令车削右侧圆弧面
N260　G00 X100.0 ；	X 方向退刀
N270　G40 G00 Z50.0；	Z 方向退刀，并取消刀尖圆弧半径补偿
……	……

用同样的方法车削掉以 *DE* 为母线的圆锥面外的余量，再用圆弧指令加工左侧圆弧面，留给读者自己做练习，要注意使用车刀的角度。

2）车圆法加工圆弧面。圆心不变，圆弧插补半径依次减小或增大一个背吃刀量，直到尺寸要求，如图 3-22 所示。

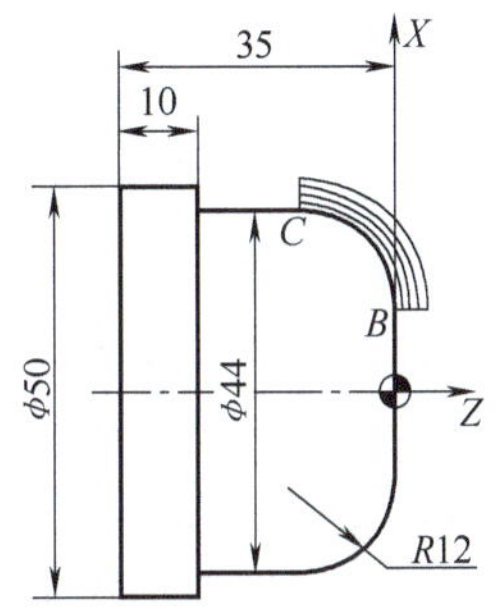

图 3-22　车圆法加工圆弧面示例

① 相关计算。*BC* 圆弧的起点坐标为（X20.0，Z0），终点坐标为（X44.0，Z−12.0），半径为 *R*12mm；依次类推，可知同心圆的起点、终点及半径如下：

（X20.0，Z2），（X48.0，Z−12.0），*R*14；

（X20.0，Z4），（X52.0，Z−12.0），*R*16；

（X20.0，Z6），（X56.0，Z−12.0），*R*18；

（X20.0，Z8），（X60.0，Z−12.0），*R*20。

② 参考程序（表 3-12）。

表 3-12　车圆法加工圆弧面示例参考程序

参考程序	注释
O3007；	程序名
……	……
N130 G42 G01 X20.0 Z8.0 F0.2；	快速到达圆弧加工起点
N140 G03 X60.0 Z-12.0 R20.0；	圆弧插补，车第一刀
N150 G00 Z6.0；	Z 方向退刀
N160 X20.0；	X 方向进刀，准备车第二刀
N170 G03 X56.0 Z-12.0 R18.0 F0.2；	圆弧插补，车第二刀
N180 G00 Z4.0；	Z 方向退刀
N190 X20.0；	X 方向进刀，准备车第三刀
N200 G03 X52.0 Z-12.0 R16.0 F0.2；	圆弧插补，车第三刀
N210 G00 Z2.0；	Z 方向退刀

（续）

参考程序	注释
N220 X20.0;	*X* 方向进刀，准备车第四刀
N230 G03 X48.0 Z-12.0 R14.0 F0.2;	圆弧插补，车第四刀
N240 G00 Z0;	*Z* 方向退刀
N250 X20.0;	*X* 方向进刀，准备车第五刀
N260 G03 X44.0 Z-12.0 R12.0 F0.2;	圆弧插补至尺寸要求
N270 G01 Z-25.0;	车削 ϕ44mm 外圆
……	……

这种插补方法适用于起点、终点正好为 1/4 圆弧面或 1/2 圆弧面，每车一刀 *X*、*Z* 方向分别改变一个背吃刀量。

3）移圆法（圆心偏移）加工圆弧面。圆心依次偏移一个背吃刀量，直至尺寸要求，如图 3-23 所示。

① 相关计算。由图 3-23 可知：

A 点坐标为（X38.0，Z−13.0），*B* 点坐标为（X38.0，Z−47.0）；

C 点坐标为（X42.0，Z−13.0），*D* 点坐标为（X42.0，Z−47.0）；

E 点坐标为（X46.0，Z−13.0），*F* 点坐标为（X46.0，Z−47.0）。

② 参考程序见表 3-13。

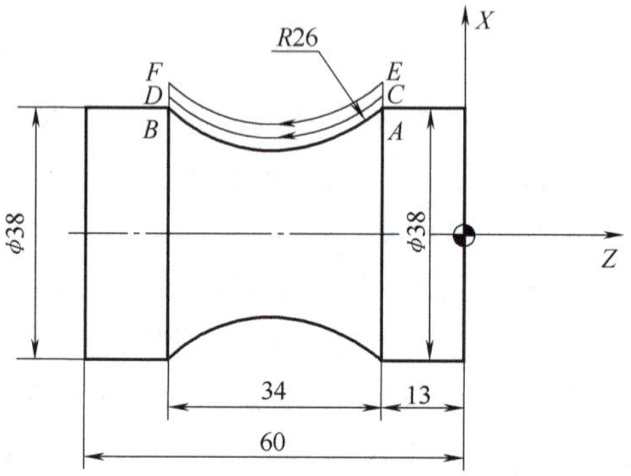

图 3-23　移圆法（圆心偏移）加工圆弧面示例

表 3-13　移圆法（圆心偏移）加工圆弧面示例参考程序

参考程序	注释
O3008;	程序名
……	……
N90 G00 Z-13.0;	*Z* 方向进刀
N100 G01 X46.0 F0.2;	*X* 方向进刀
N110 G02 X46.0 Z-47.0 R26.0 F0.1;	圆弧插补，车第一刀
N120 G00 Z-13.0;	*Z* 方向退刀
N130 G01 X42.0 F0.2;	*X* 方向进刀
N140 G02 X42.0 Z-47.0 R26.0 F0.1;	圆弧插补，车第二刀
N150 G00 Z-13.0;	*Z* 方向退刀
N150 G01 G42 X38.0 F0.2;	*X* 方向进刀
N160 G02 X38.0 Z-47.0 R26.0 F0.1;	圆弧插补，车第三刀，至尺寸要求
……	……

这种圆弧插补方法的 *Z* 方向坐标、圆弧半径 *R* 不需改变，每车一刀，刀具沿 *X* 方向进给一个背吃刀量就可以了。

3.2.4　复合固定循环加工

对于铸、锻毛坯的粗车或用棒料直接车削过渡尺寸较大的阶台轴时，需要多次重复进行车削，使用 G90 或 G94 单一固定循环指令编程仍然比较麻烦；而用 G71、G72、G73、G70 等复合固定循环指令，只要编写出精加工进给路线，给出每次切除余量或循环次数和精加工余量，数控系统即可自动计算出粗加工时的刀具路径，完成重复切削直至加工完毕。

（1）内外圆粗车循环指令（G71）

G71 指令适用于毛坯余量较大的外径和内径粗车，在 G71 指令后描述零件的精加工轮廓，数控系统根据精加工程序描述的轮廓形状和 G71 指令内的各个参数自动生成加工路径，将粗加工待切除余量一次性切削完成。

1）指令格式

G71 U(Δd) R(e)；

G71 P(ns) Q(nf) U(Δu) W(Δw) F__ S__ T__；

式中，Δd 为 X 方向背吃刀量（半径量指定），不带符号，且为模态值；e 为退刀量，其值为模态值；ns 为精车程序第一个程序段的段号；nf 为精车程序最后一个程序段的段号；Δu：X 方向精车余量的大小和方向，用直径量指定（另有规定除外）；Δw：Z 方向精车余量的大小和方向；F、S、T：粗加工循环中的进给速度、主轴转速与刀具功能。

粗车循环 G71 指令
刀具运动轨迹

2）运动轨迹及指令说明。

① 粗车循环 G71 指令刀具运动轨迹如图 3-24 所示。刀具从 C 点（循环起点）开始快速退刀至 D 点，退刀量由 Δw 和 $\Delta u/2$ 值确定；再快速沿 X 方向进刀 Δd（半径值）至 E 点；然后按 G01 指令指定的速度进给至 G 点后，沿 45°方向快速退刀至 H 点（X 方向退给量由 e 值确定）；Z 方向快速退刀至 I 点（循环起点的 Z 值处）；再次沿 X 方向进刀至 J 点（进给量为 $e+\Delta d$）进行第二次切削。如此循环至粗车完成后，再进行平行于精加工表面的半精车（这时，刀具沿精加工表面分别留出 Δw 和 Δu 的加工余量）。半精车完成后，快速退回循环起点，结束粗车循环所有动作。

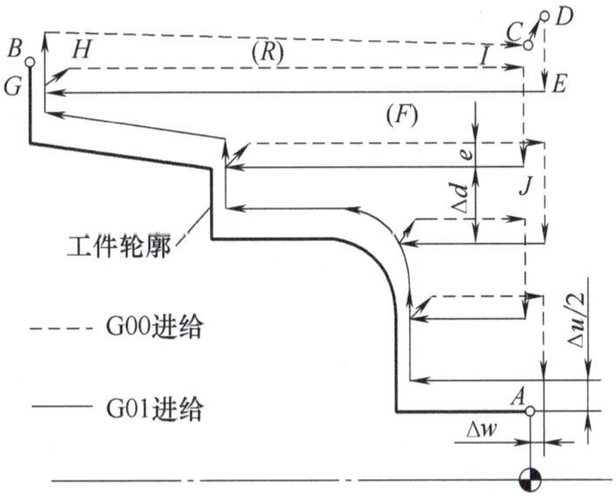

图 3-24　粗车循环 G71 指令刀具运动轨迹

② 指令中的 F 和 S 值是指粗加工循环中的进给速度和主轴转速，该值一旦指定，在程序段段号“ns”和“nf”之间所有的 F 和 S 值均无效。另外，该值也可以不加指定而沿用前面程序段中的 F 值，并可沿用至粗、精加工结束后的程序中去。

③ 通常情况下，FANUC 0*i* 系统粗加工循环中的轮廓外形必须采用单调递增或单调递减的形式，否则会产生凹形轮廓，不是分层切削而是在半精加工时一次性切削的情况，如图 3-25 所示。当加工图中凹圆弧 AB 段时，阴影部分的加工余量在粗车循环时，因其 X 方向的递增与递减形式并存，故无法进行分层切削，而是在半精车时一次性进行切削。

④ 在 G71 指令循环中，顺序号“ns”程序段必须沿 X 方向进刀，且不能出现 Z 轴的运

动指令，否则系统会出现程序报警。

N100 G01 X30.0 F0.1;　　（正确的“ns”程序段）

N100 G01 X30.0 Z2.0 F0.1;（错误的“ns”程序段，程序段中出现了 Z 轴的运动指令）

3）编程示例。

例 试用内外圆粗车循环 G71 指令编制图 3-26 所示工件的粗加工程序。

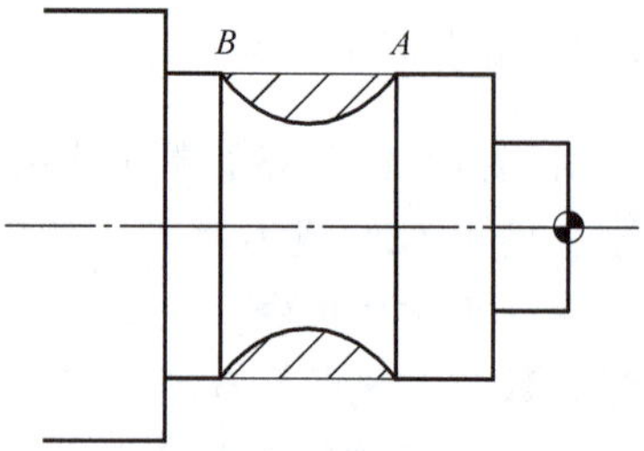

图 3-25　粗车内凹轮廓

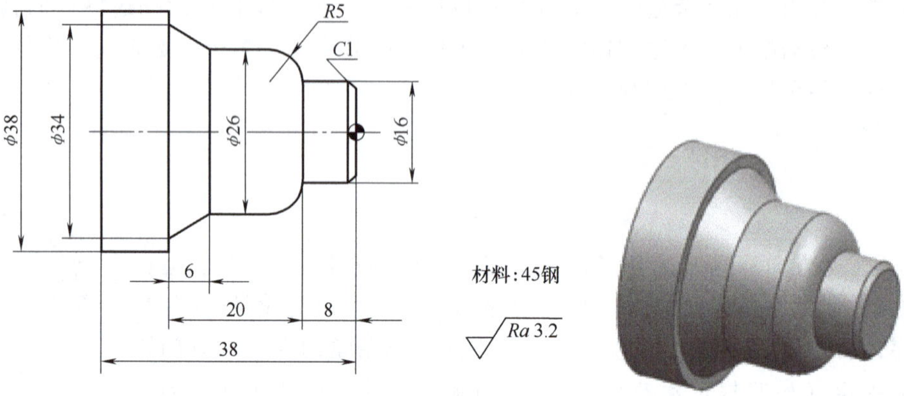

图 3-26　G71 指令应用示例

程序如下：

```
O3009;
G99 G40 G21;
T0101;
G00 X100.0 Z100.0;
M03 S600;
G00 X42.0 Z2.0;                 (快速定位至粗车循环起点)
G71 U1.0 R0.3;                  (粗车循环，指定背吃刀量与退刀量)
G71 P10 Q20 U0.3 W0.0 F0.2;(指定循环所属的首、末程序段号，精车余量与进给
                                速度)
N10 G00 X14.0;                  (也可用 G01 进刀，不能出现 Z 坐标)
G01 Z0 F0.1 S1200;              (精车时的进给速度和转速)
X16.0 Z-1.0;
Z-8.0;
G03 X26.0 Z-13.0 R8.0;
G01 Z-22.0;
X34.0 Z-28.0;
X38.0;
Z-38.0;
N20 G01 X42.0;
```

G00 X100.0 Z100.0;

M05;

M30;

(2) 精车循环指令（G70）

1）指令格式

G70 P（*ns*）Q（*nf*）;

式中，*ns* 为精车程序第一个程序段的段号；*nf* 为精车程序最后一个程序段的段号。

2）运动轨迹及指令说明。

① 执行 G70 指令时，刀具沿工件的实际轨迹进行切削，如图 3-24 中轨迹 $A \rightarrow B$ 所示。循环结束后刀具返回循环起点。

② G70 指令用在 G71、G72、G73 指令的程序内容之后，不能单独使用。

③ 精车之前，如需进行换刀，应注意换刀点的选择。对于倾斜床身后置式刀架，一般先回机床参考点，再进行换刀。编程时，可在上例的 N20 程序段后插入如下所列“程序一”的内容。而选择水平床身前置式刀架的换刀点时，通常应选择在换刀过程中，刀具不与工件、夹具、顶尖干涉的位置，其换刀程序如“程序二”所示。

程序一：

G28 U0 W0;（返回机床参考点，如果使用了顶尖，则要考虑先返回 *X* 参考点，再返回 *Z* 参考点）

T0202;　　　　　　（换 02 号精车刀）

G00 X52.0 Z2.0 ;　（返回循环起点）

程序二：

G00 X100.0 Z100.0; 或 G00 X150.0 Z20.0;（前一程序段未考虑顶尖位置，后一程序段则已考虑了顶尖位置）

T0202;　　　　　　（换 02 号精车刀）

G00 X52.0 Z2.0 ;　（返回循环起点）

G70 指令执行过程中的 F 和 S 值由程序段号“*ns*”和“*nf*”之间给出的 F 和 S 值指定，如前例中 N10 的后一个程序段所示。

精车余量的确定：精车余量的大小受机床、刀具、工件材料和加工方案等因素影响，故应根据前、后工步的表面质量、尺寸、位置及安装精度进行确定，其值不能过大，也不宜过小。确定加工余量的常用方法有经验估算法、查表修正法和分析计算法三种。车削内、外圆时的加工余量采用经验估算法，一般取 0.2~0.5mm。另外，在 FANUC 0i 系统中，还要注意加工余量的方向性，即外圆的加工余量为正，内孔的加工余量为负。

(3) 端面粗车循环指令（G72）

端面粗车循环适用于 *Z* 方向余量小、*X* 方向余量大的棒料粗加工。

1）指令格式

G72 W（Δd）R（*e*）;

G72 P（*ns*）Q（*nf*）U（Δu）W（Δw）F_S_T_;

式中，Δd 为 Z 方向背吃刀量，不带符号，且为模态值；其余参数与 G71 指令中的参数相同。

2）运动轨迹及指令说明。

① G72 指令刀具运动轨迹如图 3-27 所示。该轨迹与 G71 指令的刀具运动轨迹相似，不同之处在于该指令是沿 *Z* 方向进行分层切削的。

② 用 G72 指令加工的轮廓形状必须采用单调递增或单调递减的形式。

③ G72 指令格式中的顺序号“*ns*”所指的程序段必须沿 *Z* 方向进刀，且不能出现 *X* 轴的运动指令，否则会出现程序报警。

N100 G01 Z-30.0;　　　　　正确的“*ns*”程序段

N100 G01 X30.0 Z-30.0;　　错误的“*ns*”程序段，程序段中出现了 *X* 轴的运动指令

3）编程示例。

例　试用 G72 和 G70 指令编制图 3-28 所示内轮廓（ϕ12mm 的孔已加工）的加工程序。

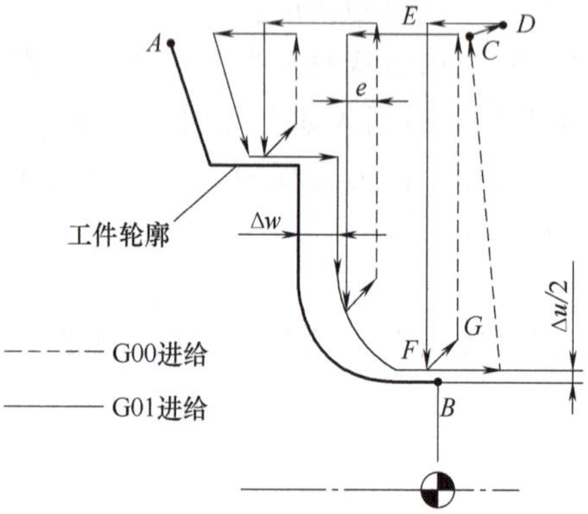

图 3-27　G72 指令刀具运动轨迹

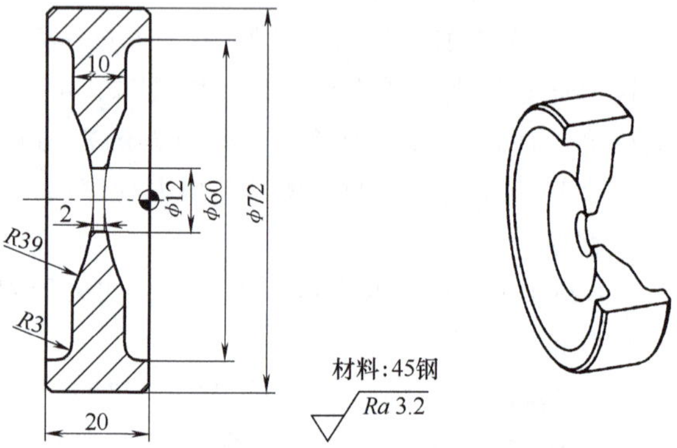

图 3-28　端面粗车循环示例

程序如下：

G72 指令刀具运动轨迹

```
O3010;
G99 G40 G21;
T0101;
G00 X100.0 Z100.0;
M03 S600;
G00 X10.0 Z10;                  (快速定位至粗车循环起点)
G72 W1.0 R0.3;
G72 P10 Q20 U-0.05 W0.3 F0.2;   (精车余量 Z 方向取较大值)
N10 G01 Z-8.68 F0.1 S1200;
    G02 X34.40 Z-5.0 R39.0;
    G01 X54.0;
    G02 X60.0 Z-2.0 R3.0;
N20 G01 Z1.0;
G70 P10 Q20;
G00 X100.0 Z100.0;
M30;
```

（4）固定形状粗车循环指令（G73）

G73 指令适用于毛坯轮廓形状与零件轮廓形状基本接近的毛坯件的粗车，如一些锻件、铸件的粗车。

复合循环 G73 指令刀具运动轨迹

1）指令格式

G73 U(Δi) W(Δk) R(d);

G73 P(ns) Q(nf) U(Δu) W(Δw) F__ S__ T__;

式中，Δi 为 X 轴方向的退刀量的大小和方向（半径量指定），该值是模态值；Δk 为 Z 轴方向的退刀量的大小和方向，该值是模态值；d 为分层次数（粗车重复加工次数）。其余参数请参照 G71 指令。

2）运动轨迹及指令说明。复合循环 G73 指令刀具运动轨迹如图 3-29 所示。

刀具从循环起点 C 点开始，快速退刀至 D 点（在 X 方向的退刀量为 $\Delta u/2+\Delta i$，在 Z 方向的退刀量为 $\Delta w+\Delta k$）；快速进刀至 E 点（E 点坐标值由 A 点坐标、精加工余量、退刀量 Δi 和 Δk 以及粗切次数确定）；沿轮廓形状偏移一定值后切削至 F 点；快速返回 G 点，准备第二层循环切削；如此分层（分层次数由循环程序中的参数 d 确定）切削至循环结束后，快速退回循环起点 C 点。

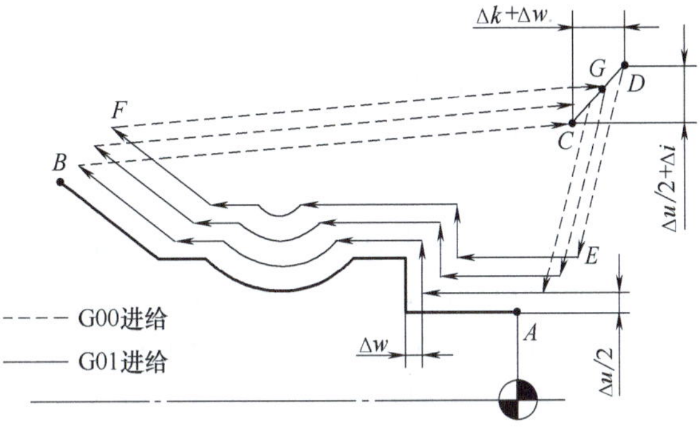

图 3-29　复合循环 G73 指令刀具运动轨迹

G73 指令主要用于车削固定轨迹的轮廓。这种复合循环可以高效地切削铸造成形、锻造成形或已粗车成形的工件。对不具备类似成形条件的工件，如采用 G73 指令进行编程，反而会增加刀具在切削过程中的空行程，也不便计算粗车余量。

在 G73 指令程序段中，“ns”所指程序段可以向 X 轴或 Z 轴的任意方向进刀。

用 G73 指令循环加工的轮廓形状没有单调递增或单调递减形式的限制。

3）编程示例。

例　试用 G73 指令编制图 3-30 所示工件右侧外形轮廓（左侧加工完成后采用一夹一顶

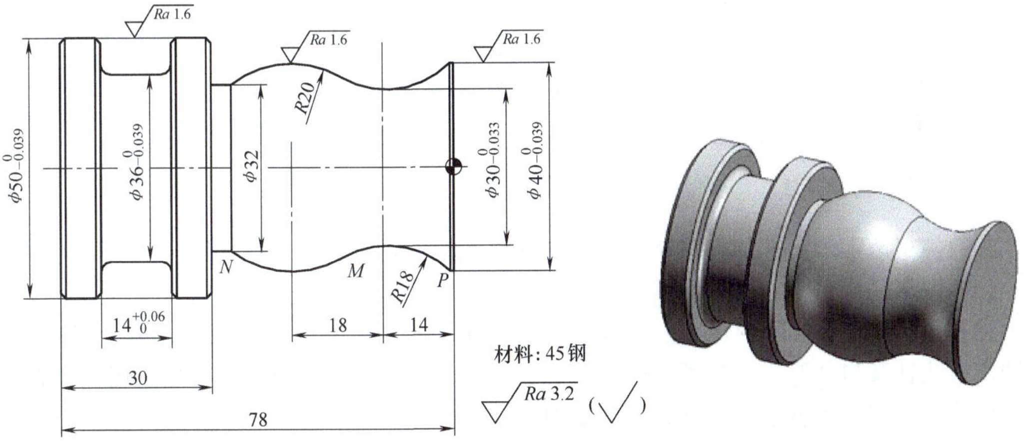

图 3-30　多重复合循环编程示例

的方式进行装夹）的加工程序，毛坯尺寸为 ϕ55mm×80mm。

分析：本例中，应注意刀具及刀具角度的正确选择，以保证刀具在加工过程中不产生过切。刀具采用菱形刀片可转位车刀，其刀尖角为35°，副偏角为52°，适合本例工件的加工要求（加工本例工件所要求的最大副偏角位于图中 *N* 点处，约为35°）。

计算出局部基点坐标为 *P*（X40.0，Z-0.71）、*M*（X34.74，Z-22.08）和 *N*（X32.0，Z-44.0）。另外，本例工件最好采用刀尖圆弧半径补偿进行加工。

程序如下：

```
O3011;
G99 G40 G21;
T0101;
G00 X100.0 Z100.0;
M03 S800;
G00 X52.0 Z2.0;                  快速定位至粗车循环起点
G73 U11.0 W0 R8.0;               X 方向分 8 次切削，半径方向总背吃刀量为 11mm
G73 P100 Q200 U0.3 W0 F0.2;
N100 G42 G00 X20.0 F0.05 S1500;  执行刀尖圆弧半径右补偿
     G01 Z-0.71;
     G02 X34.74 Z-22.08 R18.0;
     G03 X32.0 Z-44.0 R20.0;
     G01 Z-48.0;
         X48.0;
         X50.0 Z-49.0;
N200 G40 G01 X52.0;              取消刀尖圆弧半径右补偿
G70 P100 Q200;
G00 X100.0 Z100.0;
M30;
```

注意：采用固定循环指令加工内、外轮廓时，如果应用了刀尖圆弧半径补偿指令，则仅在精加工过程中才执行刀尖圆弧半径补偿，在粗加工过程中不执行刀尖圆弧半径补偿。

3.3 内轮廓加工

3.3.1 孔加工

在数控车床上加工孔的方法有很多种，最常用的主要有钻孔、镗孔等。

(1) 钻孔

钻孔主要用于在实心材料上加工孔，有时也用于扩孔。钻孔刀具较多，有普通麻花钻、可转位浅孔钻及扁钻等，应根据工件材料、加工尺寸及加工质量要求等合理选用。在数控车床上钻孔，大多采用普通麻花钻，如图3-31所示。

在数控车床上钻孔时，因无夹具钻模导向，受两切削刃上不对称切削力的影响，容易引起钻孔偏斜，故要求钻头的两切削刃必须有较高的刃磨精度（两刃长度一致，顶角 2φ 对称于钻头中心线或先用中心钻定中心，再用钻头钻孔）。

钻头钻孔时切下的切屑体积大，排屑困难，同时产生的切削热大而冷却效果差，使得切削刃容易磨损，限制了钻孔的进给量和切削速度，降低了钻孔的生产效率。可见，钻孔加工精度低（IT12～IT13 级），表面粗糙度值大（Ra 值为 12.5～50μm），一般只能用作粗加工。钻孔后，可以通过扩孔、铰孔或车孔等方法提高孔的加工精度及表面质量。

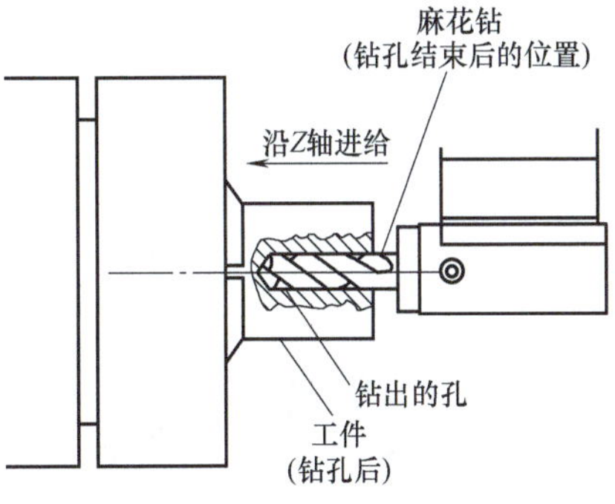

图 3-31　普通麻花钻

（2）镗孔

对于铸造孔、锻造孔或用钻头钻出的孔，为达到所要求的尺寸精度、几何精度和表面质量，可采用镗孔的方法进行半精加工和精加工。镗孔后的精度一般可达 IT7～IT8 级，表面粗糙度 Ra 值可达 1.6～3.2μm，精车时 Ra 值可不小于 0.8μm。

1）内孔车刀的种类。根据不同的加工情况，内孔车刀可分为通孔车刀和不通孔车刀两种，如图 3-32 所示。

① 通孔车刀。通孔车刀切削部分的几何形状基本上与外圆车刀相似（图 3-32a）。为了减小背向力，防止镗孔时振动，主偏角 κ_r 应取得大些，一般为 60°～75°，副偏角 κ_r' 一般为 15°～30°。为了防止内孔车刀后面与孔壁的摩擦，又不使后角磨得太大，一般磨成两个后角，如图 3-32c 所示的 α_{01} 和 α_{02}，其中 α_{01} 取 6°～12°，α_{02} 取 30°左右。

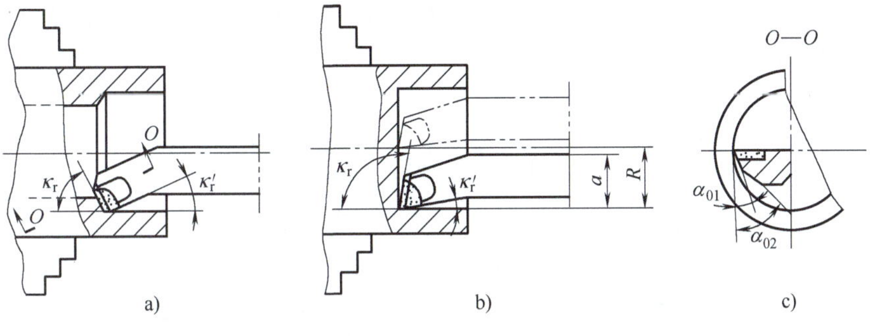

图 3-32　内孔车刀
a）通孔车刀　b）不通孔车刀　c）两个后角

② 不通孔车刀。不通孔车刀用来车削不通孔或台阶孔，切削部分的几何形状基本上与偏刀相似，它的主偏角 κ_r 大于 90°，一般为 92°～95°（图 3-32b），后角的要求和通孔车刀一样。不同之处是，不通孔车刀夹在刀柄的最前端，刀尖到刀柄外端的距离 a 小于孔半径 R，否则无法车平孔的底面。

内孔车刀可做成整体式（图 3-33a），为节省刀具材料和增加刀柄强度，也可把高速钢或硬质合金做成较小的刀头，安装在碳钢或合金钢制成的刀柄前端的方孔中，并在顶端或上面用螺钉固定（图 3-33b、c）。

2）镗孔的关键技术。镗内孔是车工常见的操作，它与车削外圆相比，无论加工还是测量都困难得多，特别是加工内孔的刀具，刀柄的粗细受到孔径和孔深的限制，因而刚度、强度

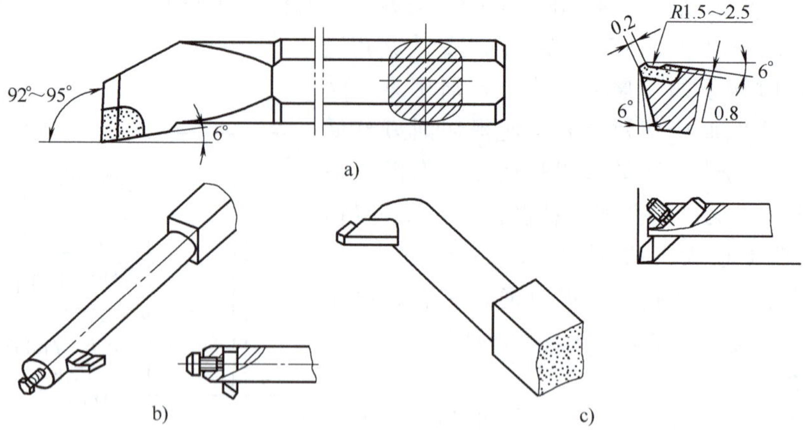

图 3-33　内孔车刀的结构

a）整体式　b）通孔车刀　c）不通孔车刀

都较弱，且在车削过程中空间狭窄，排屑和散热条件较差，对延长刀具的使用寿命和提高工件的加工质量都十分不利，所以加工时必须注意解决上述问题。可从以下两方面进行优化：

① 增加内孔车刀的刚度。

a. 尽量增大刀柄的截面积。通常内孔车刀的刀尖位于刀柄的上面，其刀柄的截面积较小，还不到孔截面积的 1/4（图 3-34b），若使内孔车刀的刀尖位于刀柄的中心线上，那么刀柄在孔中的截面积可大大地增加（图 3-34a）。

b. 尽可能缩短刀柄的伸出长度，以增加车刀刀柄刚度，减小切削过程中的振动（图 3-34c）。此外，还可将刀柄上、下两个平面做成互相平行，这样就能很方便地根据孔深调节刀柄伸出的长度。

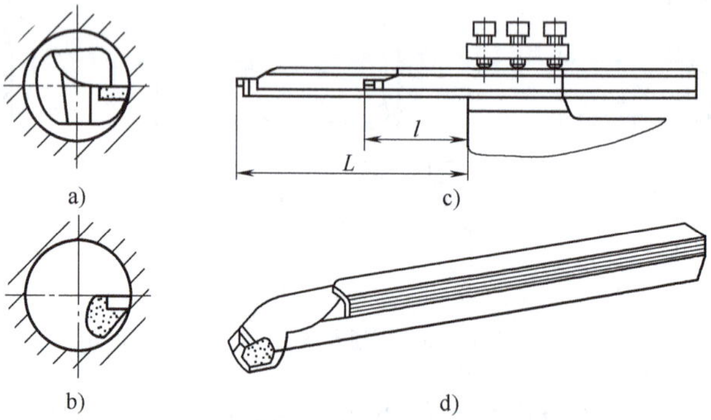

图 3-34　可调节刀柄长度的内孔车刀

a）刀尖位于刀柄中心　b）刀尖位于刀柄上面　c）刀柄伸出长度　d）外形图

② 控制切屑流向。加工通孔时要求切屑流向待加工表面（前排屑），为此，应采用正刃倾角的内孔车刀（图 3-35a）；加工不通孔时，应采用负的刃倾角，使切屑从孔口排出（图 3-35b）。

3）内孔车刀的安装。内孔车刀安装得正确与否，直接影响车削情况及孔的精度，所以在安装时一定要注意以下几点：

① 刀尖应与工件中心等高或稍高，如果低于中心，由于切削抗力的作用，容易将刀柄

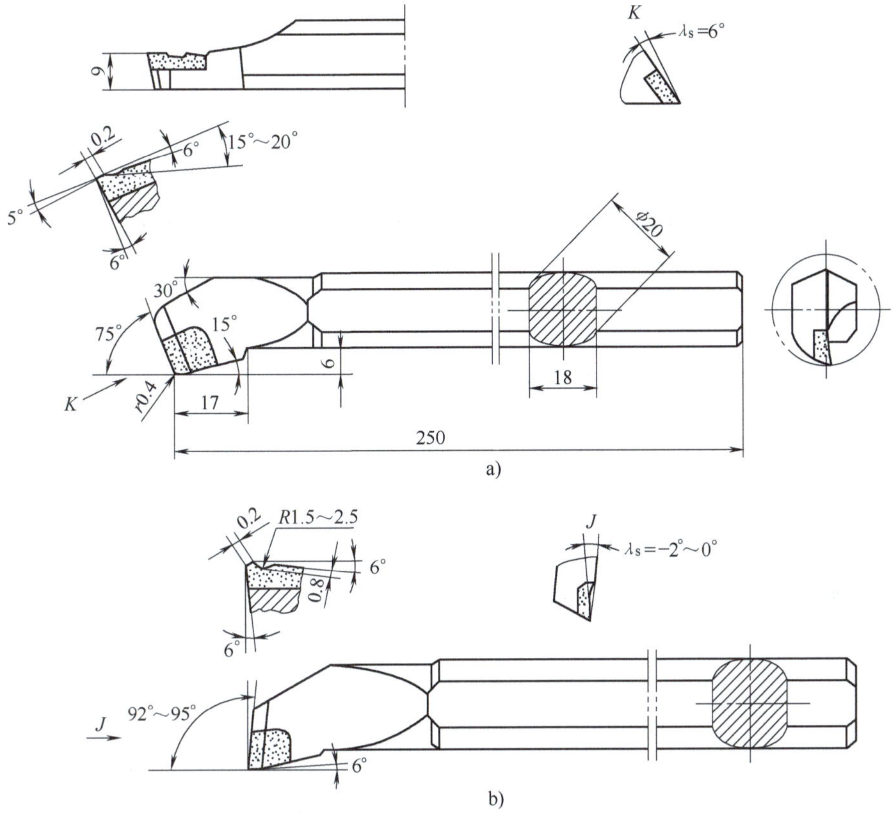

图 3-35　控制切屑流向的内孔车刀

a）前排屑通孔车刀　b）后排屑不通孔车刀

压低，从而产生扎刀现象，并造成孔径扩大。刀柄伸出刀架不宜过长，一般比被加工孔长 5~6mm 左右。

② 刀柄基本平行于工件轴线，否则在车削到一定深度时刀柄后半部容易碰到工件孔口。

③ 不通孔车刀装夹时，内偏刀的主切削刃应与孔底平面成 3°~5°夹角，并且在车削平面时要求横向有足够的退刀余地。

4）工件的安装。镗孔时，一般采用自定心卡盘装夹工件；较大和较重的工件可采用单动卡盘装夹。加工直径较大、长度较短的工件（如盘类工件等）时，必须找正外圆和端面。一般情况下，先找正端面，再找正外圆，如此反复几次，直至达到要求为止。

3.3.2　孔加工编程

（1）中心线上钻孔加工编程

在车床上钻孔时，刀具在车床主轴中心线上加工，即 X 值为 0。

1）主运动模式。CNC 车床上所有中心线上孔加工的主轴转速，编程时都以恒转速 G97 模式来编写，而不使用恒线速度 G96 模式。

2）刀具趋近运动工件的程序段。首先将 Z 轴移动到安全位置，然后移动 X 轴到主轴中心线，最后将 Z 轴移动到钻孔的起始位置。这种方式可以减小钻头趋近工件时发生碰撞的可能性。

N10 T0200;

N20 G97 S300 M03;

N30 G00 Z5 M08;

N40 X0;

……

3）刀具切削和返回运动。程序段 N50 为钻头的实际切削运动，切削完成后执行程序段 N60，钻头将沿 Z 方向退出工件。

N50 G01 Z-30 F0.02;

N60 G00 Z2.0;

4）啄式钻孔循环 G74（深孔钻削循环）指令。

① 指令格式

G74 R(*e*);

G74 Z(W)__ Q(Δ*k*)__ F__;

式中，*e* 为每次轴向（Z 轴）进刀后的轴向退刀量；Z（W）为 Z 方向终点坐标值（孔深）；Δ*k* 为 Z 方向每次的切入量，无正负符号，单位 μm。

② G74 指令加工轨迹（图 3-36）。

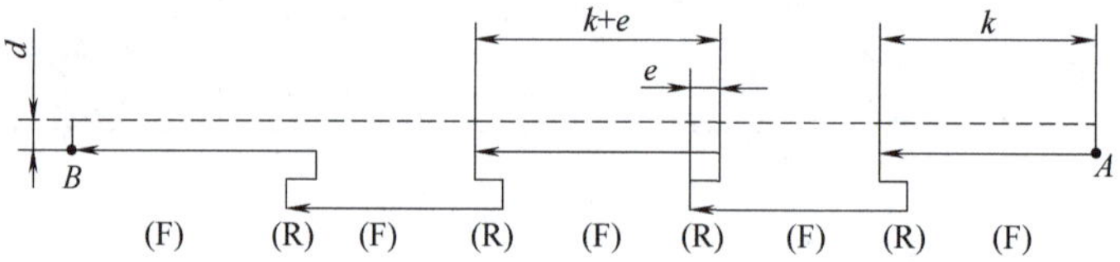

图 3-36 G74 指令加工轨迹

③ 编程示例。加工如图 3-37 所示直径为 ϕ5mm，长为 50mm 的深孔，试用 G74 指令编制加工程序。

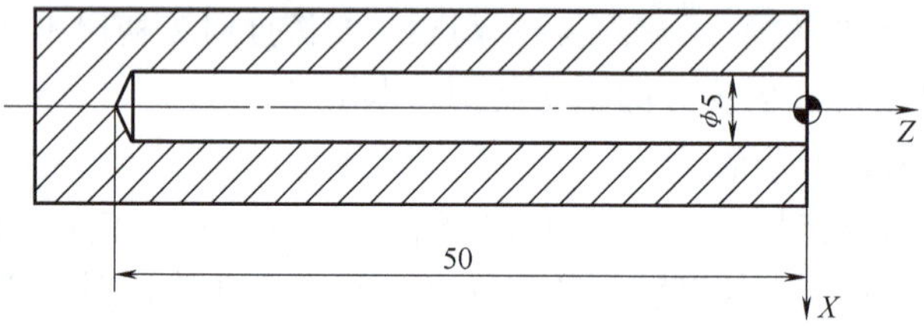

图 3-37 G74 指令应用示例

G74 指令应用示例

其加工参考程序见表 3-14。

表 3-14 用 G74 指令加工示例加工参考程序

参考程序	注释
O3012;	程序名
N10 M03 S100 T0202;	主轴正转，选择 02 号刀，执行 02 号刀补
N20 G00 X100.0 Z50.0 M08;	刀具快速靠近工件，切削液开
N30 G00 X0 Z2.0;	快速移到循环起点
N40 G74 R1.0;	轴向退刀量为 1mm

（续）

参考程序	注释
N50 G74 Z-50.0 Q10000 F0.02;	孔深 50mm，每次钻 10mm，进给速度为 0.02mm/r
N60 G00 X200.0 Z100.0 M09;	快速退刀至安全点，切削液关
N70 M05;	主轴停
N80 M30;	程序结束并复位

（2）数控车削内孔的编程

数控车削内孔的指令与车削外圆的指令基本相同，但也有区别，编程时应注意。

1）用 G01 指令加工内孔。在数控机床上加工孔，无论采用钻孔还是镗孔，都可以采用 G01 指令直接实现。如图 3-38 所示的台阶孔，试用 G01 指令编制孔精加工的程序。

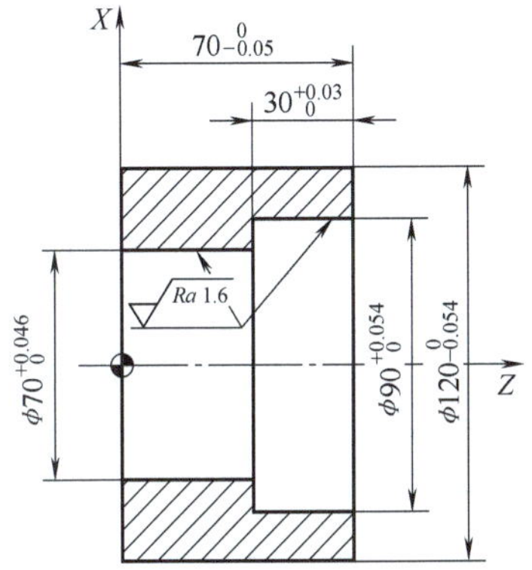

图 3-38　用 G01 指令加工内孔示例

其加工参考程序见表 3-15。

表 3-15　用 G01 指令加工内孔示例加工参考程序

参考程序	注释
O3013;	程序名
N10 M03 T0101 S500;	主轴以 500r/min 的转速正转，选择 01 号刀，执行 01 号刀补
N20 G00 X60.0 Z80.0;	快速定位，与工件右端面距离为 10mm
N30 X90.0 Z72.0;	精车起点
N40 G01 Z40.0 F0.05;	加工 $\phi90_{0}^{+0.054}$mm 内孔
N50 X70.0;	加工 $\phi70_{0}^{+0.046}$mm 孔的右端面
N60 Z-2.0;	加工 $\phi70_{0}^{+0.046}$mm 内孔
N70 X68.0;	*X* 方向退刀
N80 Z80.0;	*Z* 方向退刀
N90 G00 X150.0 Z100.0;	快速退刀
N100 M05;	主轴停
N110 M30;	程序结束并复位

2）用 G90 指令加工内孔。

① G90 指令加工内孔动作。执行 G90 指令加工内孔由四个动作完成，如图 3-39 所示。

a. $A \to B$：快速进刀。

b. $B \to C$：刀具以指令中指定的 F 值进行切削。

c. $C \to D$：刀具以指令中指定的 F 值进行退刀。

d. $D \to A$：快速返回循环起点。

循环起点 A 在 Z 方向上要离开工件一段距离（1~2mm），以保证快速进刀时的安全。

② 编程示例。加工如图 3-40 所示工件的台阶孔，已钻出 ϕ18mm 的通孔，试用 G90 指令编制加工程序。

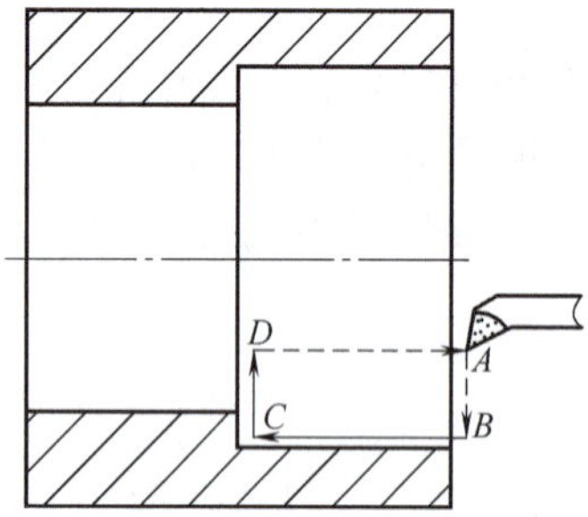

图 3-39　用 G90 指令加工内孔的刀具运动轨迹

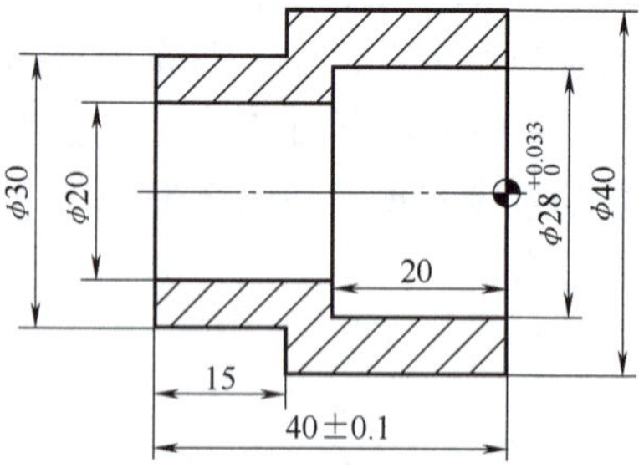

图 3-40　用 G90 指令加工台阶孔示例

其加工参考程序见表 3-16。

表 3-16　用 G90 指令加工台阶孔加工参考程序

参考程序	注释
O3014;	程序名
N10 G97 M03 S600;	主轴正转,转速为 600r/min
N20 T0101;	选择 01 号刀,执行 01 号刀补
N30 G00 X18.0 Z2.0 M08;	刀具快速定位,切削液开
N40 G90 X19.0 Z-41.0 F0.15;	粗车 ϕ20mm 内孔,留 1mm 的精加工余量
N50 X21.0 Z-20.0;	粗车 $\phi28^{+0.033}_{0}$mm 内孔,车第一刀
N60 X23.0;	粗车 $\phi28^{+0.033}_{0}$mm 内孔,车第二刀
N70 X25.0;	粗车 $\phi28^{+0.033}_{0}$mm 内孔,车第三刀
N80 X27.0;	粗车 $\phi28^{+0.033}_{0}$mm 内孔,车第四刀,留 1mm 的精加工余量
N90 S800;	主轴转速为 800r/min
N100 G00 X28.02;	刀具沿 X 方向快速定位,准备精车内孔
N110 G01 Z-20.0 F0.05;	精车 $\phi28^{+0.033}_{0}$mm 内孔
N120 X20.0;	精车 ϕ20mm 孔的右端面
N130 Z-41.0;	精车 ϕ20mm 内孔
N140 X18.0 M09;	X 方向退刀,切削液关
N150 G00 Z2.0;	Z 方向快速退刀
N160 G00 X100.0 Z100.0;	刀具快速退至安全点
N170 M30;	程序结束

3）用 G71、G73 指令加工内孔。用 G71、G73 指令加工内孔，其指令格式与加工外圆

时基本相同，但也有区别，编程时应注意以下方面：

① 用粗车循环指令 G71、G73 加工外圆时，精车余量 U 为正值，但在加工内孔时，精车余量 U 为负值。

② 加工内孔时，切削循环的起点、切出点的位置要慎重选择，要保证刀具在狭小的内结构中移动而不发生干涉。起点、切出点的 X 值一般取比预加工孔直径稍小一点的值。

③ 加工内孔时，若有锥体和圆弧，精加工需要对刀尖圆弧半径进行补偿，补偿指令与外圆加工有区别。以刀具从右向左进给为例，在加工外圆时，刀尖圆弧半径补偿指令用 G42，刀具方位编号是“3”；在加工内孔时，刀尖圆弧半径补偿指令用 G41，刀具方位编号是“2”。

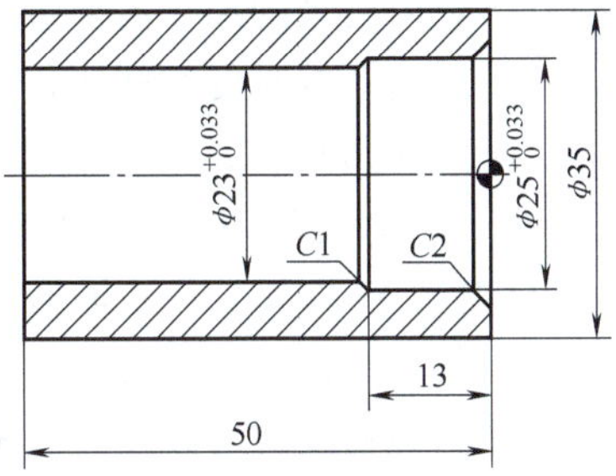

图 3-41　用 G71 指令加工台阶孔示例

加工如图 3-41 所示工件的台阶孔，已钻出 ϕ20mm 的通孔，试编制加工程序。

其加工参考程序见表 3-17。

表 3-17　用 G71 指令加工台阶孔加工参考程序

参考程序	注释
O3015;	程序名
N10 G97 G99 M03 S500;	主轴正转,转速为 500r/min
N20 T0101;	选择 01 号刀,执行 01 号刀补
N30 G00 X20.0 Z2.0 M08;	快速进刀至车削循环起点,切削液开
N40 G71 U1.5 R0.5 F0.2;	设置 G71 循环参数,注意:U 为-0.4mm
N50 G71 P60 Q120 U-0.4 W0.1;	
N60 G41 G01 X29.15 S800 F0.1;	建立刀尖圆弧半径左补偿,X 方向进刀
N70 Z0;	Z 方向至切削起点
N80 X25.15 Z-2.0;	倒角 C2mm
N90 Z-13.0;	精车 $\phi25^{+0.033}_{0}$mm 内孔
N100 X23.15 Z-14.0;	倒角 C1mm
N110 Z-51.0;	精车 $\phi25^{+0.033}_{0}$mm 内孔
N120 X20.0;	X 方向退刀
N130 G70 P60 Q120;	采用精车循环指令 G70 精车内孔
N140 G40 G00 Z2.0;	Z 方向退出工件,取消刀尖圆弧半径左补偿
N150 G00 X50.0 Z100.0 M09;	刀具快速退至安全点,切削液关
N160 M30;	程序结束并复位

3.3.3　内圆锥加工

(1) 加工内圆锥的注意事项

在数控车床上加工内圆锥应注意以下几点：

1）为了便于观察与测量，装夹工件时应尽量使锥孔大端直径位置在外端。

2）为保证锥度的尺寸精度，加工需要进行刀尖圆弧半径补偿。

3）加工内圆锥时一定要注意刀尖的位置方向。

4）多数内圆锥的尺寸需要进行计算，掌握良好的计算方法，可以提高工艺制订效率。

5）车削内圆锥时的切削用量应比车削外圆锥时小10%～30%。

6）车削内圆锥时装刀必须保证刀尖严格对准工件旋转中心，否则会产生双曲线误差，如图3-42所示；选用的精车刀具必须有足够的耐磨性；刀柄伸出的长度应尽可能短，一般比所需行程长3～5mm，并且根据内孔尺寸尽可能选用大的刀柄尺寸，以保证刀具刚度。

7）车削内圆锥时必须有充足的切削液进行冷却，以保证内孔的表面质量与刀具寿命。

8）加工高精度的内圆锥时，最好在精车前增加一道检测工步。

9）内圆锥精加工时，需要考虑切屑划伤内孔表面的情况，此时对切削用量的选择需综合考虑，一般可以考虑减小背吃刀量与进给速度。

（2）编程示例

加工如图3-43所示内圆锥工件，已钻出ϕ18mm通孔，试编制加工程序。

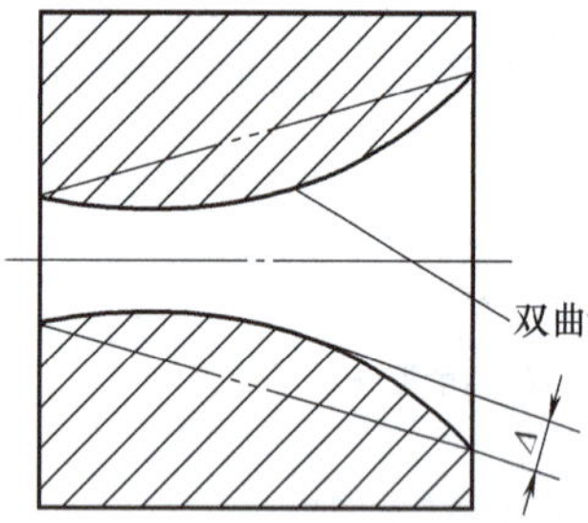

图3-42 内圆锥车削的双曲线误差

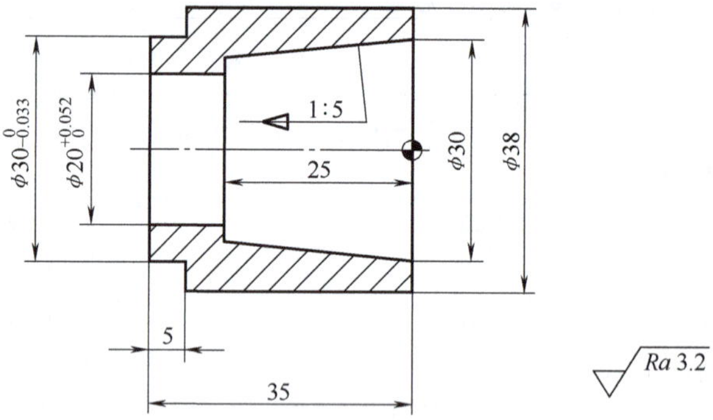

图3-43 内圆锥工件加工示例

内圆锥小端直径的计算。即：$D_2=D_1-C\times L=30\text{mm}-\dfrac{1}{5}\times 25\text{mm}=25\text{mm}$

内圆锥工件加工参考程序见表3-18。

表3-18 内圆锥工件加工参考程序

参考程序	注释
O3016;	程序名
N10 G97 G99 M03 S500;	主轴正转，转速为500r/min
N20 T0101;	选择01号刀，执行01号刀补
N30 G00 X18.0 Z2.0 M08;	刀具快速定位，切削液开
N40 G71 U1.0 R0.5 F0.2;	设置G71指令循环参数
N50 G71 P60 Q120 U-0.5 W0.1;	
N60 G41 G01 X30.0 S800 F0.1;	N60～N110指定精车路线
N70 Z0;	Z方向到达切削起点
N80 X25.0 Z-25.0;	精车内锥面

（续）

参考程序	注释
N90 X20. 031;	精车端面
N100 Z-36. 0;	精车 $\phi20^{+0.052}_{0}$mm 内孔
N110 X18. 0;	X 方向退刀
N120 G70 P60 Q120;	采用精车循环指令 G70 进行精车
N130 G40 G00 X50. 0 Z100. 0;	刀具快速退刀，取消刀尖圆弧半径左补偿
N140 M09;	切削液关
N150 M30;	程序结束并复位

3.3.4　内圆弧加工

（1）加工内圆弧的注意事项

内圆弧的加工与外圆弧的加工基本相同，但要注意以下几点：

1）根据进给方向，正确判断圆弧的顺逆方向，从而确定是采用 G02 指令还是 G03 指令编程，若判断错误，将导致圆弧凸凹相反。

2）加工内圆弧时，为保证圆弧的尺寸精度，需要进行刀尖圆弧半径补偿。应用时，要根据进给方向，正确判断出采用刀尖圆弧半径左补偿（G41）还是刀尖圆弧半径右补偿（G42）。若判断错误，将导致所加工圆弧的半径增大或减小。

3）应用刀尖圆弧半径补偿时，要正确设置刀尖圆弧半径值和刀沿位置。

（2）编程示例

加工如图 3-44 所示的工件，已预钻 ϕ20mm 的孔，试编制其内孔轮廓加工程序。

内圆弧工件加工参考程序见表 3-19。

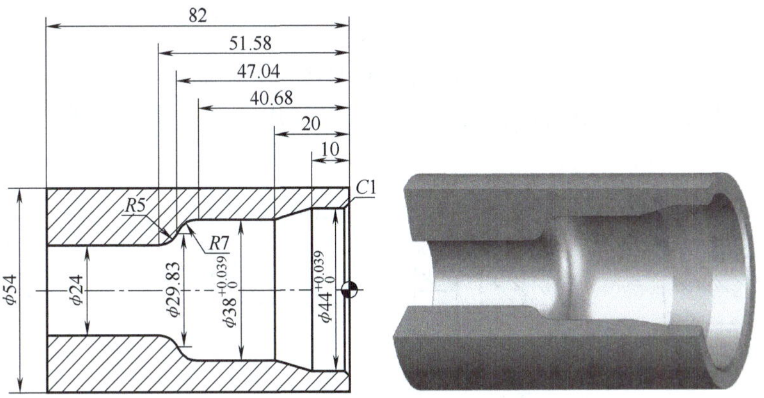

图 3-44　内圆弧工件加工示例

表 3-19　内圆弧工件加工参考程序

参考程序	注释
O3017;	程序名
N10 M03 T0101 S600;	主轴正转，选择 01 号刀，执行 01 号刀补

（续）

参考程序	注释
N20 G00 X100.0 Z50.0;	快速定位
N30 X18.0 Z1.0;	快速移至循环起点
N40 G71 U1.0 R0.5 F0.2;	设置粗车复合循环参数
N50 G71 P60 Q140 U-0.5 W0;	
N60 G00 G41 X48.0 S100;	*X*方向进刀至倒角起点(X48.0,Z1.0)
N70 G01 X44.0 Z-1.0 F0.1;	倒角 *C*1mm
N80 Z-10.0;	精加工 $\phi44^{+0.039}_{0}$mm 内孔
N90 X38.0 Z-20.0;	精加工锥面
N100 Z-40.68;	精加工 $\phi38^{+0.039}_{0}$mm 内孔
N110 G03 X29.83 Z-47.04 R7.0;	精加工 *R*7mm 圆弧
N120 G02 X24.0 Z-51.58 R5.0;	精加工 *R*5mm 圆弧
N130 G01 Z-83.0;	精加工 ϕ24mm 内孔
N140 X18.0;	*X*方向退刀
N150 G70 P60 Q140;	采用精加工循环指令 G70 进行精车
N160 G40 G00 X100.0 Z50.0;	快速退刀至安全点
N170 M30;	程序结束并返回程序开始

3.4 切槽与切断

3.4.1 槽加工

槽加工是数控车床加工的一个重要组成部分。在工业领域中会使用到各种各样的槽，主要有工艺凹槽、油槽、端面槽和 V 形槽等，如图 3-45 所示。槽的种类很多，考虑其加工特点，大体可以分为单槽、多槽、宽槽、深槽及异型槽几类。加工时可能会遇到多种形式槽的叠加，如单槽可能是深槽，也可能是宽槽。槽加工所用刀具主要是各类切槽刀，如图 3-46 所示。

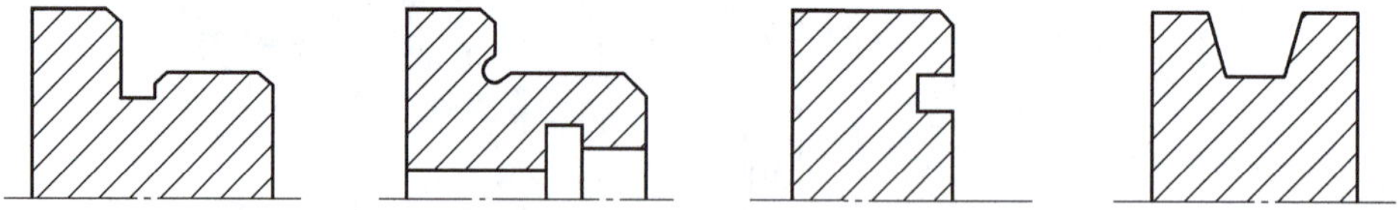

a)　　b)　　c)　　d)

图 3-45　各种槽形状及位置

a）工艺凹槽　b）油槽　c）端面槽　d）V 形槽

（1）切槽加工工艺特点

1）使用切槽刀进行加工时，一条主切削刃和两条副切削刃同时参与三面切削，被切削材料塑性变形复杂、摩擦力大，加工时进给量小、切削厚度小、平均变形大及单位切削力大。切削时总切削力与功耗较大，一般比外圆加工时大 20% 左右，同时切削热高、散热性差及切削温度高。

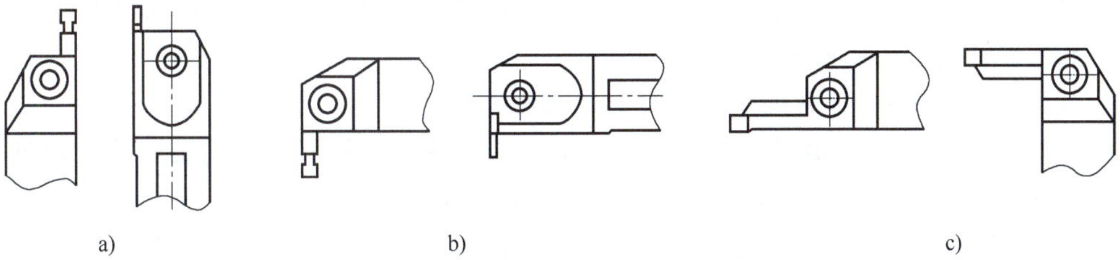

图 3-46　常见切槽刀

a）外圆切槽刀　b）内孔切槽刀　c）端面切槽刀

2）切削速度在槽加工过程中是不断变化的，特别是在切断加工时，切削速度由最大一直降低至零。切削力和切削热也不断变化。

3）在槽加工过程中，随着刀具不断切入，实际加工表面形成阿基米德螺旋面，由此造成刀具实际前角、后角都不断变化，使加工过程更为复杂。

4）切深槽时，因刀具宽度窄、相对悬伸长、刀具刚度低及易产生振动，所以容易断刀。

（2）切槽（切断）加工需要注意的问题

1）在切断或切槽加工中，安装刀具时需要特别注意，刀尖一定要与工件回转中心等高，刀具安装后必须两边对称，否则，在进行深槽加工时槽侧壁会倾斜，严重时会断刀。选择内孔切槽刀时需要综合考虑内孔与槽的尺寸，并综合考虑刀具切槽后的退刀路线，以防刀具与工件发生碰撞。

2）对于宽度不大但深度较大的深槽工件，为了避免切槽过程中由于排屑不畅，使刀具因压力过大而出现扎刀或刀具折断的现象，应采用分次进刀的方式，刀具在切入工件一定深度后，应停止进刀并回退一段距离，达到断屑和排屑的目的，如图 3-47 所示。同时注意尽量选择强度较高的刀具。

3）若以较窄的切槽刀加工较宽的槽，则应分次切入。合理的切削路线如下：先切中间，再切左右，最后沿槽的轮廓切削一次，保证槽的精度，如图 3-48 所示。此时应注意切槽刀的宽度，防止产生过切现象。

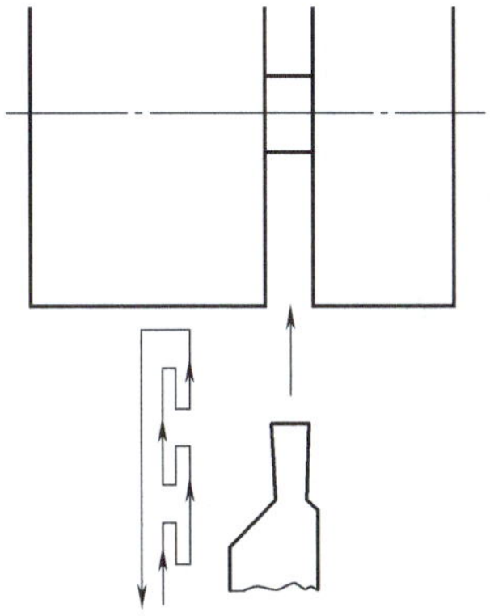

图 3-47　深槽工件加工方式

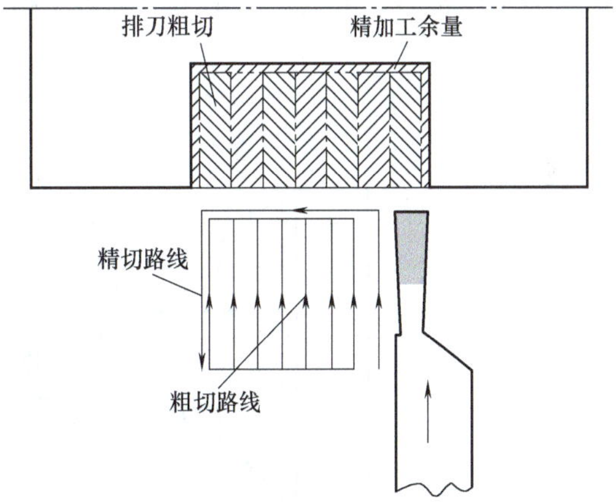

图 3-48　宽槽加工方式

4）内孔切槽时需要根据槽的尺寸选择合适的切槽刀，尽量保证刀具在加工中有足够的刚度，从而保证槽的加工精度。

5）端面切槽刀需要根据端面槽的曲率合理选择。

6）合理安排切槽进、退刀路线，避免刀具与工件相撞。进刀时，宜先沿 Z 方向进刀再沿 X 方向进刀，退刀时先沿 X 方向退刀再沿 Z 方向退刀。

7）切槽时，切削刃宽度、切削速度和进给量都不宜选择太大，需要合理匹配，以免产生振动，影响加工质量。

8）选用切槽刀时，要正确选择切槽刀刀宽和刀头长度，以免在加工中引起振动等问题。具体可根据以下经验公式计算：

刀头宽度 $a \approx (0.5 \sim 0.6)\sqrt{d}$（$d$ 为工件直径）

刀头长度 $L=h+(2 \sim 3\text{mm})$（h 为切入深度）

3.4.2　窄槽加工

（1）槽加工基本指令

1）直线插补指令（G01）。在数控车床上加工槽，无论是外沟槽、内沟槽还是端面槽，都可以采用 G01 指令来直接实现。G01 指令格式在前面章节中已讲述，在此不再赘述。

2）进给暂停指令（G04）。G04 指令使各轴运动停止，但不改变当前的 G 代码模态和保持的数据、状态，延时给定的时间后，再执行下一个程序段。

① 指令格式

G04 P __；或 G04 X __；或 G04 U __；或 G04；

② 指令说明。

a. G04 指令为非模态 G 代码。

b. G04 指令延时时间由代码 P、X 或 U 指定，P 值单位为 ms（毫秒），X、U 值单位为 s（秒）。

（2）简单凹槽的加工

简单凹槽的特点是槽宽较窄、槽深较浅、形状简单且对尺寸精度的要求不高，如图 3-49 所示。加工简单凹槽时一般选用切削刃宽度等于槽宽的切槽刀，一次加工完成。

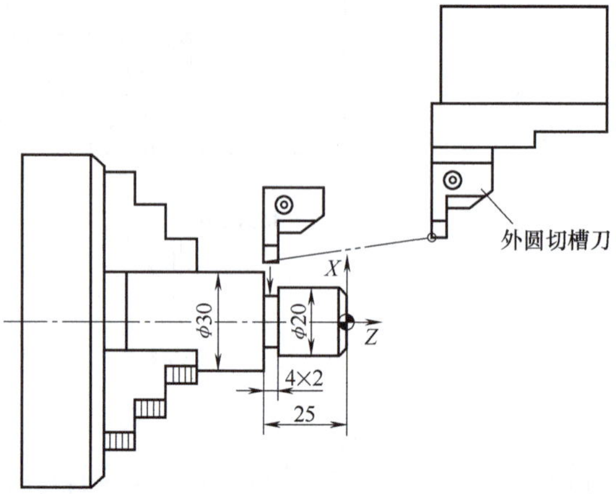

图 3-49　简单凹槽加工示例

该类槽的编程简单，快速移动刀具至切槽位置，切削至槽底，刀具在凹槽底部做短暂停留，然后快速退刀至起始位置，这样就完成了凹槽的加工。

加工如图 3-49 所示的简单凹槽，切槽刀选用与凹槽宽度相等的标准 4mm 方形凹槽加工刀具，其加工参考程序见表 3-20。

表 3-20 简单凹槽的加工参考程序

参考程序	注释
O3018;	程序名
N10 T0101;	选择 01 号切槽刀,执行 01 号刀补
N20 G99 S300 M03;	主轴正转,转速为 300r/min
N30 G00 X36.0 Z-25.0 M08;	快速到达切削起点,切削液开
N40 G01 X16.0 F0.05;	切槽
N50 G04 X1.0;	刀具暂停 1s
N60 G01 X36.0 F0.5;	X 方向退刀
N70 G00 X100.0 Z50.0;	快速退至换刀点
N80 M05;	主轴停
N90 M30;	程序结束

上述示例虽然简单，但是它包含了凹槽加工工艺、编程方法的几个重要原则：

1）注意凹槽切削前起点与工件间的安全间隙，本例刀具位于工件直径上方 3mm 处。

2）凹槽加工的进给速度通常较低。

3）简单凹槽加工的实质是成型加工，刀片的形状和宽度就是凹槽的形状和宽度，这也意味着使用不同尺寸的刀片就会得到不同的凹槽宽度。

（3）精密凹槽的加工

1）精密凹槽加工基本方法。简单进退刀加工出来的凹槽的侧面比较粗糙、外部拐角非常尖锐且宽度取决于刀具的宽度和磨损情况。要得到高质量的凹槽，需要分粗、精加工。用刃宽比槽宽小的刀具粗加工，切除大部分余量，在槽侧及槽底留出精加工余量，用于进行精加工。

如图 3-50 所示工件凹槽结构，槽的位置由尺寸（25±0.02）mm 定位，槽宽 4mm，槽底直径为 ϕ24mm，槽口两侧有 *C*1mm 的倒角。

拟用刃宽为 3mm 的刀具进行粗加工，刀具起点设计在 S_1 点（X32.0，Z-24.0）。向下切除如图 3-50b 所示的粗加工区域，同时在槽侧及槽底留出 0.5mm 的精加工余量。然后用切槽刀对槽的左右两侧分别进行精加工，并加工出 *C*1mm 的倒角。槽左侧及倒角精加工起点设在倒角轮廓延长线的 S_2 点（左刀尖到达 S_2 点），刀具沿倒角和侧面轮廓切削到槽底，抬刀至 ϕ32mm。槽右侧及倒角精加工起点设在倒角轮廓延长线上的 S_3 点（右刀尖到达 S_3 点），刀具沿倒角和侧面轮廓切削到槽底，抬刀至 ϕ32mm。

2）凹槽公差控制。若凹槽有严格的公差要求，精加工时可通过调整切槽刀的 *X* 方向和 *Z* 方向的偏置补偿值得到较高要求的槽深和槽宽尺寸。

加工中，对凹槽宽度影响最大的问题是刀具磨损。随着刀片的不断使用，其切削刃也在不断磨损并且实际宽度变窄。虽然其切削能力没有削弱，但是加工出的槽宽可能不在公差范

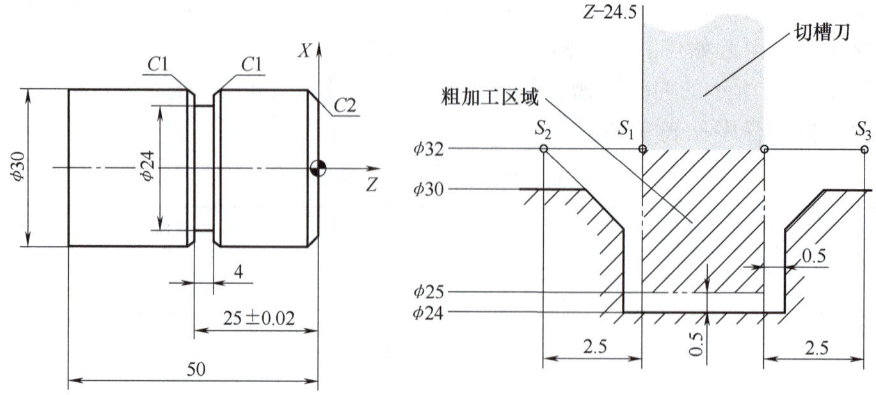

a) b)

图 3-50 精密凹槽加工示例

a）零件图 b）槽放大图

围内。避免槽宽尺寸落在公差范围之外的方法是在精加工时调整刀具偏置补偿值。

假定在程序中以左刀尖为刀位点，对槽的左、右两侧分别进行精加工并使用同一个偏移量，如果加工中由于刀具磨损而使槽宽变窄，在不换刀的情况下，通过正向或负向调整 *Z* 轴偏置补偿值，将改变凹槽相对于程序原点位置，但是不会改变槽宽。

若要不仅能改变凹槽位置，还能改变槽宽，则需要控制凹槽宽度的第二个偏置。设计左侧倒角和左侧面使用一个偏置（03）进行精加工，右侧倒角和右侧面则使用另一个偏置，为了便于记忆，将第二个偏置的编号定为 13。这样通过调整两个刀具偏置，就能保证加工凹槽的宽度不受刀具磨损的影响。

3）程序编制见表 3-21。

表 3-21 精密凹槽加工参考程序

参考程序	注释
O3019;	程序名
N10 T0303;	选择 03 号刀，执行 03 号刀补
N20 G96 S40 M03;	采用恒线速切削，线速度为 40m/min
N30 G50 S2000;	限制主轴最高转速为 2000r/min
N40 G00 X32.0 Z-24.5 M08;	刀具左刀尖快速到达 S_1 点，切削液开
N50 G01 X25.0 F0.05;	粗加工槽，直径方向留 1mm 精车余量
N60 X32.0 F0.2;	刀具左刀尖回到 S_1 点
N70 W-2.5;	刀具左刀尖到达 S_2 点
N80 U-4.0 W2.0 F0.05;	左侧倒角 *C*1mm
N90 X24.0;	车削至槽底
N100 Z-24.5;	精车槽底
N110 X32.0 F0.2;	刀具左刀尖回到 S_1 点
N120 W2.5 T0313;	刀具右刀尖到达 S_3 点（执行 13 号刀补）
N130 G01 U-4.0 W-2.0 F0.05;	右侧倒角 *C*1mm

（续）

参考程序	注释
N140 X24.0;	精加工至槽底
N150 Z-24.5;	精加工槽底
N160 X32.0 Z-24.5 F0.1 T0303;	执行 03 号刀补
N170 G00 X100.0 Z50.0 M09;	快速退至换刀点，切削液关
N180 M30;	程序结束并复位

在上述的精密槽加工程序中，一把刀具使用了两个偏置，其目的是控制凹槽宽度而不是它的直径。基于程序实例 O3019，应注意以下几点：

① 开始加工时，两组刀补的初始值应相等（偏置 03 和 13 有相同的 *X*、*Z* 值）。

② 偏置 03 和 13 中的 *X* 值总是相同的，调整两个 *X* 值可以控制凹槽的深度公差。

③ 若要调整凹槽左侧面位置，则需要改变偏置 03 中的 *Z* 值。

④ 若要调整凹槽右侧面位置，则需要改变偏置 13 中的 *Z* 值。

3.4.3　宽槽加工

（1）用 G94 指令加工宽槽

在使用 G94 指令时，如果设定 Z 值不变或设定 W 值为零，就可用来进行切槽加工。如图 3-51 所示，毛坯为 ϕ30mm 的棒料，采用 G94 指令编制加工程序加工等距槽，其加工参考程序见表 3-22。

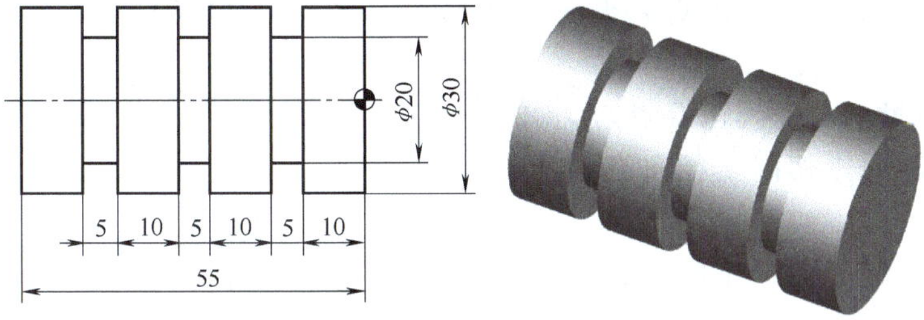

图 3-51　等距槽

表 3-22　用 G94 指令加工宽槽加工参考程序

参考程序	注释
O3020;	程序名
N10 M03 S300 T0303;	主轴正转，转速为 300r/min，换 4mm 宽切槽刀，执行 03 号刀补
N20 G00 X32.0 Z2.0;	移动刀具快速靠近工件
N30 G00 Z-14.0;	*Z* 方向进刀至右边第一个槽处
N40 G94 X20.0 W0.0 F0.1;	用 G94 指令加工槽
N50 W-1.0;	扩槽
N60 G00 Z-24.0;	移动刀具至第二个槽处
N70 G94 X20.0 W0.0 F0.1;	用 G94 指令加工槽
N80 W-1.0;	扩槽

（续）

参考程序	注释
N90 G00 Z-34.0;	移动刀具至第三个槽处
N100 G94 X20.0 W0.0.1 F0.1;	应用 G94 指令加工槽
N110 W-1.0;	扩槽
N120 G00 Z100.0;	快速退刀
N130 M30;	程序结束

（2）用 G75 指令加工宽槽

1）指令格式

G75　R(*e*)；

G75　X(U)__ Z(W)__ P(Δ*i*)　Q(Δ*k*)　R(Δ*d*)　F__；

式中，*e* 为径向（*X* 轴）退刀量，单位为 mm，半径值，无符号；X 为切削终点的 *X* 方向绝对坐标；U 为切削终点相对于切削起点的 *X* 方向增量坐标；Z 为切削终点的 *Z* 方向绝对坐标；W 为切削终点相对于切削起点的 *Z* 方向增量坐标；Δ*i* 为径向（*X* 轴）进刀时，*X* 轴断续进刀的背吃刀量，无符号，单位为 μm；Δ*k* 为刀具完成一次径向切削后，在 *Z* 方向的偏移量，用无符号的值表示；Δ*d* 为刀具在切削底部的 *Z* 方向退刀量，无要求时可省略；F 为径向切削时的进给速度。

2）循环轨迹及指令说明。G75 指令刀具运动轨迹如图 3-52 所示。

① 刀具从循环起点（*A* 点）开始，沿径向进刀 Δ*i* 到达 *C* 点。

② 退刀 *e*（断屑）并到达 *D* 点。

③ 按该循环递进切削至径向终点坐标处。

④ 退到径向起刀点，完成一次切削循环。

⑤ 沿轴向偏移 Δ*k* 至 *F* 点，进行第二次切削循环。

⑥ 依次循环直至刀具切削至程序终点坐标处（*B* 点），径向退刀至起刀点（*G* 点），轴向退刀至起刀点（*A* 点），完成整个切槽循环动作。

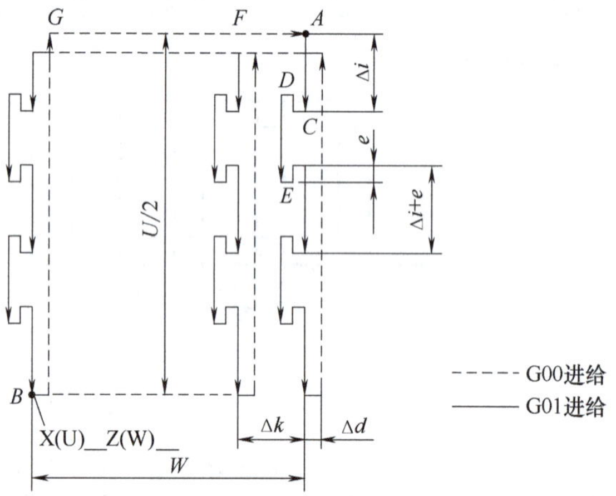

图 3-52　G75 指令刀具运动轨迹

G75 指令程序段中的 Z（W）值可省略或设为 0，当将 Z（W）值设为 0 时，切削循环时刀具仅执行 *X* 方向进给而不执行 *Z* 方向偏移。

对于程序段中的 Δ*i*、Δ*k* 值，在 FANUC 系统中不能输入小数点，因此直接输入最小编程单位，如 P1500 表示径向每次背吃刀量为 1.5mm。

车削一般外沟槽时，因切槽刀是外圆切入，其几何形状与切断刀基本相同，车刀两侧副后角相等，车刀左右对称。

3）编程示例。

例　试用 G75 指令编制如图 3-53 所示工件（设所用切槽刀的刀宽为 3mm）的沟槽加工程序。

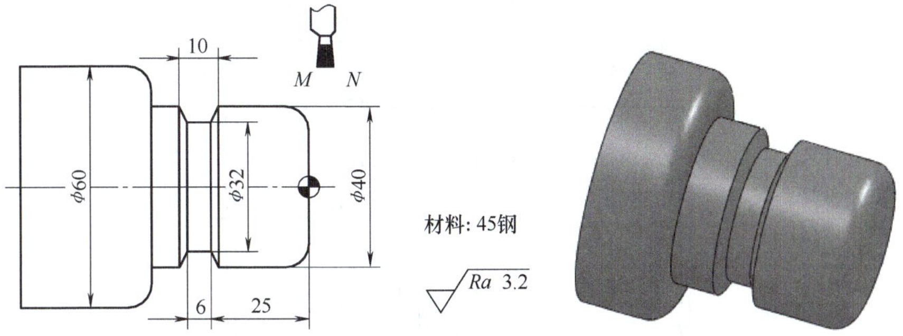

图 3-53　用 G75 指令加工宽槽示例

分析：在编制本例的循环程序段时，要注意循环起点的正确选择。由于切槽刀在对刀时以刀尖点 *M*（图 3-53）作为 *Z* 方向对刀点，而切槽时由刀尖点 *N* 控制长度尺寸 25mm，因此，G75 指令循环起始点的 *Z* 方向坐标为“-25-3（刃宽）= -28”。

程序如下：

```
O3021;
G99 G40 G21;
T0101;
G00 X100.0 Z100.0;
M03 S600;
G00 X42.0 Z-28.0;              (快速定位至切槽循环起点)
G75 R0.3;
G75 X32.0 Z-31.0 P1500 Q2000 F0.1;
G00 X100.0 Z100.0;
M30;
```

对于槽侧的两处斜边，在切槽循环结束且不退刀的情况下，巧用切槽刀的左、右刀尖能很方便地进行编程加工，其程序如下：

```
……
G75 X32.0 Z-31.0 P1500 Q2000 F0.1;
G01 X40.0 Z-26.0;              (刀尖 N 到达切削位置)
    X32.0 Z-28.0;              (车削右侧斜面)
    X42.0;                     (应准确测量刀宽，以确定刀具 Z 方向移动量)
    X40.0 Z-33.0;              (用刀尖 M 车削左侧斜面)
    X32.0 Z-31.0;
    X42.0;
……
```

3.4.4　多槽加工

用 G75 指令加工多槽，如图 3-54 所示工件，试编制工件上槽的加工程序。

1）图样分析。如图 3-54 所示，工件包含是 4 个等距径向槽，右边第一个槽由长度

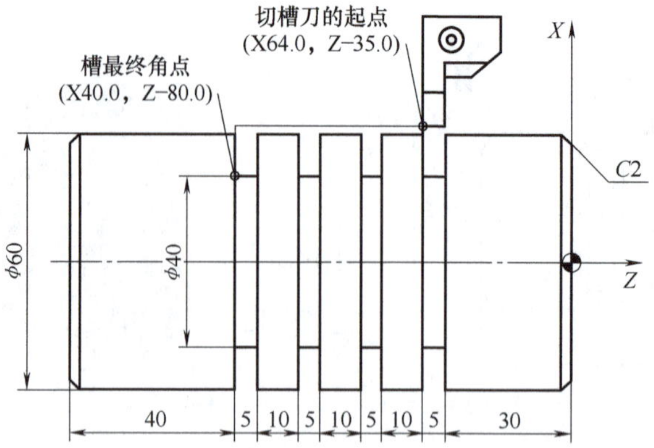

图 3-54 用 G75 指令加工轴向等距槽

30mm 定位，槽间距 10mm，槽宽 5mm，槽深 10mm（从 ϕ60mm 至 ϕ40mm 处计算得出）。对多个等距径向槽亦可用 G75 循环指令编程加工，可给编程带来方便。

2）程序编制。由于槽的精度要求不高，各槽拟用刃宽为 5mm 的外切槽刀一次加工完成，刀具起点设在（X64.0，Z-35.0）点，刀具在 X 方向与工件有 2mm 的安全间隙，刀具 Z 方向处于起始位置时，切削刃正对第一个槽。第四个槽终点坐标为（X40.0，Z-80.0）。用 G75 指令编制该工件槽的加工程序，见表 3-23。

表 3-23 用 G75 指令加工轴向等距槽的加工参考程序

参考程序	注释
O3022;	程序名(以工件右端面为编程原点)
N10 T0202;	选择 02 号切槽刀(刃宽为 5mm,左刀尖对刀),执行 02 号刀补
N20 M03 S300;	主轴正转,转速为 300r/min
N30 G00 X64.0 Z-35.0;	刀具快速定位切削起始位置
N40 G75 R1.0;	设置 G75 循环指令参数,Q 值由槽距和槽宽确定
N50 G75 X40.0 Z-80.0 P3000 Q15000 F30;	
N60 G00 X100.0 Z100.0;	快速退刀至换刀点
N70 M30;	程序结束

提示：利用 G75 指令循环加工完成后，刀具返回循环的起点位置。切槽刀要区分是左刀尖还是右刀尖对刀，防止编程时出错。

3.4.5 端面直槽加工

（1）端面直槽刀的形状

在端面上车削直槽时，端面直槽刀的几何形状是外圆车刀与内孔车刀的综合体，端面直槽刀可由外圆切槽刀具刃磨而成，如图 3-55 所示。切槽刀刀头部分的长度＝槽深＋(2～3)mm，刃宽可根据需要刃磨。切槽刀主切削刃与两侧副切削刃之间应对称平直。其中，刀尖 a 处的副后刀面的圆弧半径 R 必须小于端面直槽的大圆弧半径，以防左副后刀面与工件端面槽孔壁相碰。

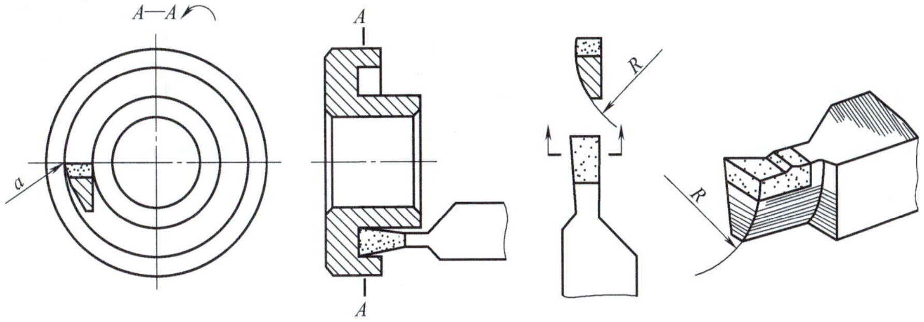

图 3-55　端面直槽刀的形状

（2）端面切槽循环指令（G74）

1）指令格式

G74 R(e)；

G74 X(U)__ Z(W)__ P(Δi) Q(Δk) R(Δd) F__；

式中，Δi 为刀具完成一次轴向切削后，在 X 方向的偏移量，该值用无符号的半径量表示；Δk 为 Z 方向的每次背吃刀量，用无符号的值表示；其余参数参照 G75 指令。

2）运动轨迹及指令说明。G74 指令循环轨迹与 G75 指令循环轨迹类似，如图 3-56 所示。不同之处是刀具从循环起点 A 出发，先轴向进给，再径向平移，依次循环直至完成全部动作。

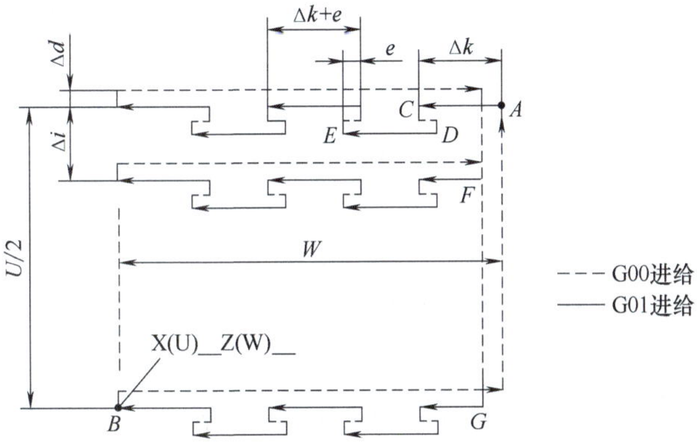

图 3-56　端面切槽刀具运动轨迹

G75 循环指令中的 X(U)值可省略或设定为 0，当 X(U)值设为 0 时，在 G75 循环指令执行过程中，刀具仅作 Z 方向进给而不作 X 方向偏移。该指令可用于端面啄式深孔钻削循环，但使用该指令时，装夹在刀架（尾座无效）上的刀具一定要精确定位到工件的旋转中心。

3）编程示例。用 G74 指令编制如图 3-57 所示工件的切槽（切槽刀的刀刃宽度为 3mm）程序，其加工参考程序见表 3-24。

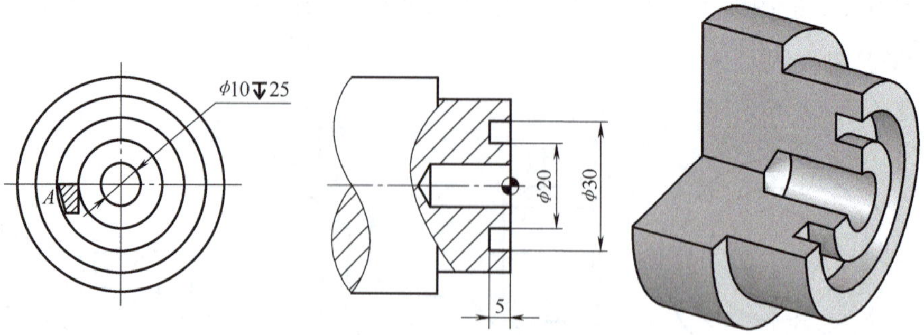

图 3-57　端面槽加工示例

表 3-24　G74 指令端面槽加工参考程序

参考程序	注释
O3023；	程序名
N10 T0101；	选择 01 号端面直槽刀，执行 01 号刀补
N20 M03 S500；	主轴正转，转速为 500r/min
N30 G00 X20.0 Z2.0；	快速定位至切槽循环起点
N40 G74 R0.3；	回退量 0.3mm
N50 G74 X24.0 Z-5.0 P1000 Q2000 F50；	端面槽加工循环指令
N60 G00 X100.0 Z100.0；	快速退刀至换刀点
N70 M05；	主轴停
N80 M30；	主程序结束并复位

提示： a. 由于 Δi 和 Δk 为无符号值，所以，刀具切削完成后的偏移方向由系统根据刀具起刀点及切槽终点的坐标自动判断。

b. 切槽过程中，刀具或工件受较大的单向切削力，容易在切削过程中产生振动，因此，切槽加工中进给速度 F 的取值应略小（特别是在端面切槽时），通常取 0.1~0.2mm/r。

3.4.6　V 形槽加工

如图 3-58 所示工件，试编制 V 形槽的加工程序。

（1）图样分析

如图 3-58 所示，工件槽结构是不等距的多个径向槽，共有三个相同槽，第一个槽由尺寸 14mm 定位，第二个槽由尺寸 33mm 定位，第三个槽由尺寸 45mm 定位。对不等距的多个径向槽，不可用 G75 循环指令来简化编程。如果在程序中重复书写不同位置但结构相同、大小一致的槽的加工程序，显然是比较烦琐的，对于这种情况，可用调用子程序的方法来简化编程。编制相同槽的加工程序作为子程序，以便在主程序中重复调用。

（2）程序编制

1）编制槽加工子程序。如图 3-58b 所示，加工单个槽时拟选用刃宽为 3mm 的外切槽刀，刀位点在左刀尖。槽加工刀具的初始位置在 S 点，调整左刀尖到达粗加工起点 S_1 点，向下切除图示粗加工区域，槽底留出 0.5mm 的精加工余量。然后，对槽的左右两侧斜面分

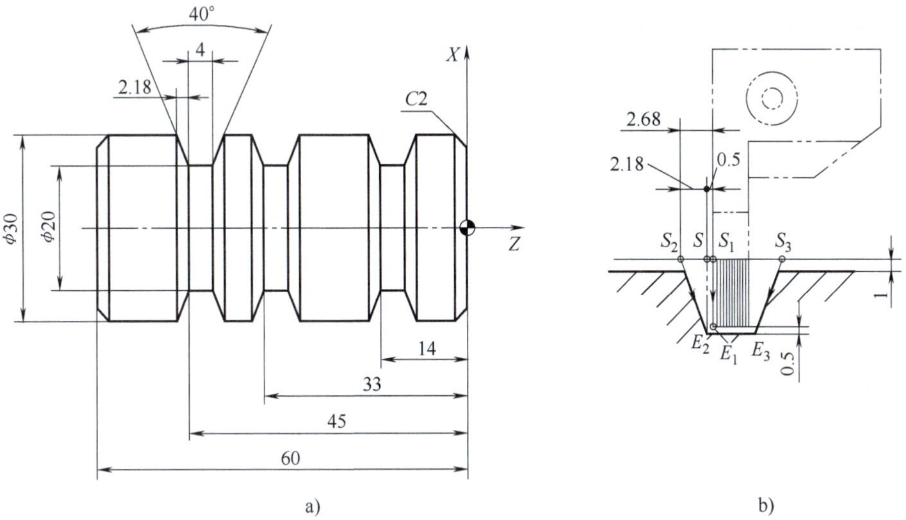

图 3-58　V 形槽加工示例

a）零件图　b）单个槽切削路线放大图

别进行加工。

槽左侧斜面的加工起点设在斜面轮廓延长线的 S_2 点（左刀尖到达 S_2 点），刀具沿斜面轮廓切削到槽底，抬刀至 S 点径向位置。

槽右侧斜面的加工起点设在斜面轮廓延长线的 S_3 点，调整右刀尖到达 S_3 点，刀具沿斜面轮廓切削到槽底，抬刀至 S 点径向位置。调整左刀尖回到 S 点。

V 形槽加工参考子程序见表 3-25。

表 3-25　V 形槽加工参考子程序

参考程序	注释
O3024;	子程序名
N10 G01 W0.5 F100;	左刀尖从 $S \to S_1$
N20 X21.0 F30;	粗加工槽
N30 G00 X32.0;	左刀尖→S_1
N40 W-2.68;	左刀尖从 $S_1 \to S_2$
N50 G01 X20.0 W2.18 F100;	左侧斜面加工
N60 G00 X32.0;	左刀尖→S
N70 W3.18;	右刀尖→S_3
N80 G01 X20.0 W-2.18 F100;	右侧斜面加工
N90 G00 X32.0;	X 方向退刀
N100 W-1.0;	左刀尖→S
N110 M99;	子程序结束

2）编制 V 形槽加工参考主程序，见表 3-26。

表 3-26　V 形槽加工参考主程序

参考程序	注释
O3025;	主程序名
N10 M03 S300;	主轴正转,转速为 300r/min
N20 T0303;	选择 03 号刀,执行 03 号刀补
N30 G00 X32.0 Z-14.0 M08;	刀具快速定位至第一个槽处,切削液开
N40 M98 P3024;	调用子程序(O3024)加工第一个槽
N50 G00 Z-33.0;	刀具快速定位至第二个槽处
N60 M98 P3024;	调用子程序(O3024)加工第二个槽
N70 G00 Z-45.0;	刀具快速定位至第三个槽处
N80 M98 P3024;	调用子程序(O3024)加工第三个槽
N90 G00 X100.0 Z100.0;	刀具快速退至换刀点
N100 M30;	主程序结束

3.4.7　梯形槽加工

如图 3-59 所示梯形槽加工示例，试编制其加工参考程序。

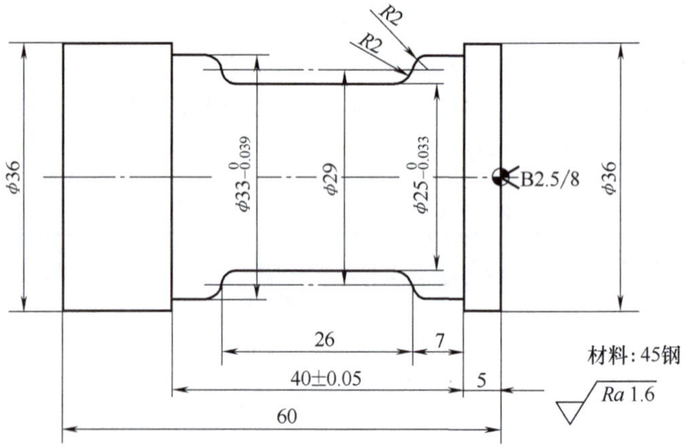

图 3-59　梯形槽加工示例

(1) 图样分析

该图中间部位为一带有圆弧倒角的梯形槽，槽底尺寸精度和表面质量要求比较高，若采用偏刀或圆弧刀加工，都很难一次加工成形，中间必然留有接刀痕迹。因此，加工该槽最好选用切槽刀。

(2) 设计加工路线

若选用 3mm 宽的切槽刀，则可设计如图 3-60 所示运动轨迹。粗加工路线：切 φ33mm×40mm 宽槽，以左刀尖为刀位点，循环起点坐标（X38.0，Z－8.0），终点坐标（X33.0，Z−45.0）；切 φ25mm×22mm 宽槽，循环起点坐标（X38.0，Z−17.0），终点坐标（X33.0，Z−36.0）；粗加工时，*X* 方向留 0.2mm 精加工余量（直径值）。精加工切入点坐标（X38.0，Z−8.0），向下进给至 *A*（X33.0，Z－8.0），依次沿 *B*（X33.0，Z－13.0）、*C*（X29.0，Z−15.0）、

D（X25.0，Z-17.0）、E（X25.0，Z-36.0）、*F*（X29.0，Z-38.0）、*G*（X33.0，Z-40.0）和 *H*（X33.0，Z-45.0）所示轮廓进行精加工，最后切出点坐标设为（X38.0，Z-45.0）。

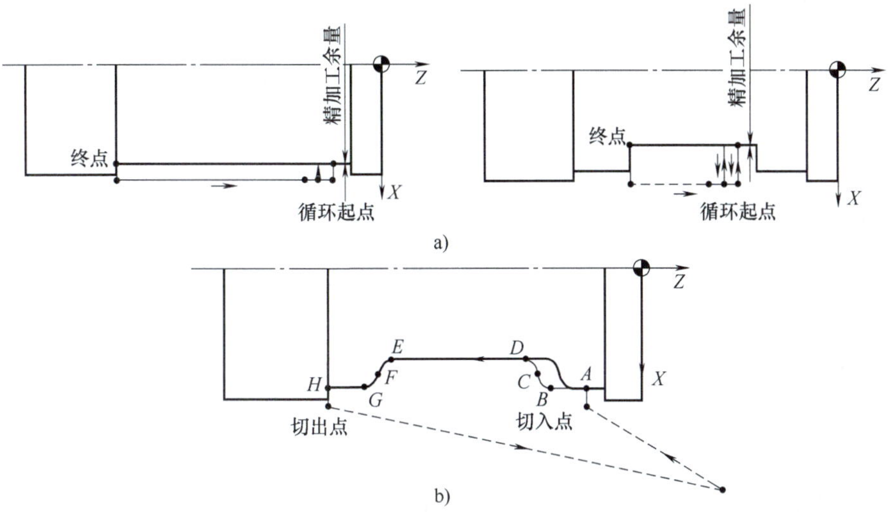

图 3-60 梯形槽运动轨迹

a）粗加工路线 b）精加工路线

(3) 编制加工参考程序（表 3-27）

表 3-27 梯形槽加工参考程序

参考程序	注释
O3026;	程序号
N10 T0202;	选择 02 号切槽刀,执行 02 号刀补
N20 M03 S400 M08;	主轴正转,转速为 400r/min,切削液开
N30 G00 X38.0 Z-8.0;	定位至粗加工循环起点
N40 G75 R0.5;	循环切削 ϕ33mm×40mm 宽槽,直径方向留 0.2mm 精车余量
N50 G75 X33.2 Z-45.0 P2000 Q2400 F50;	
N60 G00 X38.0 Z-17.0;	定位至循环起点
N70 G75 R0.5;	循环切削 ϕ25mm×22mm 宽槽,直径方向留 0.2mm 精车余量
N80 G75 X25.2 Z-36.0 P2000 Q2400 F50;	
N90 G00 X100.0 Z100.0 M09;	退刀
N100 M05;	主轴停转
N110 M00;	程序暂停,检测并修改磨耗值
N120 T0202 S800 M03;	重新调用 02 号切槽刀,执行 02 号刀补
N130 G00 X38.0 Z-8.0 M08;	定位至精加工的切入点
N140 G01 X33.0 F50;	进给速度为 50mm/min,精加工轮廓
N150 Z-13.0;	
N160 G03 X29.0 Z-15.0 R2.0;	

（续）

参考程序	注释
N170 G02 X25.0 Z-17.0 R2.0;	进给速度为 50mm/min,精加工轮廓
N180 G01 Z-36.0;	
N190 G02 X29.0 Z-38.0 R2.0;	
N200 G03 X33.0 Z-40.0 R2.0;	
N210 G01 Z-45.0;	
N220 X38.0;	
N230 G00 X100.0 Z100.0 M09;	程序结束部分
N240 M30;	程序结束

3.4.8 切断

（1）切断工艺

1）切断刀及选用。切断刀的设计与切槽刀相似，它们之间的主要区别是切断刀的伸出长度要比切槽刀长得多，这也使得它可以适用于深槽加工。但切断刀的切削刃宽度及刀头长度不可随意确定。

切断刀的主切削刃太宽会造成切削力过大而引起振动，同时也会浪费工件材料；主切削刃太窄又会削弱刀头强度，使刀头容易折断。通常，切断钢件或铸铁材料时，可用下式计算：

$$a=(0.5\sim0.6)\sqrt{d}$$

式中，a 为主切削刃宽度，单位为 mm；d 为工件待加工表面直径。

切断刀太短，则不能安全到达主轴旋转中心；切断刀过长，则没有足够的刚度，且在切断过程中会产生振动甚至被折断。刀头长度 L，可用下式计算：

$$L=H+(2\sim3\text{mm})$$

式中，L 为刀头长度，单位为 mm；H 为背吃刀量，单位为 mm。

2）切断刀安装。安装切断刀时，其中心线必须与工件轴线垂直，以保证两副偏角对称。切断刀主切削刃不能高于或低于工件中心，否则会使工件中心形成凸台，并损坏刀头。

3）切断工艺要点。

① 与切槽一样，切削液需要应用在切削刃上，使用的切削液应具有冷却和润滑的作用，一定要保证切削液的压力足够大，尤其是加工大直径棒料时，压力可以使切削液到达切削刃并冲走堆积的切屑。

② 在切断毛坯或不规则表面的工件前，先用外圆车刀把工件车圆，或开始切断毛坯部分时，尽量减小进给速度，以免发生“啃刀”。

③ 工件应装夹牢固，切断位置应尽可能靠近卡盘。当用一夹一顶方式装夹工件时，工件不应完全切断，而应在工件中心留一细杆，卸下工件后将其敲断。否则，切断时会造成事故并折断切断刀。

④ 切断刀排屑不畅时，切屑堵塞在槽内，会增大刀头的负荷从而使其折断。因此切断

时应注意及时排屑，防止堵塞。

（2）切断示例

以如图 3-61 所示工件为例，当工件其他结构加工完毕后，选用刃宽为 4mm 的切断刀，选择（X54.0，Z-89.0）为切断起点。切断时可用 G01 指令直接切断工件，如果背吃刀量大还可用 G75 指令进行啄式切削。切断时切削速度通常为外圆切削速度的 60%～70%，进给速度一般选择 0.05～0.3mm/r。

切断点在 X 方向应与工件外圆有足够的安全间隙。切断点 Z 方向坐标与工件长度有关，又与刀位点选择在左或右刀尖有关。如图 3-61 所示，设刃宽为 4mm 的切断刀的刀位点为左刀尖时，切断的起点坐标为（X54.0，Z-89.0）；刀位点为右刀尖时，切断的起点坐标为（X54.0，Z-85.0）。

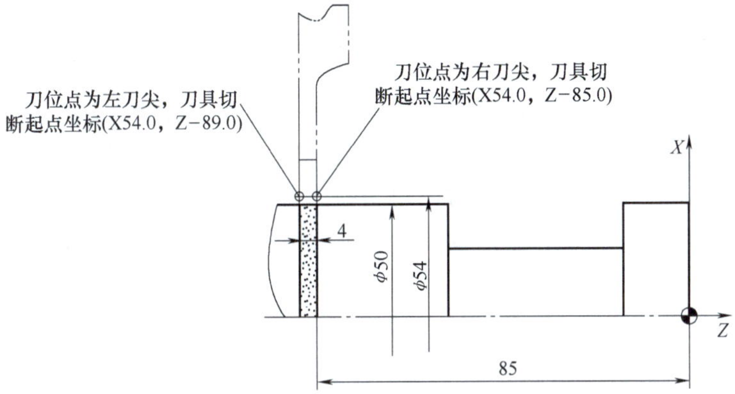

图 3-61　切断示例

1）用 G01 指令切断。用 G01 指令切断加工参考程序见表 3-28。

表 3-28　用 G01 指令切断加工参考程序

参考程序	注释
O3027;	程序名
N10 T0404;	选择 04 号切断刀,执行 04 号刀补
N20 G96 M03 S40;	恒线速切削,线速度为 40 m/min
N30 G50 S1500;	限制主轴最高转速为 1500r/min
N40 G00 X54.0 Z-89.0 M08;	快速到达切断起点(左刀尖对刀),切削液开
N50 G01 X0 F0.05;	切断
N60 G00 X54.0;	快速退至起刀点
N70 G00 X100.0 Z100.0;	快速退至换刀点
N80 M05;	主轴停
N90 M30;	程序结束

2）用 G75 指令切断。用 G75 指令切断加工参考程序见表 3-29。

表 3-29　用 G75 指令切断加工参考程序

参考程序	注释
O3028;	程序名
N10 T0404;	选择 04 号切断刀,执行 04 号刀补
N20 G96 M03 S40;	恒线速切削,线速度为 40m/min
N30 G50 S1500;	限制主轴最高转速为 1500r/min
N40 G00 X54.0 Z-89.0 M08;	快速到达切断起点(左刀尖对刀),切削液开
N50 G75 R1.0;	设置 G75 指令加工参数
N60 G75 X0 P3000 F0.05;	
N70 G00 X100.0 Z100.0 M09 ;	快速退至换刀点,切削液关
N80 M05;	主轴停
N90 M30;	程序结束并复位

3）用切断刀先切倒角，再切断工件。当工件的右端面上有倒角要求时，一般加工方法是先切断工件，然后调转方向装夹车削端面，保证 *Z* 方向尺寸，再车倒角。

当工件 *Z* 方向尺寸要求不是很高时，用切断刀切断工件前，可用切断刀先切倒角，再切断工件，如图 3-62 所示。这样的好处是可以避免调转方向装夹车削端面、倒角的麻烦。

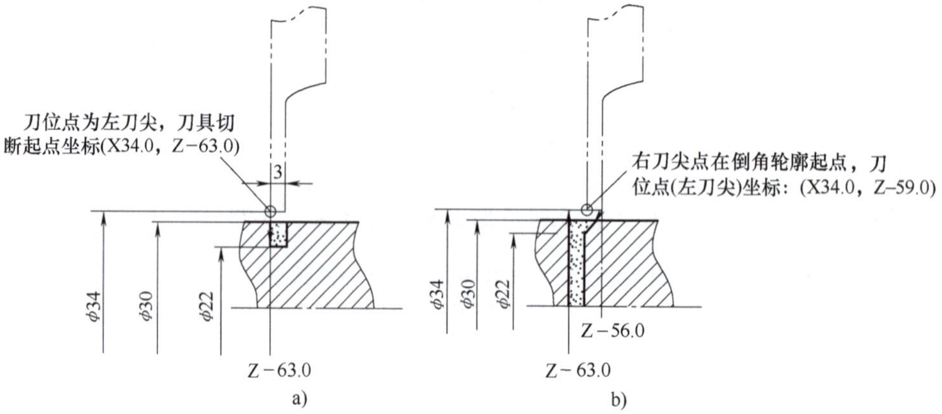

图 3-62　切断刀先切倒角，再切断

如图 3-62 所示，选用刃宽为 3mm 的切断刀，选择（X34.0，Z−63.0）为切断起点，刀具先切削 4mm 深度的槽。然后，刀具沿 *X* 方向退至起点，调整刀具右刀尖到倒角轮廓的延长线上的一点，用右刀尖沿倒角轮廓切削，最后切断。其加工参考程序见表 3-30。

表 3-30　先切倒角，再切断工件参考程序

参考程序	注释
O3029;	程序名
N10 T0404;	选择 04 号切断刀,执行 04 号刀补
N20 G96 M03 S40;	恒线速切削,线速度为 40 m/min
N30 G50 S1500;	限制主轴最高转速为 1500r/min
N40 G00 X34.0 Z-63.0 M08;	快速到达切断起点(左刀尖对刀),切削液开

（续）

参考程序	注释
N50 G01 X22.0 F0.05;	向下切削至 ϕ22mm
N60 X34.0;	*X* 方向退刀至起刀点
N70 Z-59.0	左刀尖至 Z-59.0,右刀尖至 Z-56.0
N80 X26.0 Z-63.0;	倒角 *C*2mm
N90 X0;	切断
N100 G00 X34.0;	*X* 方向退出工件
N110 X100.0 Z100.0 M09;	快速退至换刀点,切削液关
N120 M05;	主轴停
N130 M30;	程序结束

3.5　螺纹加工

在 FANUC 0*i* 数控系统中，车削螺纹的加工指令有 G32、G34 指令和螺纹固定循环加工 G92、G76 指令。通过这些指令，可更加简便地在数控车床上加工各种螺纹。

3.5.1　普通螺纹的尺寸计算

普通螺纹是我国应用最为广泛的一种三角形螺纹，牙型角为 60°。完整的螺纹标记由螺纹特征代号、尺寸代号及其他有必要做进一步说明的个别信息组成。螺纹特征代号用字母“M”表示。单线螺纹的尺寸代号为“公称直径×螺距”，公称直径和螺距数值的单位为毫米。普通螺纹分为粗牙普通螺纹和细牙普通螺纹，对于粗牙螺纹，可以省略其螺距项。普通螺纹有左旋螺纹和右旋螺纹之分，对左旋螺纹，应在旋合长度代号之后标注“LH”代号。旋合长度代号与旋向代号间用“-”分开，如 M20×1.5-LH 等。右旋螺纹不标注旋向代号。

（1）基本牙型

螺纹牙型是在螺纹轴线平面内的螺纹轮廓形状。基本牙型是在螺纹轴线平面内，由理论尺寸、角度和削平高度所形成的内、外螺纹共有的理论牙型。它是确定螺纹设计牙型的基础。普通螺纹的基本牙型如图 3-63 所示，普通螺纹基本要素的尺寸计算公式见表 3-31。

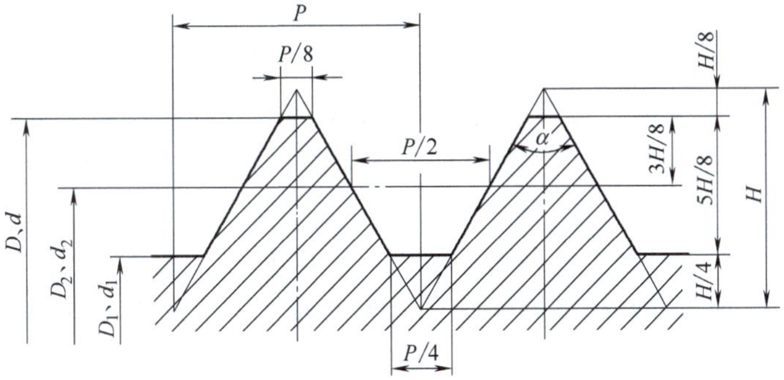

图 3-63　普通螺纹的基本牙型

表 3-31　普通螺纹基本要素的尺寸计算公式

基本参数	外螺纹	内螺纹	计算公式
牙型角	α		$\alpha=60°$
螺纹大径(公称直径)/mm	d	D	$d=D$
螺纹中径/mm	d_2	D_2	$d_2=D_2=d-0.6495P$
牙型高度/mm	h_1		$h_1=0.5413P$
螺纹小径/mm	d_1	D_1	$D_1=d_1=d-1.0825P$

注：原始三角形高度 $H=\sqrt{3}/2P$，当外螺纹牙底在 $H/4$ 处削平时，牙型高度 $h_1=0.5413P$；当外螺纹牙底在 $H/8$ 处削平时，牙型高度 $h_1=0.6495P$。

（2）螺纹编程直径与总背吃刀量的确定

在编制螺纹加工程序或车削螺纹时，由于受到螺纹车刀刀尖形状及其尺寸刃磨精度的影响，为保证螺纹中径达到要求，因此在编程或车削过程中通常采用以下经验公式进行调整或确定其螺纹编程小径（d'_1、D'_1）：

$$d'_1=d-(1.1\sim1.3)P$$

$$D'_1=D-P(\text{车削塑性金属})$$

$$D'_1=D-1.05P(\text{车削脆性金属})$$

在以上经验公式中，d、D 直径均指其公称尺寸。在各螺纹编程小径的经验公式中，已考虑到了部分直径公差的要求。

同样，考虑螺纹的公差要求和螺纹切削过程中对大径的挤压作用，编程或车削过程中的外螺纹大径应比其公称直径小 0.1～0.3mm。

例如，在数控车床上加工 M24×2-7h 的外螺纹，采用经验公式取：

螺纹编程大径 $d'=23.7$mm；

半径方向总背吃刀量 $h'=(1.1\sim1.3)P/2\approx1.3\times2/2=1.3$mm；

螺纹编程小径 $d'_1=d-2h'=24-2.6=21.4$mm。

3.5.2　螺纹切削指令

（1）等螺距圆柱螺纹切削指令（G32）

等螺距圆柱螺纹包括普通圆柱螺纹和端面螺纹。

1）指令格式

G32 X(U)__　Z(W)__　F__　Q__；

式中，X(U)__ Z(W)__为圆柱螺纹的终点坐标；F 为螺纹导程。如果是单线螺纹，则为螺距；Q 为螺纹起始角。该值为不带小数点的非模态值，其单位为 0.001°。如果是单线螺纹，则该值为 0。

在该指令格式中，当只有 Z 方向坐标数据时，指令加工等螺距圆柱螺纹；当只有 X 方向坐标数据时，指令加工等螺距端面螺纹；当 X 方向和 Z 方向坐标都有数据时，指令加工锥螺纹。

2）运动轨迹及指令说明。G32 指令的刀具运动轨迹如图 3-64 所示。G32 指令近似于 G01 指令，刀具从 B 点以每转进给一个导程/螺距的速度切削至 C 点。其切削前的进刀和切削后的退刀都要通过其他的程序段来实现，如图中的 AB、CD 和 DA 程序段。

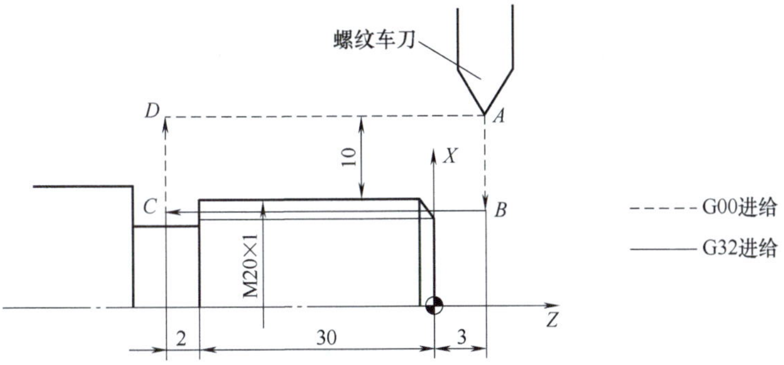

图 3-64　G32 圆柱螺纹切削指令的刀具运动轨迹

在加工等螺距圆柱螺纹以及除端面螺纹之外的其他螺纹时，均需特别注意螺纹车刀的安装方法（正、反向）和主轴的旋转方向应与车床刀架的配置方式（前、后置）相适应。采用如图 3-64 所示后置刀架车削右旋螺纹时，螺纹车刀必须反向（即前刀面向下）安装，车床主轴用 M03 指定其旋向。否则，车出的螺纹将不是右旋螺纹，而是左旋螺纹。如果螺纹车刀正向安装，主轴用 M04 指定旋向，则起刀点亦应改为图 3-64 所示中的 D 点。

3）编程示例。

例 1　试用 G32 指令编制如图 3-64 所示工件的螺纹加工程序。

分析：因该螺纹为普通连接螺纹，没有规定其公差要求，可参照螺纹公差的国家标准，对于其大径（车削螺纹前的外圆直径）尺寸，可选择最低配合要求的公差带（如 8e）并计算，或按经验取为 19.8mm，避免螺纹的牙顶过尖。

螺纹切削升速进刀段 δ_1 取 3mm，降速退刀段 δ_2 取 2mm。螺纹的总背吃刀量预定为 1.3mm，分三次切削，背吃刀量依次为 0.8mm、0.4mm 和 0.1mm。

程序如下：

```
O3030;
……
G00 X40.0 Z3.0;          (导入距离 δ1 = 3)
U-20.8;
G32 W-35.0 F1.0;         (螺纹第一刀切削，背吃刀量为 0.8mm)
G00 U20.8;
    W35.0;
    U-21.2;
G32 W-35.0 F1.0;         (背吃刀量为 0.4mm)
G00 U21.2;
    W35.0;
    U-21.3;
G32 W-35.0 F1.0;         (背吃刀量为 0.1mm)
G00 U21.3;
    W35.0;
```

```
G00 X100.0 Z100.0;
M30;
```

例 2　试用 G32 指令编制如图 3-64 所示工件的螺纹加工程序，螺纹代号改为 M20×Ph2P1。

程序如下：

```
O3031;
……
G00 X40.0 Z6.0;              （导入距离 δ1=6）
X19.2;
G32 Z-32.0 F2.0 Q0;          （加工第一条螺旋线，螺纹起始角为 0°）
G00 X40.0;
    Z6.0;
……                           （至第一条螺旋线加工完成）
    X19.2;
G32 Z-32.0 F2.0 Q180000;     （加工第二条螺旋线，螺纹起始角为 180°）
G00 X40.0;
    Z6.0;
    ……                       （多次重复切削至第二条螺旋线加工完成）
M30;
```


（2）等螺距圆锥螺纹切削指令（G32）

1）指令格式

G32 X(U)__　Z(W)__　F__;

2）运动轨迹及指令说明。执行圆锥螺纹切削 G32 指令的刀具运动轨迹（图 3-65）与执行圆柱螺纹切削 G32 指令的刀具运动轨迹相似。加工圆锥螺纹时，要特别注意受 δ_1、δ_2 影响后的螺纹切削起点与终点坐标，以保证螺纹锥度的正确性。圆锥螺纹在 X 方向或 Z 方向各有不同的导程，程序中导程 F 的取值以两者中的较大值为准。

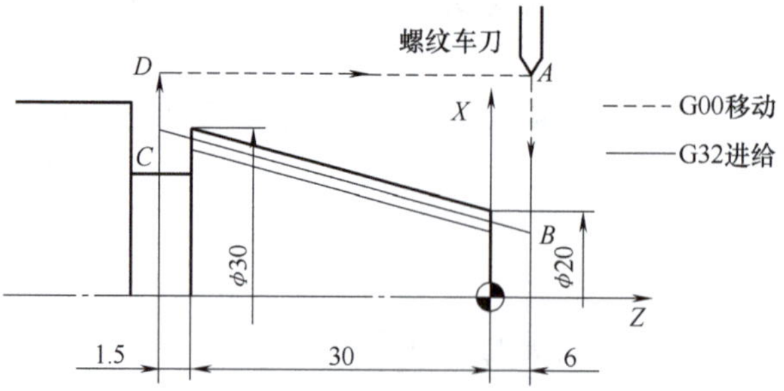

图 3-65　圆锥螺纹切削 G32 指令的刀具运动轨迹

圆柱螺纹切削 G32 指令刀具运动轨迹

3）编程示例。

例　试用 G32 指令编制如图 3-65 所示工件的螺纹（F_Z=2.5mm）加工程序。

分析：经计算，圆锥螺纹的牙顶在 B 点处的坐标为（X18.0，Z6.0），在 C 点处的坐标为（X30.5，Z-31.5）。

程序如下：

```
O3032;
……
G00 X16.7 Z6.0;            （导入距离 δ1 = 6）
G32 X29.2 Z-31.5 F2.5;     （螺纹第一刀切削，背吃刀量为 1.3mm）
G00 U20.0;
    W37.5;
G00 X16.0 Z6.0;
G32 X28.5 Z-31.5 F2.5;     （螺纹第二刀切削，背吃刀量为 0.7mm）
……
```

4）G32 指令的其他用途。G32 指令除了可以加工以上螺纹外，还可以进行以下几种加工：

① 多线螺纹。编制加工多线螺纹的程序时，只要用地址 Q 指定主轴与螺纹切削起点的偏移角度（如例 2 所示）即可。

② 端面螺纹。执行端面螺纹的程序段时，刀具在指定螺纹切削距离内以 F 的速度沿 *X* 方向进给，而 *Z* 方向不做运动。

③ 连续螺纹切削。连续螺纹切削功能是为了保证程序段交界处的少量脉冲输出与下一个移动程序段的脉冲处理与输出相互重叠（程序段重叠）。因此，执行连续程序段加工时，由运动中断而引起的断续加工被消除，所以可以完成那些需要中途改变其等螺距和形状（如从圆柱螺纹变为圆锥螺纹）的特殊螺纹的切削。

（3）变螺距螺纹切削指令（G34）

变螺距螺纹主要指变螺距圆柱螺纹及变螺距圆锥螺纹。

1）指令格式

G34 X(U)__　Z(W)__　F__　K__;

式中，K 为主轴每转螺距的增量（正值）或减量（负值）；其余参数同于 G32 指令的规定。

2）运动轨迹及指令说明。执行 G34 指令的过程中，除每转螺距有增量外，其余动作和轨迹与 G32 指令相同。

（4）使用螺纹切削指令（G32、G34）**时的注意事项**

1）在螺纹切削过程中，进给速度倍率无效。

2）在螺纹切削过程中，进给暂停功能无效。如果在螺纹切削过程中按了进给暂停按钮，刀具将在执行了非螺纹切削的程序段后停止。

3）在螺纹切削过程中，主轴转速倍率功能失效。

4）在螺纹切削过程中，不宜使用恒线速度控制功能，应采用恒转速控制功能。

3.5.3　螺纹切削单一固定循环指令

（1）圆柱螺纹切削循环指令（G92）

1）指令格式

G92 X(U)__　Z(W)__　F__;

式中，X(U)__ Z(W)__为螺纹切削终点处的坐标，U 和 W 后面数值的符号取决于轨迹 *AB*

（图 3-66）和 BC 的方向；F 为螺纹导程。如果是单线螺纹，则为螺距。

2）运动轨迹及指令说明。G92 圆柱螺纹切削循环指令加工轨迹如图 3-66 所示，与 G90 指令相似，其运动轨迹也是一个矩形。刀具从循环起点 A 沿 X 方向快速移动至 B 点，然后以导程/转的进给速度沿 Z 方向切削进给至 C 点，再沿 X 方向快速退刀至 D 点，最后返回循环起点 A 点，准备下一次切削循环。

在应用 G92 循环指令编程时，仍应注意循环起点的正确选择。通常情况下，X 方向循环起点取在离外圆表面 1~2mm（直径量）的地方，Z 方向的循环起点根据升速进刀段的大小进行选取。

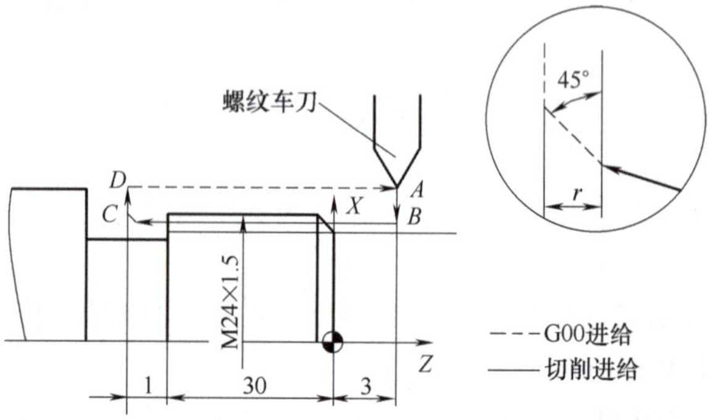

图 3-66　G92 圆柱螺纹切削循环指令刀具运动轨迹

3）编程示例。

例 1　在后置刀架式数控车床上，试用 G92 指令编制如图 3-66 所示工件的螺纹加工程序。在螺纹加工前，其外圆已加工好，直径为 ϕ23.75mm。

程序如下：

```
O3033;
G99 G40 G21;
……
T0202;
M03 S600;
G00 X25.0 Z3.0;              (螺纹切削循环起点)
G92 X23.0 Z-31.0 F1.5;       (第一刀，背吃刀量为 0.375mm)
    X22.6;                   (第二刀，背吃刀量为 0.2mm)
    X22.48;                  (第三刀，背吃刀量为 0.06mm)
    X22.38;                  (第四刀，背吃刀量 0.05mm)
G00 X150.0;                  (X 方向退刀)
    Z20.0;                   (Z 方向退刀)
    M30;
```

例 2　在前置刀架式数控车床上，试用 G92 指令编制如图 3-67 所示双线左旋圆柱螺纹的加工程序。在螺纹加工前，其螺纹外圆直径已加工至 29.8mm。

程序如下：

```
O3034;
```

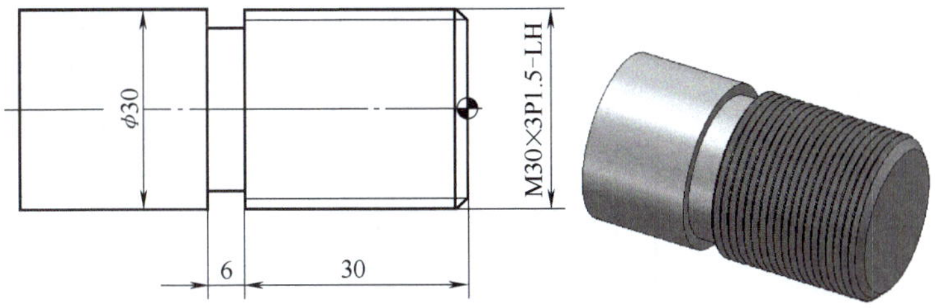

图 3-67　双线左旋圆柱螺纹加工示例

圆锥螺纹循环切削的轨迹图

```
G99 G40 G21;
T0202;
M03 S600;
G00 X31.0 Z-34.0;
G92 X28.9 Z3.0 F3.0;
    X28.4;
    X28.15;
    X28.05;
G01 Z-32.5 F0.2;          （Z 方向平移一个螺距）
G92 X28.9 Z4.5 F3.0;      （加工第二条螺旋线）
    X28.4;
    X28.15;
    X28.05;
G00 X100.0 Z100.0;
    M30;
```

（2）圆锥螺纹切削循环指令（G92）

1）指令格式

G92 X(U)__　Z(W)__　F__　R__;

式中，R 的大小为圆锥螺纹切削起点（图 3-68 中 *B* 点）处的 *X* 坐标与终点（编程终点）处的 *X* 坐标之差的 1/2；R 的方向规定为，当切削起点处的半径小于终点处的半径（顺圆锥外表面）时，R 取负值；其余参数参照 G92 圆柱螺纹切削循环指令规定。

2）运动轨迹及指令说明。G92 圆锥螺纹切削循环指令轨迹与 G92 圆柱螺纹切削循环指令轨迹相似（原 *BC* 水平直线改为倾斜直线）。

对于圆锥螺纹中的 R 值，在编程时除要注意有正、负值之分外，还要根据 *Z* 方向长度来确定 R 值的大小。如图 3-68 所示中，用于确定 R 值的 *Z* 方向长度为（$30+\delta_1+\delta_2$）mm。

圆锥螺纹的其余尺寸参数（如牙型高度、大径、中径和小径等）通过查表确定。

3）编程示例。请参照 G92 圆柱螺纹切削循环指令编程。

（3）使用螺纹切削单一固定循环指令（G92）**时的注意事项**

1）在螺纹切削过程中，按下循环暂停键时，刀具立即按斜线回退，然后先回到 *X* 轴的起点，再回到 *Z* 轴的起点。在回退期间，不能进行另外的暂停。

2）G92 指令是模态指令，当 *Z* 轴移动量没有变化时，只需对 *X* 轴指定其移动指令即可

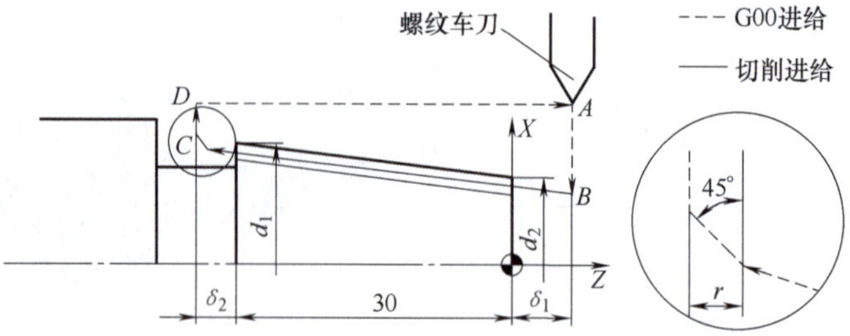

图 3-68　G92 圆锥螺纹切削循环指令刀具运动轨迹

重复执行固定循环动作。

3）执行 G92 指令时，在螺纹切削的螺尾处，刀具沿接近 45°的方向斜向退刀，Z 方向退刀距离 $r=(0.1\sim12.7)\ P_h$（导程），如图 3-68 所示，该值由系统参数设定。

4）在 G92 指令执行过程中，进给速度倍率和主轴转速倍率均无效。

3.5.4　螺纹切削复合固定循环指令

G76 指令刀具运动轨迹及进刀轨迹

（1）G76 指令加工圆柱外螺纹

1）指令格式

G76 P$(m)(r)(\alpha)$ Q(Δd_{min}) R(d)；

G76 X(U)__　Z(W)__　R(i) P(k) Q(Δd) F__；

式中，m 为精加工重复次数为 01~99；r 为倒角量，即螺纹切削螺尾处（45°）的 Z 方向退刀距离。当导程由 P_h 表示时，倒角量可以设定为 $0.1P_h\sim9.9P_h$，单位为 $0.1P_h$（两位数：从 00~99）。α 为刀尖角度（螺纹牙型角），可以选择 80°、60°、55°、30°、29°和 0°共六种中的任意一种，该值由两位数规定。d_{min} 为最小背吃刀量，该值用不带小数点的半径量表示；d 为精加工余量，该值用带小数点的半径量表示；X(U)Z(W)为螺纹切削终点处的坐标；i 为螺纹半径差。如果 $i=0$，则进行圆柱螺纹切削；k 为牙型编程高度。该值用不带小数点的半径量表示；Δd 为第一刀背吃刀量，该值用不带小数点的半径量表示；F 为导程，如果是单线螺纹，则该值为螺距。

2）运动轨迹及指令说明。G76 螺纹切削复合循环指令的刀具运动轨迹如图 3-69a 所示。以圆柱外螺纹（i 值为零）为例，刀具从循环起点为 A 点，按 G00 指令沿 X 方向进给至螺纹牙顶 X 坐标处（B 点，该点的 X 坐标值=小径+2k），然后沿基本牙型一侧平行的方向进给（图 3-69b），X 方向背吃刀量为 Δd，再以螺纹切削方式切削至离 Z 方向终点距离为 r 处，倒角退刀至 D 点，再沿 X 方向退刀至 E 点，最后返回 A 点，准备下一次切削循环。如该分多刀切削循环，直至循环结束。

第一刀切削循环时，背吃刀量为 Δd（如图 3-69b），第二刀的背吃刀量为 $(\sqrt{2}-1)\Delta d$，第 n 刀的背吃刀量为 $(\sqrt{n}-\sqrt{n-1})\ \Delta d$。因此，执行 G76 循环的背吃刀量是逐步递减的。

图 3-69b 所示为螺纹车刀向深度方向并沿基本牙型一侧的平行方向进刀，从而保证了螺纹粗车过程中始终用一个切削刃进行切削，减小了切削阻力，提高了刀具寿命，为螺纹的精车加工质量提供了保证。

在 G76 循环指令中，m、r、α 用地址符 P 及后面各两位数字指定，每个两位数中的前

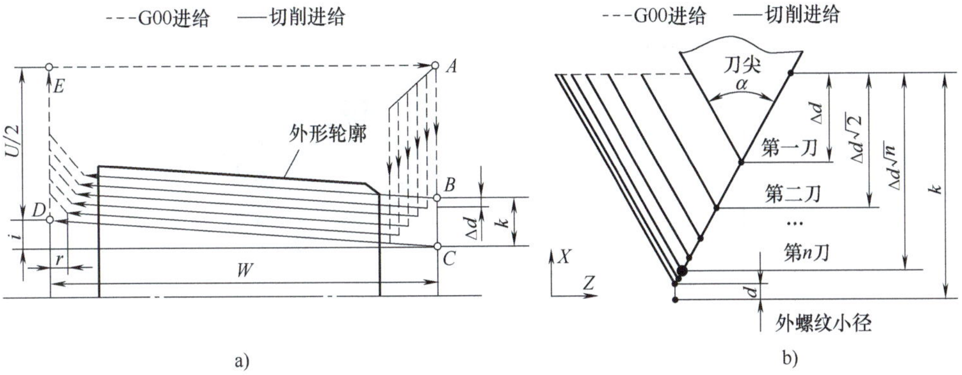

图 3-69 G76 指令刀具运动轨迹

置 0 不能省略。这些数字的具体含义及指定方法如下：

例如在 P011560 中，“01”为精加工重复次数，即 $m=0$；“15”为倒角量，即 $r=15\times 0.1P_h=1.5P_h$（P_h 是导程）；“60”为螺纹牙型角，即 $\alpha=60°$。

3）编程示例。

例 1 在前置刀架式数控车床上，试用 G76 指令编制如图 3-70 所示外螺纹的加工程序（未考虑各直径的尺寸公差）。

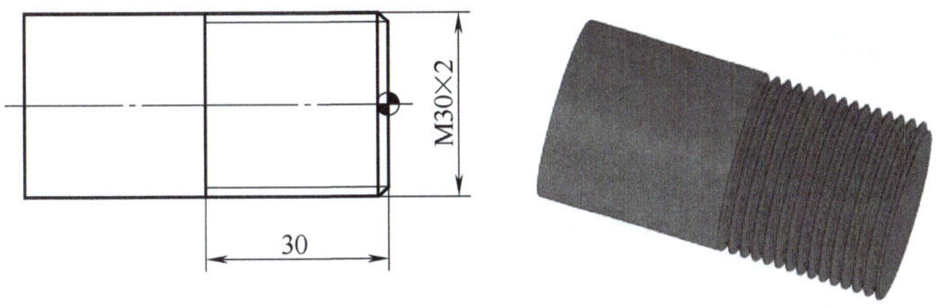

图 3-70 外螺纹加工示例

程序如下：

```
O3035;
G99 G40 G21;
……
T0202;
M03 S600;
G00 X32.0 Z6.0;
G76 P021060 Q50 R0.1;
G76 X27.6 Z-30.0 P1300 Q500 F2;
……
```

例 2 在前置刀架式数控车床上，试用 G76 指令编制如图 3-71 所示内螺纹的加工程序（未考虑各直径的尺寸公差）。

程序如下：

```
O3036;
G99 G40 G21;
```

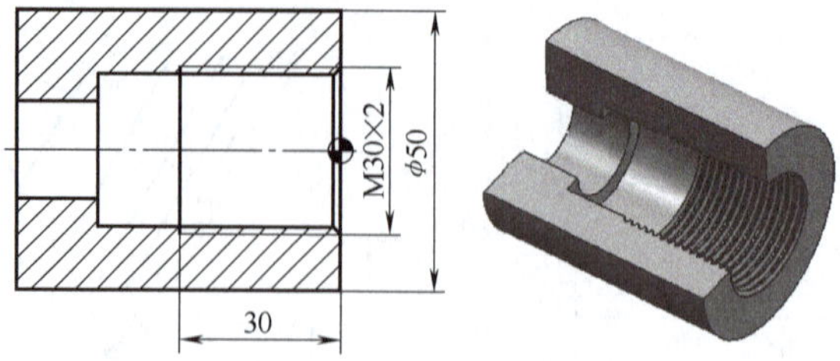

图 3-71　内螺纹加工示例

```
……
T0404;
M03 S400;
G00 X26.0 Z6.0;                      (螺纹切削循环起点)
G76 P021060 Q50 R-0.08;              (设定精加工两次，精加工余量为 0.08mm，
                                      倒角量等于 S，牙型角为 60°，最小背吃刀量
                                      为 0.05mm)
G76 X30.0 Z-30.0 P1200 Q300 F2.0;    (设定牙型高度为 1.2mm，第一刀背吃刀量为
                                      0.3mm)
G00 X100.0 Z100.0;
M30;
```


（2）G76 指令加工梯形螺纹

1）梯形螺纹的尺寸计算。梯形螺纹的代号用字母“Tr”及公称直径×螺距表示，单位均为 mm。左旋螺纹需在其标记的末尾处加注“LH”，右旋则不用标注。例如 Tr 40×7-7e、Tr 40×14P7-7e-LH 等。

国标规定，米制梯形螺纹的牙型角为 30°。梯形螺纹的牙型如图 3-72 所示，各部分名称、代号及计算公式见表 3-32。

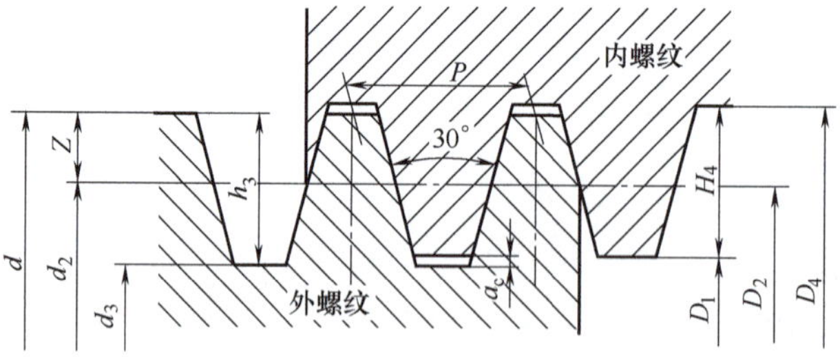

图 3-72　梯形螺纹的牙型

表 3-32　梯形螺纹各部分名称、代号及计算公式

名称	代号	计算公式		
牙顶间隙	a_c/mm	$P=1.5\sim5$	$P=6\sim12$	$P=14\sim44$
		0.25	0.5	1
大径	d、D_4	d=公称直径，$D_4=d+2a_c$		

（续）

名称	代号	计算公式
中径	d_2、D_2	$d_2=d-0.5P, D_2=d_2$
小径	d_3、D_1	$d_3=d-2h_3, D_1=d-P$
外、内螺纹牙型高度	h_3、H_4	$h_3=0.5P+a_c, H_4=h_3$
牙顶宽	f、f'	$f=f'=0.366P$
牙槽底宽	W、W'	$W=W'=0.366P-0.536a_c$
牙顶高	Z	$Z=0.25P$

2）编程示例。

例　在前置刀架式数控车床上，试用 G76 指令编制如图 3-73 所示梯形螺纹的加工程序。

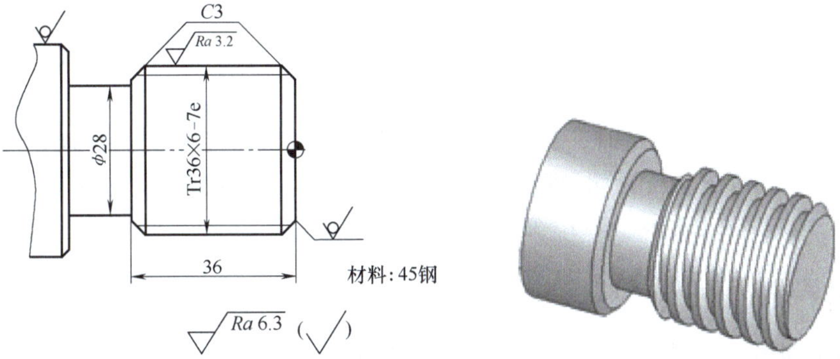

图 3-73　梯形螺纹加工示例

① 计算梯形螺纹尺寸并查表确定其公差。

大径 $d=36_{-0.375}^{0}$mm。

中径 $d_2=d-0.5P=36\text{mm}-3\text{mm}=33\text{mm}$，查表确定其公差，则 $d_2=33_{-0.453}^{-0.118}$mm。

牙高 $h_3=0.5P+a_c=3\text{mm}+0.5\text{mm}=3.5\text{mm}$。

小径 $d_3=d-2h_3=36\text{mm}-7\text{mm}=29\text{mm}$，查表确定其公差，则 $d_3=29_{-0.537}^{0}$mm。

牙顶宽 $f=0.366P=2.196\text{mm}$。

牙底宽 $W=0.366P-0.536a_c=2.196\text{mm}-0.268\text{mm}=1.928\text{mm}$。

用 ϕ3.1mm 的测量棒测量中径，则其测量尺寸 $M=d_2+4.864d_D-1.866P=33\text{mm}+15.0784\text{mm}-11.196\text{mm}\approx36.89\text{mm}$；根据中径公差带（7e）确定其公差，则 $M=36.89_{-0.453}^{-0.118}$mm。

② 编写数控加工程序。

程序如下：

```
O3037;
G99 G40 G21;
G28 U0 W0;
T0202;
M03 S400;
G00 X37.0 Z12.0;
```

G76 P020530 Q50 R0.08；　　（精加工两次，精加工余量为 0.08mm，倒角量等于 0.5 倍螺距，牙型角为 30°，最小背吃刀量为 0.05mm）

G76 X28.75 Z-40.0 P3500 Q600 F6.0；　　（螺纹牙型高度为 3.5mm，第一刀背吃刀量为 0.6mm）

G00 X150.0；

M30；

在梯形螺纹的实际加工中，由于刀尖宽度并不等于槽底宽，在经过一次 G76 切削循环后，仍无法正确控制螺纹中径等各项尺寸。为此，可经刀具 *Z* 方向偏置后，再次进行 G76 循环加工，即可解决以上问题。

（3）使用螺纹复合循环指令（G76）时的注意事项

1）G76 指令可以在 MDI 方式下使用。

2）在执行 G76 循环指令时，若按下循环暂停键，则刀具在螺纹切削后的程序段暂停。

3）G76 指令为非模态指令，所以必须每次指定，不可省略。

4）在执行 G76 循环指令时，若要进行手动操作，刀具应返回到循环操作停止的位置。如果没有返回到循环停止位置就重新启动循环操作，手动操作的位移将叠加在该程序段停止时的位置上，刀具轨迹就多移动了一个手动操作的位移量。

3.5.5 综合实例

例 加工如图 3-74 所示工件，毛坯直径为 ϕ80mm，内孔已钻直径为 20mm 的通孔，试编写 FANUC 0*i* 系统加工程序。

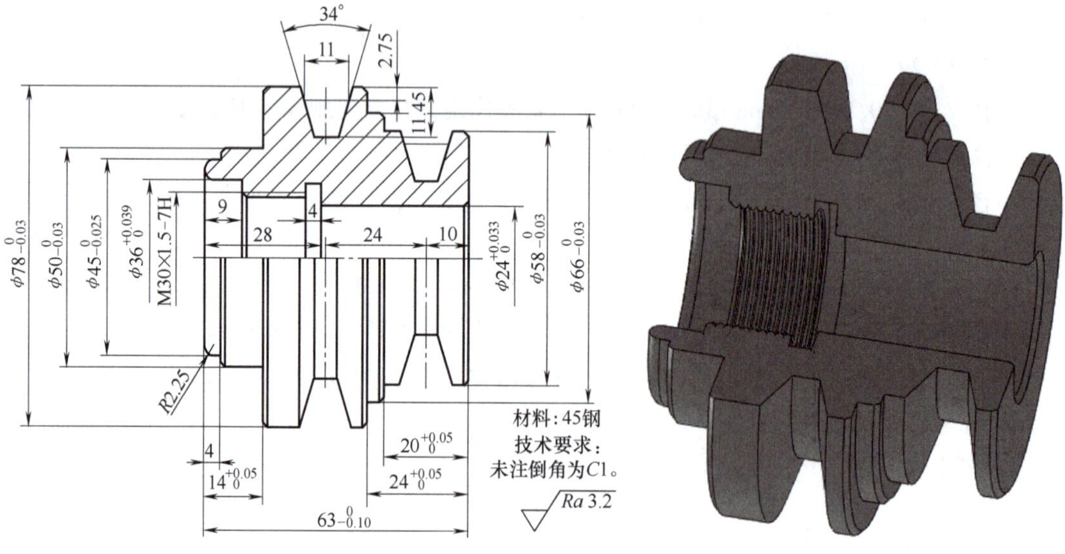

图 3-74　加工综合实例

（1）选择机床与夹具

选择 FANUC 0*i* 系统、前置刀架式数控车床加工，夹具采用通用自定心卡盘，编程原点设在工件左、右端面与主轴轴线的交点上。

(2) 加工步骤

1) 用 G71、G70 指令粗、精加工左端外形轮廓。

2) 用 G71、G70 指令粗、精加工内孔轮廓。

3) 用 G75 指令加工内沟槽。

4) 用 G92 指令加工内螺纹。

5) 调头找正与装夹（以外圆面装夹或以螺纹配合装夹），用 G71、G70 指令粗、精加工外形轮廓。

6) 用 G75 指令加工外沟槽。

7) 用 G90 指令加工内孔。

(3) 基点计算（略）

(4) 选择刀具与切削用量

1) 外圆车刀。粗车时 $n=600\text{r/min}$，$f=0.2\text{mm/r}$，$a_p=1.5\text{mm}$；精车时 $n=1200\text{r/min}$，$f=0.1\text{mm/r}$，$a_p=0.15\text{mm}$。

2) 内孔车刀。粗车时 $n=800\text{r/min}$，$f=0.15\text{mm/r}$，$a_p=1\text{mm}$；精车时 $n=1500\text{r/min}$，$f=0.1\text{mm/r}$，$a_p=0.15\text{mm}$。

3) 内切槽刀。刃宽为 3mm，$n=400\text{r/min}$，$f=0.1\text{mm/r}$。

4) 内螺纹车刀。$n=500\text{r/min}$，$f=1.5\text{mm/r}$。

5) 外切槽刀。刃宽为 3mm，$n=500\text{r/min}$，$f=0.1\text{mm/r}$。

(5) 编写加工程序

```
O3038;                    (加工工件左端)
G99 G40 G21;
T0101;                    (选择 01 号外圆车刀，执行 01 号刀补)
M03 S600;
G00 X82.0 Z2.0 M08;
G71 U1.5 R0.3;            (粗车外圆)
G71 P100 Q200 U0.3 W0.0 F0.2;
N100 G00 X40.5 F0.1 S1200;
     G01 Z0;
     G03 X45.0 Z-2.25 R2.25;
     G01 Z-4.0;
         X48.0;
         X50.0 Z-5.0;
         Z-14.0;
         X76.0;
         X78.0 Z-15.0;
         Z-40.0;
N200 G01 X82.0;
G70 P100 Q200;            (精车左侧外轮廓)
G00 X100.0 Z100.0;
```

```
T0202;                  (选择 02 号内孔车刀，执行 02 号刀补)
M03 S800;
G00 X19.0 Z2.0;
G71 U1.0 R0.3;          (粗车内孔)
G71 P300 Q400 U-0.3 W0.0 F0.2;
N300 G00 X40.5 F0.1 S1500;
     G01 Z0;
     G02 X36.0 Z-2.25 R2.25;
     G01 Z-9.0;
         X30.5;
         X28.5 Z-10.0;
         Z-28.0;
N400 G01 X19.0;
G70 P300 Q400;          (精车左侧内轮廓)
G00 X100.0 Z100.0;
T0303;                  (选择 03 号内切槽刀，执行 03 号刀补)
M03 S400;
G00 X26.0 Z2.0;
    Z-27.0;
G75 R0.3;
G75 X32.0 Z-28.0 P1500 Q1000 F0.1;
G00 Z2.0;
G00 X100.0 Z100.0;
T0404;                  (选择 04 号内螺纹车刀，执行 04 号刀补)
M03 S500;
G00 X26.0
Z-7.0;
G92 X29.0 Z-26.0 F1.5;
    X29.6;
    X29.9;
    X30.0;
G00 Z2.0;
G00 X100.0 Z100.0;
M30;
```

提示：四方刀架无法同时安装 4 把以上加工刀具，此时可将加工程序分段。分段执行内、外轮廓的加工。

```
O3039;                  (加工工件右端)
G99 G40 G21;
T0101;                  (选择 01 号外圆车刀，执行 01 号刀补)
```

```
M03 S600;
G00 X82.0 Z2.0 M08;
G71 U1.5 R0.3;            (粗车外圆)
G71 P100 Q200 U0.3 W0.0 F0.2;
N100 G00 X56.0 F0.1 S1200;
     G01 Z0;
         X58.0 Z-1.0;
         Z-20.0;
         X64.0;
         X66.0 Z-21.0;
         Z-24.0;
         X76.0;
         X78.0 Z-25.0;
N200 G01 X82.0;
G70 P100 Q200;            (精车外圆)
G00 X100.0 Z100.0;
T0202;                    (选择 02 号外切槽刀，刃宽 3mm，执行 02 号刀补)
M03 S500;
G00 X60.0 Z-10.16;
G75 R0.3;                 (加工第一条 T 形槽)
G75 X35.10 Z-12.84 P2500 Q1500 F0.1;
G01 X58.0 Z-8.0;          (分两层切削加工槽右侧斜面)
    X35.10 Z-10.16;
G00 X60.0;
G01 X58.0 Z-6.66;
    X35.10 Z-10.16;
G00 X60.0;
G01 X58.0 Z-15.0;         (分两层切削加工槽左侧斜面)
    X35.10 Z-12.84;
G00 X60.0;
G01 X58.0 Z-16.34;
    X35.10 Z-12.84;
G00 X80.0;
    Z-34.16;
G75 R0.3;                 (加工第二条 T 形槽)
G75 X55.10 Z-36.84 P2500 Q1500 F0.1;
G01 X78.0 Z-32.0;         (分两层切削加工槽右侧斜面)
    X55.10 Z-34.16;
G00 X80.0;
```

```
G01 X78.0 Z-30.66;
    X55.10 Z-34.16;
G00 X80.0;
G01 X78.0 Z-39.0;       (分两层切削加工槽左侧斜面)
    X55.10 Z-36.84;
G00 X80.0;
G01 X78.0 Z-40.34;
    X55.10 Z-36.84;
G00 X80.0;
G00 X100.0 Z100.0;
T0303;                  (选择03号内孔车刀，执行03号刀补)
M03 S600;
G00 X19.0 Z2.0;
G90 X22.0 Z-36.0 F0.2;
    X23.5;
M03 S1500;
G00 X20.0 Z1;
G01 X24.0 Z-1.0 F0.1
    Z-36.0
    X22.0
G00 Z2.0
    X100.0 Z100.0;
M30;
```


3.6 子程序

3.6.1 子程序的概念

(1) 子程序的定义

数控加工程序可以分为主程序和子程序两种。主程序是一个完整的零件加工程序，或是零件加工程序的主体部分。它与被加工零件或加工要求一一对应，不同的零件或不同的加工要求，都有唯一的主程序。

在编制加工程序时，可能会遇到在同一个程序中多次出现同一组程序段，或者在几个程序中用到同一组程序段的情况。这个典型的加工程序可以做成固定程序，并单独加以命名，这组程序段就称为子程序。

子程序一般都不能作为独立的加工程序使用，它只能通过主程序进行调用，实现加工中的局部动作。子程序执行结束后，能自动返回到调用它的主程序中。

(2) 子程序的嵌套

为了进一步简化加工程序，可以允许其子程序再调用另一个子程序，这一功能称为子程序的嵌套。

当主程序调用子程序时，该子程序被认为是一级子程序，FANUC 0*i* 系统中的子程序允许四级嵌套（图 3-75）。

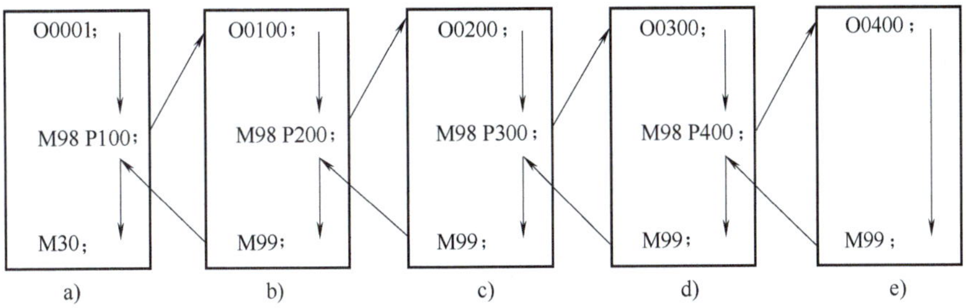

图 3-75 子程序的嵌套

a）主程序 b）一级嵌套 c）二级嵌套 d）三级嵌套 e）四级嵌套

3.6.2 子程序的调用

(1) 子程序的格式

在大多数数控系统中，子程序和主程序并无本质区别。子程序和主程序在程序号及程序内容方面基本相同，仅结束标记不同。主程序用 M02 或 M30 表示其结束，而子程序在 FANUC 0*i* 系统中用 M99 表示结束，并实现自动返回主程序功能，如下述子程序：

```
O3040;
G01 U-1.0 W0;
……
G28 U0 W0;
M99;
```

子程序的结束指令 M99 不一定要单独书写一行，如上面子程序中最后两段可写成“G28 U0 W0 M99”。

(2) 子程序在 FANUC 0*i* 系统中的调用

在 FANUC 0*i* 系列的系统中，子程序的调用可通过辅助功能指令 M98 进行，同时在调用格式中将子程序的程序号地址改为 P，其常用的子程序调用格式有两种：

格式一 M98 P×××× L××××;

例 1 M98 P100 L5;

例 2 M98 P100;

其中，地址 P 后面的四位数字为子程序号，地址 L 后面的数字表示重复调用的次数，子程序号及调用次数前的 0 可省略不写。如果只调用子程序一次，则地址 L 及其后的数字可省略。如例 1 表示调用 O100 子程序 5 次，而例 2 表示调用 O100 子程序 1 次。

格式二 M98 P××××××××;

例 3 M98 P50010;

例 4 M98 P0510;

地址 P 后面的八位数字中，前四位表示调用次数，后四位表示子程序号，采用这种调用格式时，调用次数前的 0 可以省略不写，但子程序号前的 0 不可省略。如例 3 表示调用 O0010 子程序 5 次，而例 4 则表示调用 O0510 子程序 1 次。

子程序的执行过程示例如下：

主程序：

```
O3041;
N10 ……; O0100;
N20 M98 P0100; ….
N30 ……;     M99;
……
……          O0200;
N60 M98 P0200 L2; ……
……                M99;
N100 M30;
```

3.6.3 子程序调用的特殊用法

（1）子程序返回到主程序中的某一程序段

如果在子程序的返回指令中加上 P××指令，则子程序在返回主程序时，将返回到主程序中有程序段段号为××的那个程序段，而不直接返回主程序。其程序格式如下：

M99 P××;

如“M99 P100;”，表示子程序返回到主程序中的 N100 程序段。

（2）自动返回到程序开始段

如果在主程序中执行 M99 指令，则程序将返回到主程序的程序开始段并继续执行主程序。也可以在主程序中插入 M99 P××；用于返回到指定的程序段。为了能够执行后面的程序，通常在该指令前加“/”，以便在不需要返回执行时，跳过该程序段。

（3）强制改变子程序重复执行的次数

用 M99 L××指令可强制改变子程序重复执行的次数，其中 L××表示子程序调用的次数。例如，如果主程序用 M98 P×× L99，而子程序采用 M99 L2 返回，则子程序重复执行的次数为 2 次。

3.6.4 子程序调用编程示例

例 1 试用子程序方式编制如图 3-76 所示软管接头工件右端楔槽的加工程序。

（1）选择加工用刀具

粗加工左端轮廓时，采用图 3-77a 所示机夹式车刀进行加工；加工右端内凹接头轮廓时，采用图 3-77b 所示 35°菱形机夹式车刀进行加工。此外，当进行批量加工时，还可采用特制的成形车刀（图 3-77c）加工。

（2）加工程序

本例中工件的加工程序如下：

```
O3042;                    (子程序调用示例一)
G99 G40 G21;
```

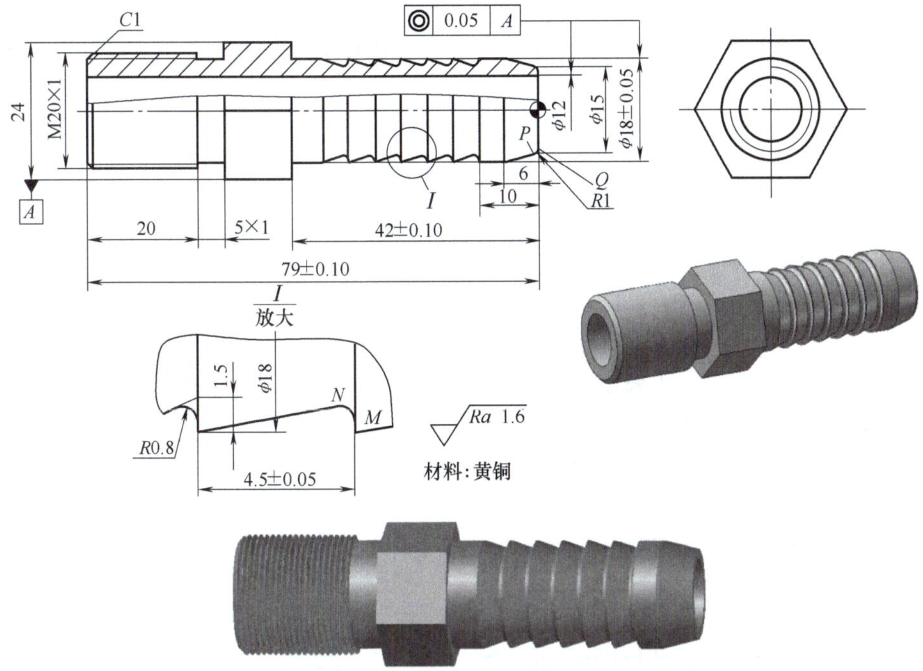

图 3-76　软管接头工件右端楔槽加工示例

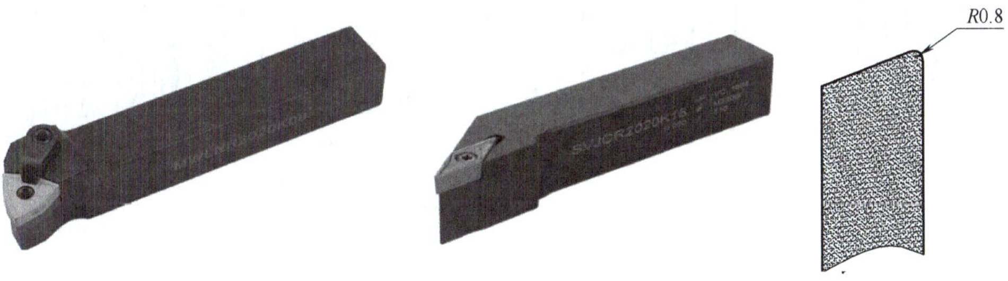

a)　　　b)　　　c)

图 3-77　选择加工用刀具

```
T0101;                  (01 号外圆车刀，执行 01 号刀补)
M03 S800;
G00 X28.0 Z2.0;
G71 U1.5 R0.3;          (粗车外圆表面)
G71 P100 Q200 U0.3 W0 F0.2;
N100 G00 X13.44 F0.05 S1600;
     G01 Z0;
     G03 X15.38 Z-0.76 R1.0;
     G01 X18.0 Z-6.0;
         Z-42.0;
N200 G01 X28.0;
G70 P100 Q200;          (精车外圆)
```

```
G00 X100.0 Z100.0;
T0202;                 （选择 02 号尖形车刀，执行 02 号刀补设，刃宽为 3mm）
M03 S1600;
G00 X20.0 Z-37.0;      （注意循环起点的位置）
G01 X18.0;
M98 P60404;            （调用子程序 6 次）
G00 X100.0 Z100.0;
M30;
O0404;                 （子程序）
G01 U-2.94 W3.67;      （尖形车刀到达车削右端第一槽的起点位置）
G03 U1.60 W0.83 R0.8;
G01 U1.34;             （注意切点的计算）
M99;
```

例 2 试用子程序方式编制如图 3-78 所示活塞杆外轮廓的加工程序。

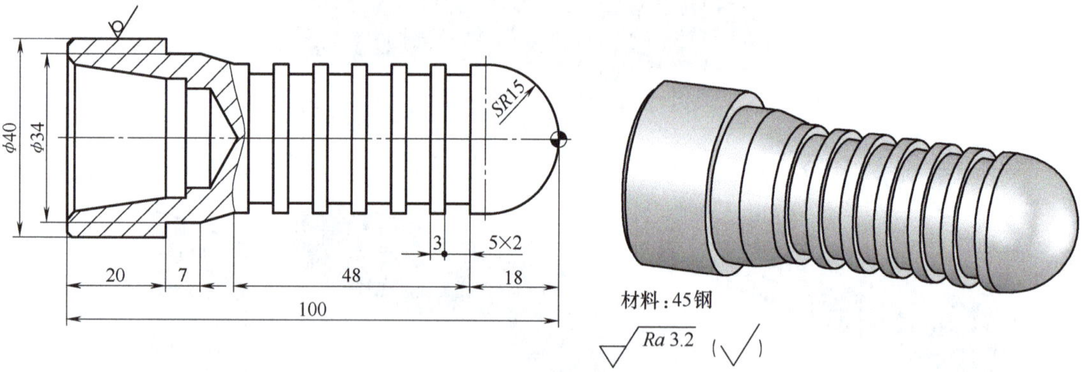

图 3-78 活塞杆外轮廓示例

分析：本例的主要目的是掌握切槽等固定循环在子程序中的运用。

程序如下：

```
O3043;               （子程序调用示例二）
G99 G40 G21;
T0101;               （选择 01 号外圆车刀，执行 01 号刀补）
M03 S800;
G00 X41.0 Z2.0;
G71 U1.5 R0.3;       （粗车外圆表面）
G71 P100 Q200 U0.3 W0 F0.2;
N100 G00 X0 F0.05 S1600;
     G01 Z0;
     G03 X30.0 Z-15.0 R15.0;
     G01 Z-66.0
         X34.0 Z-73.0;
```

```
        Z-80.0;
N200 G01 X41.0;
G70 P100 Q200;          (精车外圆)
G00 X100.0 Z100.0;
T0202;                  (选择 02 号切槽刀，执行 02 号刀补，刃宽为 3mm)
M03 S600;
G00 X31.0 Z-63.0;
M98 P60406;             (调用子程序 6 次)
G00 X100.0 Z100.0;
M30;
O0406;                  (子程序)
G75 R0.3;
G75 U-5.0 W2.0 P1500 Q2000 F0.1;
G01 W8.0 F0.1;
M99;
```

注意事项

1）在编写子程序的过程中，最好采用增量坐标方式，以免出现失误。

2）在刀尖圆弧半径补偿模式中的程序不能被分隔。

程序如下：

```
O1;            (主程序)            O2;          (子程序)
G91……;                             ……;
G41……;                             M99;
M98 P2;
G40……;
M30;
```

在以上程序中，刀尖圆弧补偿模式在主程序中被“M98 P2”分隔而无法执行，在编程过程中应该避免编制这种形式的程序。在有些系统中若出现这种刀尖圆弧半径补偿被分隔的程序，在程序运行过程中还可能出现系统报警。正确的书写格式如下：

```
O1;            (主程序)            O2;          (子程序)
G91……;                             G41……;
……;                                ……;
M98 P2;                            G40……;
M30;                               M99;
```

3.7 典型零件的编程

3.7.1 综合实例一

加工如图 3-79 所示的球头螺纹轴，毛坯尺寸为 ϕ40mm×150mm，材料为 45 钢。

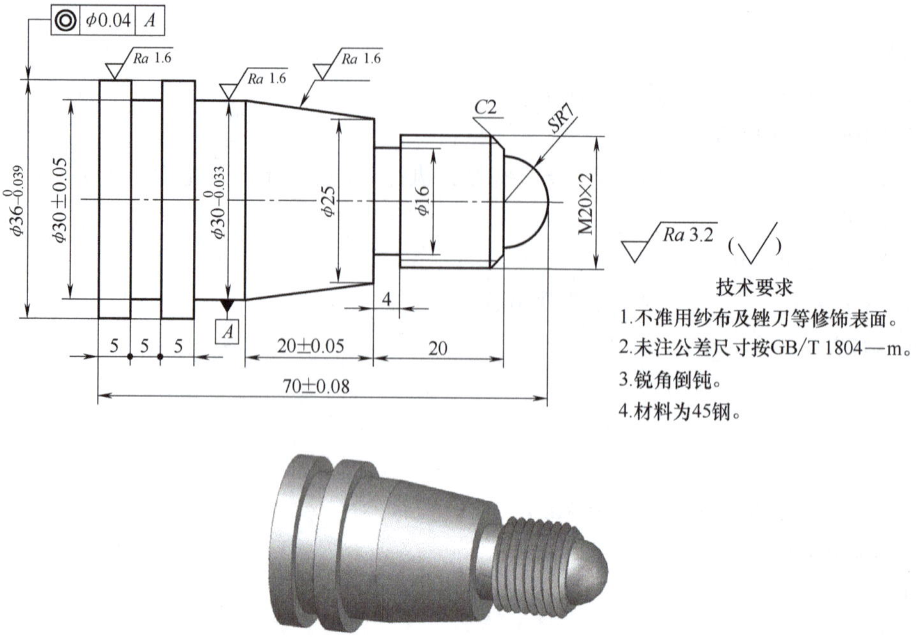

图 3-79　球头螺纹轴加工示例

（1）确定加工工艺

1）工艺分析。根据零件图样，可制订如下加工步骤：

① 夹住毛坯外圆，伸出长度大于 75mm，粗、精加工零件轮廓。

② 用切槽刀加工螺纹退刀槽和宽为 5mm 的槽。

③ 加工 M20×2 螺纹。

④ 切断，保证总长。

2）相关工艺卡片的填写

① 球头螺纹轴数控加工刀具卡见表 3-33。

表 3-33　球头螺纹轴数控加工刀具卡

产品名称或代号		×××	零件名称	球头螺纹轴	零件图号	××
序号	刀具号	刀具规格名称	数量	加工表面	刀尖圆弧半径/mm	备注
1	T01	93°粗车刀	1	工件外轮廓粗车	0.4	—
2	T02	93°精车刀	1	工件外轮廓精车	0.2	—
3	T03	4mm 宽切槽刀	1	槽与切断	—	—
4	T04	60°外螺纹刀	1	螺纹	—	—
编制		审核	批准	年　月　日	共　页	第　页

② 球头螺纹轴数控加工工序卡见表 3-34。

（2）程序编制

1）建立工件坐标系。加工时，夹住毛坯外圆，工件坐标系设在工件右端面轴线上，如图 3-80 所示。

表 3-34　球头螺纹轴数控加工工序卡

单位名称	×××	产品名称或代号	零件名称	零件图号
		×××	球头螺纹轴	××
工序号	程序编号	夹具名称	使用设备	车间
001	×××	自定心卡盘	CK6140	数控

工步号	工步内容	刀具号	刀具规格/mm	主轴转速/(r/min)	进给速度/(mm/min)	背吃刀量/mm	备注
1	粗车外轮廓	T01	20×20	600	150	1.5	—
2	精车外轮廓	T02	20×20	200	100	0.5	—
3	切槽	T03	20×20	300	60	4	—
4	粗、精车螺纹	T04	20×20	800	—	—	—
5	切断	T03	20×20	300	60	4	—
编制		审核	批准	年　月　日		共　页	第　页

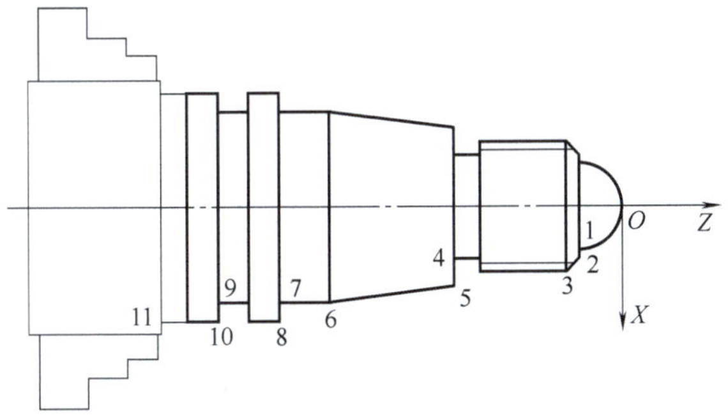

图 3-80　工件坐标系及基点

2）基点的坐标值见表 3-35。

表 3-35　基点坐标值

基点	坐标值(X,Z)	基点	坐标值(X,Z)
0	(0,0)	6	(30.0,-47.0)
1	(14.0,-7.0)	7	(30.0,-55.0)
2	(15.74,-7.0)	8	(36.0,-55.0)
3	(19.74,-9.0)	9	(30.0,-65.0)
4	(16.0,-27.0)	10	(36.0,-65.0)
5	(25.0,-27.0)	11	(36.0,-75.0)

3）轮廓加工参考程序见表 3-36。

螺纹牙型高度 $h=0.5413P=0.5413\times2\text{mm}\approx1.08\text{mm}$

表 3-36　轮廓加工参考程序

参考程序	注释
O3051;	程序名
N10 T0101 S600 M03;	选择 01 号刀，执行 01 号刀补，设置主轴转速和转向

（续）

参考程序	注释
N20 G00 X42.0 Z2.0;	快速到达循环起点
N30 G71 U1.5 R0.5; N40 G71 P50 Q160 U1.0 W0 F0.3;	调用毛坯外圆循环，设置加工参数
N50 G00 X0;	轮廓精加工程序段
N60 G01 Z0 F0.1;	
N70 G03 X14.0 Z-7.0 R7.0;	
N80 G01 X15.74;	
N90 X19.74 Z-9.0;	
N100 Z-27.0;	
N110 X25.0;	
N120 X30.0 Z-47.0;	
N130 Z-55.0;	
N140 X36.0;	
N150 Z-75.0;	
N160 X42.0;	
N170 G00 X100.0 Z50.0;	刀具快速退至换刀点
N180 T0202 S1000 M03;	选择02号刀，执行02号刀补，主轴正转，转速为1000r/min
N190 G00 G42 X42.0 Z2.0;	刀具快速靠近工件
N200 G70 P50 Q160;	采用G70进行精加工
N210 G00 G40 X100.0 Z50.0;	刀具退至换刀点，取消刀尖圆弧半径补偿
N220 T0303 S300 M03;	调用03号刀，执行03号刀补
N230 G00 X30.0 Z-27.0;	快速靠近工件
N240 G01 X16.0 F0.05;	车4mm宽槽
N250 X30.0;	*X*方向退刀
N260 G00 X38.0 Z-64.0;	快速到达5mm槽处
N270 G01 X30.0 F0.05;	车槽
N280 X38.0;	*X*方向退刀
N290 Z-65.0;	*Z*方向进刀
N300 X30.0;	车槽
N310 X38.0;	*X*方向退刀
N320 G00 X100.0 Z50.0;	快速退至换刀点
N330 T0404 S600 M03;	选择04号刀，执行04号刀补，设置主轴转速
N340 G00 X22.0 Z-3.0;	快速移至循环起点
N350 G92 X19.0 Z-24.0 F2.0;	螺纹加工车第一刀
N360 X18.5;	螺纹加工车第二刀
N370 X18.0;	螺纹加工车第三刀
N380 X17.84;	螺纹加工车第四刀
N390 G00 X100.0 Z50.0;	刀具退回换刀点
N400 M30;	程序结束

4）切断参考程序见表 3-37。

表 3-37 切断参考程序

参考程序	注释
O3052;	程序名
N10 T0303 G96 S60 M03;	选择 03 号刀具，执行 03 号刀补
N20 G50 S800;	限制主轴最高转速
N30 G00 X42.0 Z2.0;	快速靠近工件
N40 Z-74.0;	快速到达切断点
N50 G01 X0 F50;	切断
N60 G00 X100.0;	*X* 方向退刀
N70 Z50.0;	*Z* 方向退刀
N80 M05;	主轴停
N90 M30;	程序结束

3.7.2 综合实例二

加工如图 3-81 所示轴承套，毛坯尺寸为 ϕ50mm×60mm，材料为 45 钢。

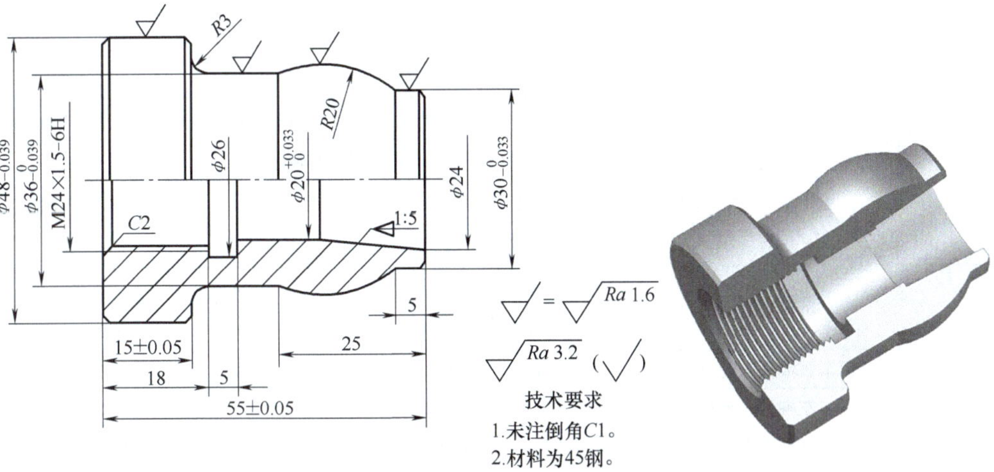

图 3-81 轴承套加工示例

(1) 确定加工工艺

1）工艺分析。该套类零件结构比较复杂，内外尺寸精度、表面加工质量要求比较高。为保证零件的尺寸精度和表面加工质量，编制工艺时，应按粗、精加工分开的原则进行编制。精加工时，零件的内外圆表面及端面，应尽量在一次安装中加工出来。由此，可制订如下加工步骤：

① 夹住毛坯 ϕ50mm 外圆，伸出长度大于 40mm，车削右端面，粗加工右端外圆至 ϕ42mm×40mm。

② 工件掉头装夹 ϕ42mm 外圆，粗、精车左端面，保证总长 56mm，粗、精车外圆至尺寸。手动钻中心孔进行引钻，用 ϕ18mm 麻花钻钻孔，粗、精镗内孔至尺寸。车内沟槽及

M24×1.5 螺纹。

③ 工件掉头装夹 ϕ48mm 外圆（包铜皮）、并用百分表找正，精车右端面及外圆。粗、精镗内锥和 $\phi20^{+0.033}_{0}$mm 内孔。

2）相关工艺卡片的填写。

① 数控加工刀具卡见表 3-38。

表 3-38　轴承套数控加工刀具卡

产品名称或代号		×××		零件名称	轴承套	零件图号	××
序号	刀具号	刀具规格名称		数量	加工表面	刀尖圆弧半径/mm	备注
1	T1	中心钻		1	钻中心孔	—	—
2	T2	ϕ18mm 麻花钻		1	钻孔	—	—
3	T01	90°粗车刀		1	工件外轮廓粗车	0.4	—
4	T02	93°精车刀		1	工件外轮廓精车	0.2	—
5	T03	内孔镗刀		1	粗、精车内孔	0.2	—
6	T04	内沟槽刀		1	加工内沟槽	—	—
7	T05	60°内螺纹刀		1	加工内螺纹	—	—
编制		审核		批准	年　月　日	共　页	第　页

② 数控加工工序卡见表 3-39。

表 3-39　轴承套数控加工工序卡

单位名称		×××	产品名称或代号		零件名称		零件图号	
			×××		轴承套		××	
工序号		程序编号	夹具名称		使用设备		车间	
001		×××	自定心卡盘		CK6140		数控	
工步号	工步内容		刀具号	刀具规格/mm	主轴转速/(r/min)	进给速度/(mm/min)	背吃刀量/mm	备注
1	粗车右端面及轮廓		T01	20×20	600	150	2.0	—
2	粗车左端面及轮廓		T01	20×20	600	150	1.5	—
3	精车左端面及轮廓		T02	20×20	800	100	0.5	—
4	手动钻 ϕ18mm 通孔		T1、T2	—	200	—	—	—
5	粗、精镗内孔		T03	20×20	600	60	0.5	—
6	车内沟槽		T04	20×20	300	50	3	—
7	车内螺纹		T05	20×20	600	900	—	—
8	精车右端面及轮廓		T02	20×20	800	100	0.5	—
9	粗、精镗内锥及内孔		T03	20×20	600	60	0.5	—
编制		审核		批准	年　月　日		共　页	第　页

（2）程序编制

1）粗加工右端面及轮廓。

① 建立工件坐标系。夹住毛坯外圆，加工右端面及轮廓，工件伸出长度大于 40mm。工

件坐标系设在工件右端面轴线上，如图 3-82 所示。

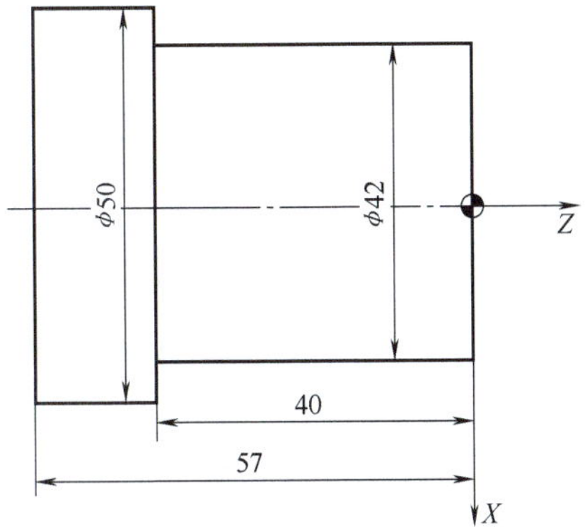

图 3-82　粗车右端面及轮廓的工件坐标系

② 编制加工参考程序见表 3-40。

表 3-40　粗加工右轮廓加工参考程序

参考程序	注释
O3053;	程序名
N10 G40 G98 G97 G21;	设置初始化
N20 T0101 S600 M03;	设置刀具、主轴转速
N30 G00 X52.0 Z0;	快速到达循环起点
N40 G01 X0 F60;	车端面
N50 G00 X46.0 Z2.0;	退刀
N60 G01 Z-40.0 F150;	粗车外圆至 φ46mm
N70 X52.0;	X 方向退刀
N80 G00 Z2.0;	Z 方向退刀
N90 G01 X42.0 F150;	X 方向进刀
N100 Z-40.0;	粗车外圆至 φ42mm
N110 X52.0;	X 方向退刀
N120 G00 X100.0 Z100.0;	快速退至换刀点
N130 M30;	程序结束

2）粗、精车左端面及轮廓与内孔。

① 建立工件坐标系。夹住 φ42mm 外圆，加工左端面及轮廓，粗、精加工内孔，车内沟槽及内螺纹，工件坐标系如图 3-83 所示。

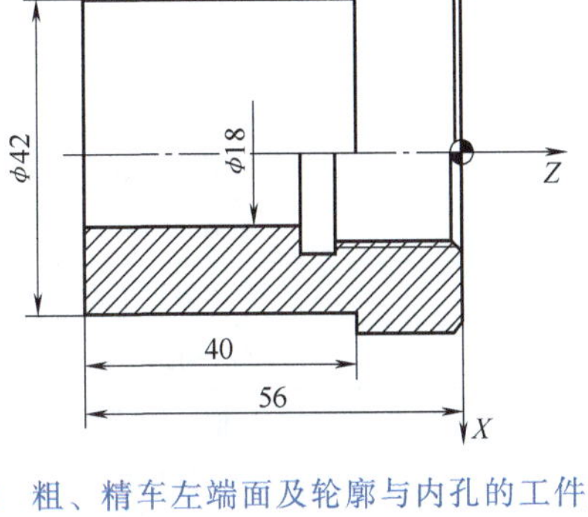

图 3-83　粗、精车左端面及轮廓与内孔的工件坐标系

② 编制加工参考程序（表 3-41）。

M24 内螺纹的牙型高度 $h=0.5413\times1.5\text{mm}\approx0.812\text{mm}$

表 3-41 粗精加工左轮廓及内孔加工参考程序

参考程序	注释
O3054；	程序名
N10 G40 G98 G97 G21；	设置初始化
N20 T0101 S600 M03；	设置刀具、主轴转速
N30 G00 X52.0 Z0.5；	快速到达循环起点
N40 G01 X0 F60；	车端面
N50 G00 X48.5 Z2.0；	退刀
N60 G01 Z-17.0 F150；	粗车 ϕ48mm 外圆
N70 G00 X150.0；	*X* 方向退刀
N80 Z100.0；	*Z* 方向退刀
N90 T0202 S800 M03；	选择 02 号刀，执行 02 号刀补，主轴正转，转速为 800r/min
N100 G00 X52.0 Z0；	快速靠近工件
N110 G01 X0 F60；	精车端面
N120 G00 X46.0 Z2.0；	退刀
N130 G01 Z0 F100；	靠近端面
N140 X48.0 Z-1.0；	倒角 *C*1mm
N150 Z-17.0；	精车 ϕ48mm 外圆
N160 G00 X150.0 Z100.0；	快速退至换刀点
N170 T0303 S600 M03；	选择 03 号刀，执行 03 号刀补，设置主轴转速和转向
N180 G00 X16.0；	*X* 方向靠近工件
N190 Z2.0；	*Z* 方向靠近工件
N200 G71 U0.5 R0.5 F60；	调用 G71 循环指令，设置加工参数
N210 G71 P220 Q260 U-0.2 W0；	
N220 G01 X26.38；	轮廓精加工程序段
N230 Z0；	
N240 X22.38 Z-2.0；	
N250 Z-23.0；	
N260 X16.0；	
N270 G70 P220 Q260；	
N280 G00 X150.0 Z100.0；	退至换刀点
N290 T0404 S300 M03；	选择 04 号刀，执行 04 号刀补
N300 G00 X16.0 Z5.0；	快速靠近工件
N310 Z-23.0；	*Z* 方向进刀
N320 X26.0 F60；	切槽
N330 X16.0；	*X* 方向退刀

（续）

参考程序	注释
N340 Z-21.0;	Z 方向移动
N350 X26.0;	切槽
N360 X16.0;	X 方向退刀
N370 G00 Z5.0;	Z 方向退刀
N380 X100.0 Z50.0;	退至换刀点
N390 T0505 S600 M03;	选择 05 号刀,执行 05 号刀补
N400 G00 X18.0 Z3.0;	快速靠近工件
N410 G92 X22.8 Z-20.0 F1.5;	采用 G92 指令加工内螺纹
N420 X23.3;	
N430 X23.6;	
N440 X23.8;	
N450 X24.0;	
N460 X24.0;	
N470 G00 X100.0 Z100.0;	刀具快速退至换刀点
N480 M05;	主轴停
N490 M30;	程序结束

3）精车右端面及轮廓。

① 建立工件坐标系。夹住 Φ48mm 外圆（用铜皮包住），用百分表找正，精加工右端面及轮廓。工件坐标系设在工件右端面轴线上，如图 3-84 所示。

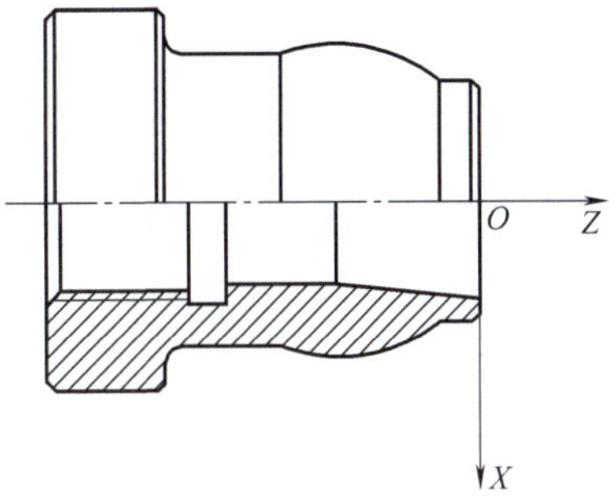

图 3-84　精车右端面及轮廓的工件坐标系

② 编制加工参考程序见表 3-42。

表 3-42　精加工右端面及轮廓加工参考程序

参考程序	注释
O3055;	程序名
N10 G40 G98 G97 G21;	设置初始化
N20 T0202 S800 M03;	选择 02 号刀,执行 02 号刀补,设置主轴转速和转向
N30 G00 X44.0 Z0;	快速到达循环起点

（续）

参考程序	注释
N40 G01 X16.0 F60;	精车端面
N50 G00 X50.0 Z2.0;	退刀
N60 G73 U7.0 W2.0 R5 F100;	调用循环，设置加工参数
N70 G73 P80 Q160 U0.5 W0;	
N80 G01 G42 X28.0 Z0 F100;	轮廓精加工程序段
N90 X30.0 Z-1.0;	
N100 Z-5.0;	
N110 G03 X36.0 Z-25.0 R20.0;	
N120 G01 Z-37.0;	
N130 G02 X42.0 Z-40.0 R3.0;	
N140 G01 X46.0;	
N150 X48.0 Z-41.0;	
N160 X50.0;	
N170 G70 P80 Q160;	
N180 G00 G40 X100.0 Z100.0;	快速退至换刀点，取消刀尖圆弧半径补偿
N190 T0303 S600 M03;	选择 03 号刀，执行 03 号刀补，设置主轴转速和转向
N200 G00 X16.0 Z2.0;	快速靠近工件
N210 G71 U0.5 R0.5 F60;	调用循环，设置加工参数
N220 G71 P230 Q270 U-0.2 W0;	
N230 G00 G42 X24.0;	内孔精加工程序段
N240 G01 Z0;	
N250 X20.0 Z-20.0;	
N260 Z-33.0;	
N270 X16.0	
N280 G70 P230 Q270;	
N290 G00 G40 X100.0 Z100.0	快速退至换刀点
N300 M30	程序结束

3.8 FANUC 0*i* 系统数控车床基本操作

3.8.1 系统控制面板

FANUC 0*i* 系统数控车床的控制面板主要由 CRT 显示器、MDI 键盘和功能软键组成，如图 3-85 所示。MDI 键盘上各键的名称和作用见表 3-43。

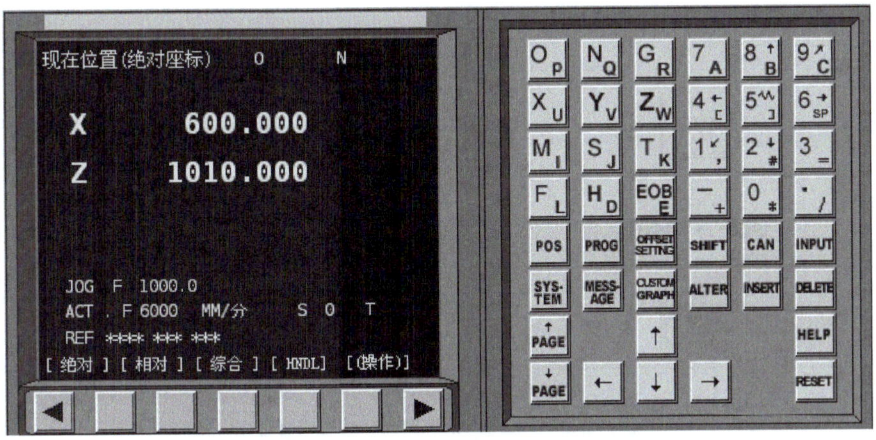

图 3-85　FANUC 0*i* 系统数控车床的控制面板

表 3-43　MDI 键盘上各键的名称和作用

名称	按键图标	作用
复位键		按“RESET”键可使 CNC 复位，用于清除报警等
帮助键		按“HELP”键可用来显示如何操作机床，如 MDI 键的操作，可在 CNC 发生报警时提供报警的详细信息（帮助功能）
功能键	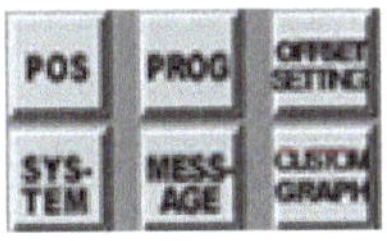	“POS”键是坐标位置显示页面键。位置显示有绝对、相对和综合三种方式，用“PAGE”键选择 “PROG”键是数控程序显示与编辑页面键。在编辑方式下，用于编辑、显示存储器内的程序；在手动数据输入方式下，用于输入和显示数据；在自动方式下，用于显示程序指令 “OFFSET/SETTING”键是参数输入页面键。按一次此键进入坐标系设置页面，再按一次进入刀具补偿参数页面。进入不同的页面以后，用“PAGE”键切换 “SYSTEM”键是系统参数页面键。用来显示系统参数 “MESSAGE”键是信息页面键。用来显示提示信息 “CUSTOM/GRAPH”键是图形参数设置页面键。用来显示图形界面
地址/数字键	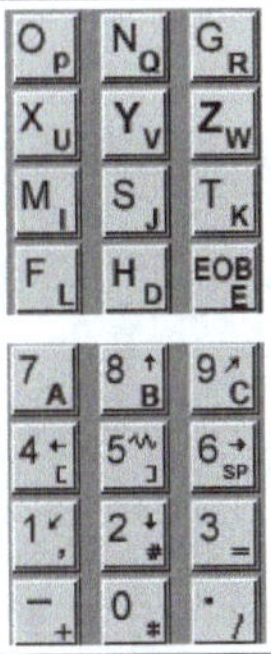	按这些键可输入字母、数字以及其他字符
换挡键		有些键的顶部有两个字符，按“SHIFT”键可以选择字符。当屏幕上显示特殊字符“$\hat{E}$”时，表示界面右下角的字符可以输入
输入键		当按下地址键或数字键后，数据被输入到缓冲器，并在 CRT 显示器上显示出来。为了把输入到缓冲器中的数据复制回寄存器，可以按“INPUT”键。这个键与“INPUT”软键作用相同

（续）

名称	按键图标	作用
取消键	CAN	按“CAN”键可删除已输入到缓冲器里的最后一个字符或符号
编辑键	ALTER INSERT DELETE	“ALTER”键是字符替换键 “INSERT”键是字符插入键 “DELETE”键是字符删除键
光标移动键	↑ ← ↓ →	→:按该键光标向右或前进方向移动 ←:按该键光标向左或倒退方向移动 ↓:按该键光标向下或前进方向移动 ↑:按该键光标向上或倒退方向移动
翻页键	↑ PAGE	↑ PAGE:该键用于在屏幕上向前翻一页
	↓ PAGE	↓ PAGE:该键用于在屏幕上向后翻一页
换行键	EOB E	按该键可结束一行程序的输入并且换行

3.8.2 系统操作面板

如图 3-86 所示为配备 FANUC 0*i* 系统数控车床的操作面板，面板上各按钮的名称和作用见表 3-44。

图 3-86　系统操作面板

表 3-44　系统操作面板上各按钮的名称和作用

名称	按键图标	作用
主轴减速按钮		控制主轴减速
主轴加速按钮		控制主轴加速
主轴手动允许按钮		在手动/手轮模式下,按下该按钮可实现手动控制主轴
主轴停止按钮		在手动/手轮模式下,按下该按钮可使主轴停住
主轴正转按钮		在手动/手轮模式下,按下该按钮可使主轴正转
主轴反转按钮		在手动/手轮模式下,按下该按钮可使主轴反转
超程解除按钮		系统超程解除
手动换刀按钮		在手动/手轮模式下,按下该按钮将手动换刀
X 轴回参考点按钮		在回参考点模式下,按下该按钮 *X* 轴将回参考点
Z 轴回参考点按钮		在回参考点模式下,按下该按钮 *Z* 轴将回参考点
X 轴负方向移动按钮		按下该按钮将使刀架向 *X* 轴负方向移动
X 轴正方向移动按钮		按下该按钮将使刀架向 *X* 轴正方向移动
Z 轴负方向移动按钮		按下该按钮将使刀架向 *Z* 轴负方向移动
Z 轴正方向移动按钮		按下该按钮将使刀架向 *Z* 轴正方向移动
回参考点模式按钮		按下该按钮将使系统进入回参考点模式
手轮 *X* 轴选择按钮		在手轮模式下选择 *X* 轴
手轮 *Z* 轴选择按钮		在手轮模式下选择 *Z* 轴
快速按钮		在手动模式下使刀架移动处于快速模式

（续）

名称	按键图标	作用
自动模式按钮		按下该按钮使系统处于自动模式
手动(JOG)模式按钮		按下该按钮使系统处于手动模式,可手动连续移动机床
编辑模式按钮		按下该按钮使系统处于编辑模式,用于直接通过操作面板输入数控程序和编辑程序
MDI 模式按钮		按下该按钮使系统处于 MDI 模式,手动输入并执行指令
手轮模式按钮		按下该按钮使刀架处于手轮模式
循环保持按钮		在自动模式下,按下该按钮使系统进入保持(暂停)状态
循环启动按钮	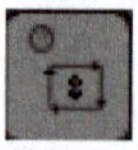	在自动模式下,按下该按钮使系统进入循环启动状态
机床锁定按钮		在手动模式下,按下该按钮将锁定机床
空运行按钮		在自动模式下,按下该按钮将使机床处于空运行状态
跳段按钮		在自动模式下,按下该按钮后,数控程序中的注释符号"/"有效
单段按钮		在自动模式下,按下该按钮后,运行程序时每次执行一条数控指令
进给选择旋钮		此旋钮用来调节进给倍率
手动/手轮进给倍率按钮	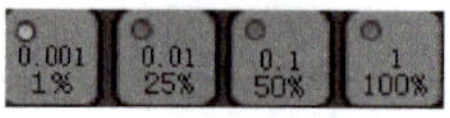	在手动模式下,调整快速进给倍率;在手轮模式下,调整手轮操作时的进给速度倍率
急停按钮		按下急停按钮,机床会立即停止移动,并且所有的输出(如主轴的转动等)都会关闭。该按钮按下后数控车床会被锁住,可以通过旋转进行解锁
手摇脉冲发生器旋钮		在手轮模式下,旋转"手摇脉冲发生器"旋钮,刀架沿指定的坐标轴移动,移动距离大小与手轮进给倍率有关
电源开启		系统电源开启按钮
电源关闭		系统电源关闭按钮

3.8.3　手动操作

开、关机操作

（1）开、关机操作

1）机床起动。打开机床总电源开关→按下控制面板上的“电源开启”按钮 →开启“急停”按钮 （顺时针旋转急停按钮即可开启）。

2）机床关闭。按下“急停”按钮 →按下控制面板上的“电源关闭”按钮 →关闭机床总电源开关。

回参考点操作

（2）回参考点操作

回参考点操作流程如图 3-87 所示。操作步骤如下：

1）按下“回参考点模式”按钮 ，若指示灯亮，则系统进入回参考点模式。

2）为了降低速度，选择小的快速移动倍率。

3）长按“X 轴回参考点”按钮 ，直至刀具回到参考点。刀具以快速移动速度移动到减速点，然后按参数中设定的进给速度（FL）移动到参考点，如图 3-88 所示。当刀具返回到参考点后，返回参考点完成灯（LED）点亮。

4）对 *Z* 轴也执行同样的操作。

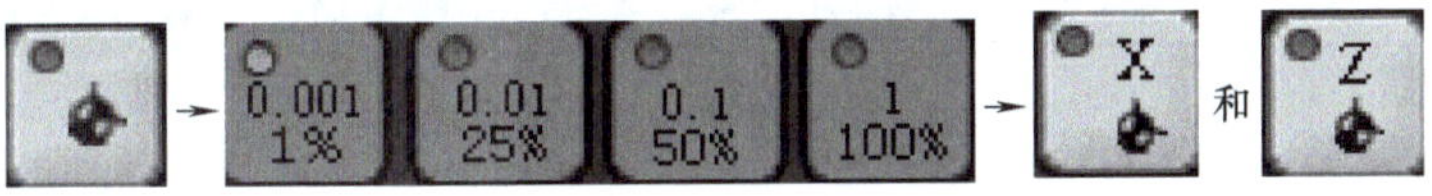

图 3-87　回参考点操作流程

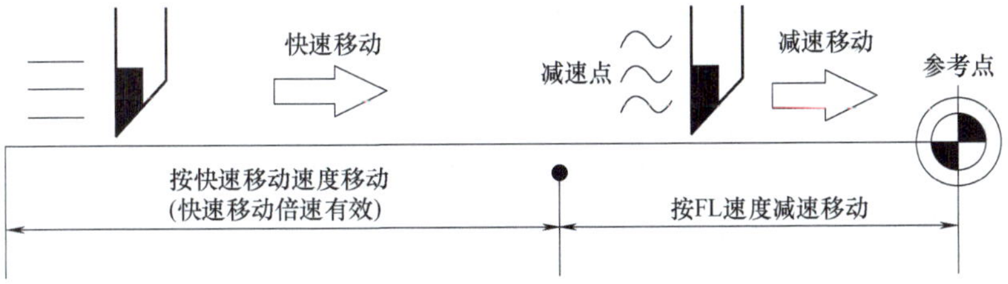

图 3-88　手动回参考点示意图

提示：

① 当滑板上的挡块与参考点开关的距离不足 30mm 时，首先要按下“手动进给” 按钮使滑板向参考点的负方向移动，直至距离大于 30mm 停止点动，然后返回参考点。

② 返回参考点时，为了保证数控车床及刀具的安全，一般要先回 *X* 轴再回 *Z* 轴。

手动进给操作

（3）手动进给（JOG 进给）操作

手动进给操作流程如图 3-89 所示。

操作步骤如下：

1）按下“手动模式”按钮 ，若指示灯亮，则系统进入手动进给模式。

2）按住选定进给轴移动按钮，刀具沿选定坐标轴及选定方向移动，刀具按参数设定的进给速度移动，按钮一释放机床就停止。

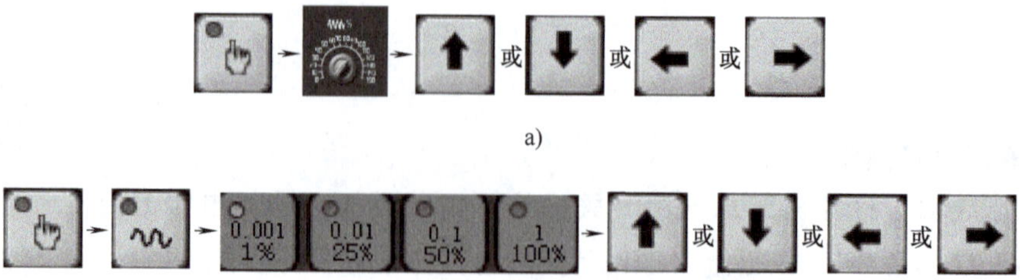

a)

b)

图 3-89　手动进给操作流程

a）手动进给操作流程　b）手动快速进给操作流程

3）手动进给速度可由“进给速度倍率”旋钮调整。

4）若在按下进给轴和方向选择开关的同时按下了“快速移动”按钮，刀具将按快速移动速度运动。在快速移动期间，“快速移动倍率”按钮有效。

（4）手轮进给操作

手轮进给操作流程如图 3-90 所示。

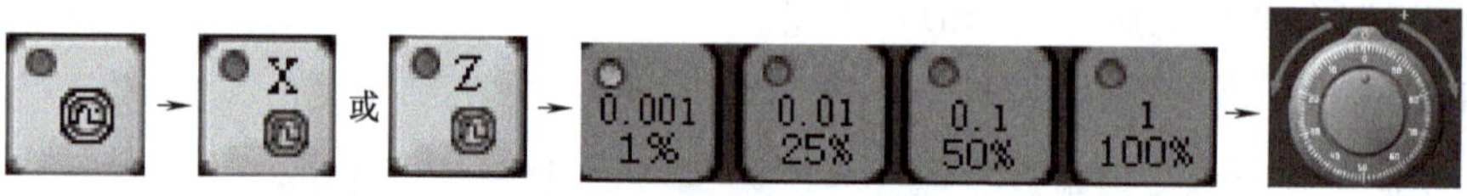

图 3-90　手轮进给操作流程

手轮进给操作

操作步骤如下：

1）按下“手轮模式”按钮，若指示灯亮，则系统进入手轮进给操作模式。

2）选择一个机床要移动的轴。

3）选择合适的手轮进给倍率。

4）旋转“手摇脉冲发生器”旋钮，机床沿选择轴方向移动。360°旋转“手摇脉冲发生器”旋钮，机床移动距离相当于 100 个刻度的距离。

提示：

①“手摇脉冲发生器”旋钮的旋转速度不应大于 5r/s，如果旋转速度大于 5r/s，当不转之后，机床不能立即停止，即机床移动距离可能与手轮的刻度不相符。

② 选择倍率 1（100%）时，快速旋转手轮，机床移动太快，进给速度被设置为快速移动速度，使用时，一定要小心操作，避免发生干涉。

（5）刀架的转位操作

装卸刀具、测量切削刀具的位置以及对工件进行试切削时，都要靠手动操作实现刀架的转位。在 JOG 或手轮模式下，按下“手动换刀”按钮，则回转刀架上的刀架逆时针转动一个刀位。

（6）主轴手动操作

在 JOG 或手轮模式下，可手动控制主轴的正转、反转和停止。手动操作时要使主轴起动，必须用 MDI 模式设定主轴转速。按手动操作按钮、、，控制主轴正转、反转、停止。调节主轴转速修调开关或，对主轴转速进行倍率修调。

(7) 数控车床的安全功能操作

1）急停按钮操作。

① 机床在遇到紧急情况时，应立即按下“急停”按钮，主轴和进给运动全部停止。

② 按下“急停”按钮后，机床被锁住，电动机电源被切断。

③ 当清除故障因素后，可旋转“急停”按钮进行解锁，机床恢复正常操作。

提示：

① 按下“急停”按钮时，机床会产生自锁，但通常可通过旋转“急停”按钮解锁。

② 当排除机床故障，“急停”按钮旋转复位后，一定要进行回参考点操作，然后再进行其他操作。

2）超程释放操作。当机床移动到工作区间极限时会压住限位开关，数控系统会产生超程报警，此时机床不能工作。解除过程如下：

在手动/手轮模式下→按住“超程解除”按钮，同时按住与超程方向相反的进给轴按钮或者用手轮向相反方向转动，使机床脱离极限位置而回到工作区间→按“复位”键。

3.8.4　手动数据输入操作

手动数据输入方式用于在系统操作面板上输入一段程序，然后按下“循环启动”按钮来执行该段程序。

手动数据输入操作

操作步骤如下：

1）按下“MDI 模式”按钮，若指示灯亮，系统进入手动数据输入模式。

2）按下“系统功能”按钮 PROG，液晶屏幕左下角显示“MDI”字样，如图 3-91 所示。

3）输入要运行的程序段。

4）按下“循环启动”按钮，数控车床自动运行该程序段。

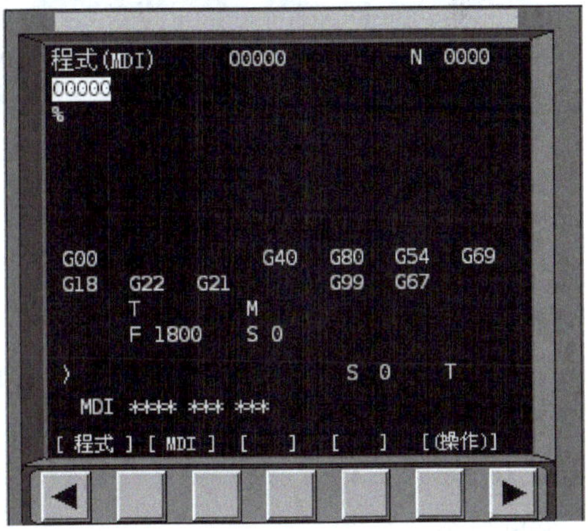

图 3-91　MDI 操作界面

3.8.5　对刀操作

(1) T 指令对刀

用 T 指令对刀，采用的是绝对刀偏法对刀，实质就是使某一把刀的刀位点与工件原点重合时，找出刀架的转塔中心在机床坐标系中的坐标，并将其存储到刀补寄存器中。采用 T 指令对刀前，应注意回一次机床参考点（零点）。

T 指令对刀

对刀步骤如下：

1）在手动模式中，沿 X 轴负方向试车端面，如图 3-92a 所示；试车平整后，沿 X 轴正方向退刀（禁止沿 Z 轴方向移动），主轴停止，如图 3-92b 所示。

2）测量工件长度，计算工件坐标系的零点与试车端面的距离 β。

3）按 MDI 键盘上的“OFFSET/SETTING”键，按“补正”和“形状”软键，进入

图 3-93a 所示的刀具偏置参数界面。

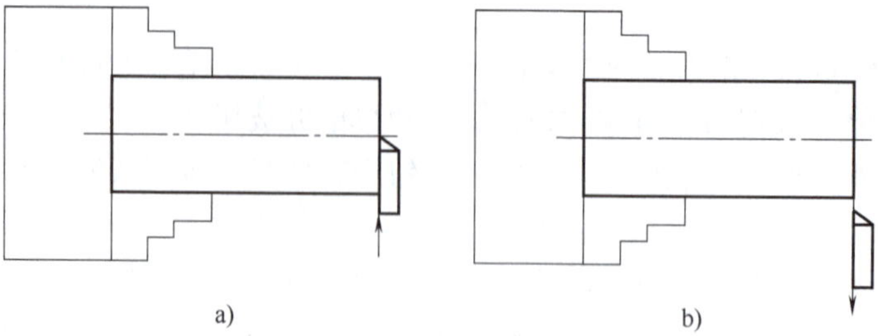

a)　　b)

图 3-92　*Z* 方向对刀

a）沿 *X* 轴负方向试车端面　b）沿 *X* 轴正方向退刀

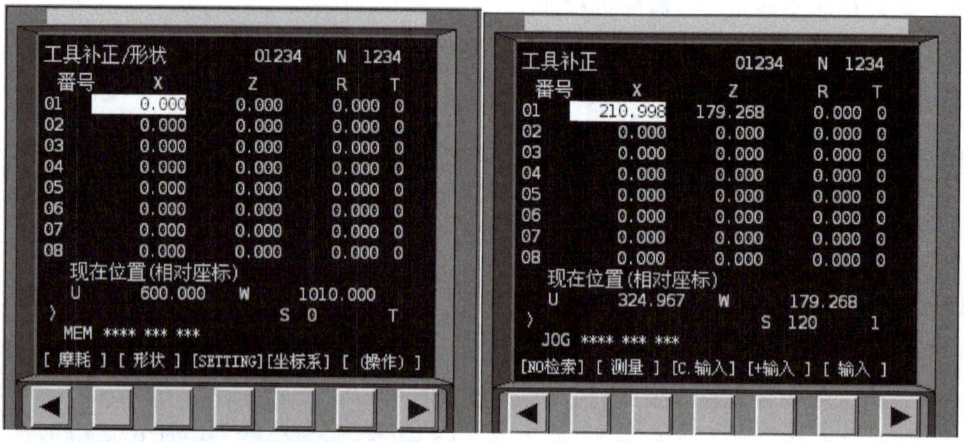

a)　　b)

图 3-93　刀具偏置参数界面

4）移动光标键，选择与刀具号对应的刀补参数，输入“Z_β”。按“测量”软键，系统自动计算 *Z* 方向刀具偏置值并储存，如图 3-93b 所示。

5）沿 *Z* 轴负方向试车工件外圆，试切长度不宜过长，如图 3-94a 所示；试车完成后，沿 *Z* 轴正方向退刀（禁止沿 *X* 轴方向移动），如图 3-94b 所示。停止主轴，测量被车削部分的直径 *D*，输入“X_D”。按“测量”软键，系统自动计算 *X* 方向刀具偏置值并储存，结果如图 3-93b 所示。

6）其他刀具按照相同的设定即可。

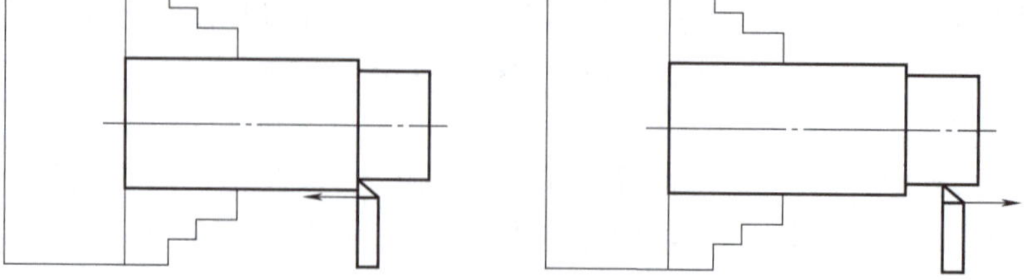

a)　　b)

图 3-94　*X* 方向对刀

a）沿 *Z* 轴负方向试车外圆　b）沿 *Z* 轴正方向退刀

（2）输入车床刀具补偿参数

车床刀具补偿参数包括刀具的摩耗补偿参数和形状补偿参数。

1）输入摩耗补偿参数。刀具使用一段时间后出现磨损，会使产品尺寸产生误差，因此需要对刀具设定摩耗补偿。

操作步骤如下：

① 按 MDI 键盘上的“OFFSET/SETTING”键，进入摩耗补偿参数设定界面，如图 3-95 所示。

② 用 ↑ ↓ 光标键选择所需的番号，并用 ← → 光标键确定所需补偿参数的位置。按数字键，将补偿值输入到输入域中。按“输入”软键或按 INPUT 键，将参数输入到指定区域。按 CAN 键可逐字删除输入域中的字符。

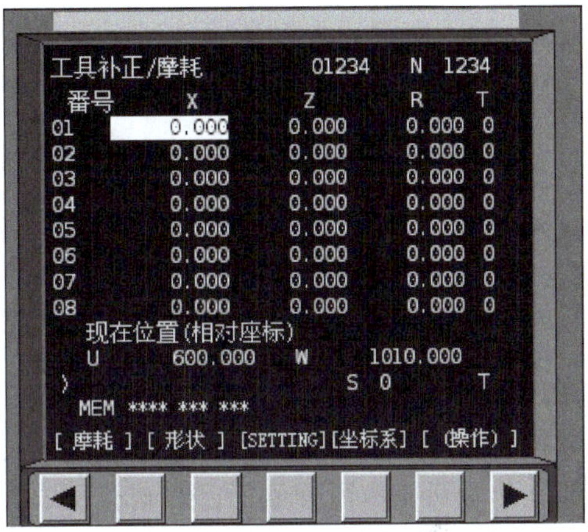

图 3-95　摩耗补偿参数设定界面

2）输入形状补偿参数　按图 3-95 图中的“形状”软键，系统进入形状补偿参数设定界面。如图 3-93a 所示。用 ↑ ↓ 光标键选择所需的番号，并用 ← → 光标键确定所需补偿参数的位置。按数字键，将补偿值输入到输入域中。按“输入”软键或按 INPUT 键，将参数输入到指定区域。按 CAN 键可逐字删除输入域中的字符。

3）输入刀尖圆弧半径和方位号。分别把光标移到 R 或 T 处，按数字键输入刀尖圆弧半径值或刀尖方位号，按“输入”键输入，如图 3-96 所示。

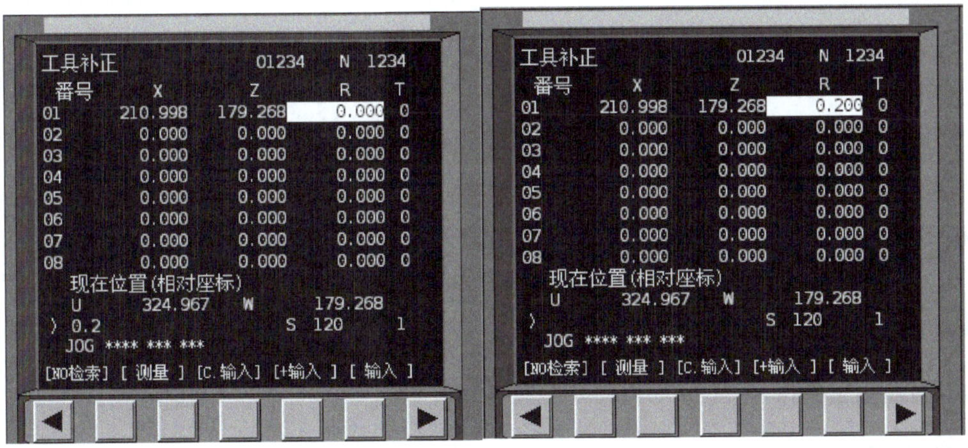

图 3-96　刀尖圆弧半径设定界面

3.8.6　数控程序处理

数控程序处理

（1）编辑程序

数控程序可以直接用 FANUC 0i 系统的 MDI 键盘输入。按下“编辑模式”按钮，编辑状态指示灯变亮，系统进入“编辑”模式。按 MDI 键盘上的 PROG 键，CRT 界面转入编辑页面。选定了一个数控程序后，此程序显示在 CRT 界面上，可对该程序进行编辑操作。

1）移动光标。按 ↑PAGE 和 ↓PAGE 键翻页，按 ↑ ↓ ← → 光标键移动光标。

2）插入字符。先将光标移到所需位置，按 MDI 键盘上的数字/字母键，将字符输入到输入域中，按 INSERT 键，把输入域中的内容插入到光标所在字符后面。

3）删除输入域中的数据。按 CAN 键删除输入域中的数据。

4）删除字符。先将光标移到所需删除字符的位置，按 DELETE 键，删除光标所在位置的字符。

5）查找。输入需要搜索的字母或代码，按 ↓ 光标键，系统开始在当前数控程序中光标所在位置向后搜索（代码可以是一个字母或一个完整的代码，如“N0010”“M”等）。如果此数控程序中有所搜索的代码，则光标将停留在找到的字母或代码处；如果此数控程序中光标所在位置后没有所搜索的字母或代码，则光标将停留在原处。

6）替换。先将光标移到所需替换字符的位置，将替换后的字符通过 MDI 键盘输入到输入域中，按 ALTER 键，用输入域的内容替代光标所在的字符。

（2）数控程序管理

1）选择一个数控程序。数控系统进入程序编辑模式，用 MDI 键盘输入“O×××× ”（“×××× ”为数控程序目录中显示的程序号），按 ↓ 光标键，系统开始搜索，搜索到程序后，程序号“O×××× ”显示在屏幕首行位置，数控程序显示在屏幕上。

2）删除一个数控程序。数控系统进入程序编辑模式，用 MDI 键盘输入“O×××× ”（“×××× ”为要删除的数控程序在目录中显示的程序号），按 DELETE 键，程序即被删除。

3）新建一个数控程序。数控系统进入程序编辑模式，用 MDI 键盘输入“O×××× ”（“×××× ”为程序名，但不可以与已有程序号的重复），按 INSERT 键则程序号被输入，按 EOB E 键，再按 INSERT 键，则程序结束符“;”被输入，CRT 界面上显示一个空程序，可以通过 MDI 键盘输入程序。输入一段代码后，按 EOB E 键，再按 INSERT 键，输入域中的内容显示在 CRT 界面上，光标移到下一行，然后可以进行其他程序段的输入，直到全部程序输完为止。

4）删除全部数控程序。数控系统进入程序编辑模式，用 MDI 键盘输入“O-9999”，按 DELETE 键，全部数控程序即被删除。

3.8.7 自动加工操作

（1）自动/连续方式

1）自动加工流程。检查机床是否回零，若未回零，先将机床回零。导入数控程序或自行编制一段程序。按下“自动模式”按钮，使其指示灯变亮，系统进入自动模式。按下操作面板上的“循环启动”按钮，程序开始自动运行。

2）中断运行。数控程序在运行过程中可根据需要暂停、停止、急停和重新运行。数控程序在运行时，按下“循环保持”按钮，程序停止执行，再按下“循环启动”按钮，程序从暂停位置开始执行。

（2）自动/单段方式

检查机床是否回零，若未回零，先将机床回零。导入数控程序或自行编制一段程序。按下“自动模式”按钮，使其指示灯变亮，系统进入自动模式。按下“单段”按钮，再按下“循环启动”按钮，程序开始执行光标所在行的代码。

提示：

① 用自动/单段方式执行每一行程序均需按下“循环启动”按钮。

② 可以通过“主轴倍率”旋钮和“进给倍率”旋钮来调节主轴旋转的速度和移动的速度。

③ 按RESET键可将程序重置。

（3）检查运行轨迹

执行自动加工前，可通过系统图形显示功能，检查程序加工轨迹，验证程序的对错。

按下“自动模式”按钮，使其指示灯变亮，系统进入自动模式，按 MDI 键盘上的PROG键，单击数字/字母键，输入“O××××”（“××××”为所需要检查运行轨迹的数控程序号），按↓光标键开始搜索，找到后该程序显示在 CRT 界面上。按下CUSTOM GRAPH按钮，进入检查运行轨迹模式，按下操作面板上的“循环启动”按钮，即可观察数控程序的运行轨迹。

第 4 章

SIEMENS 828D 系统数控车床编程与操作

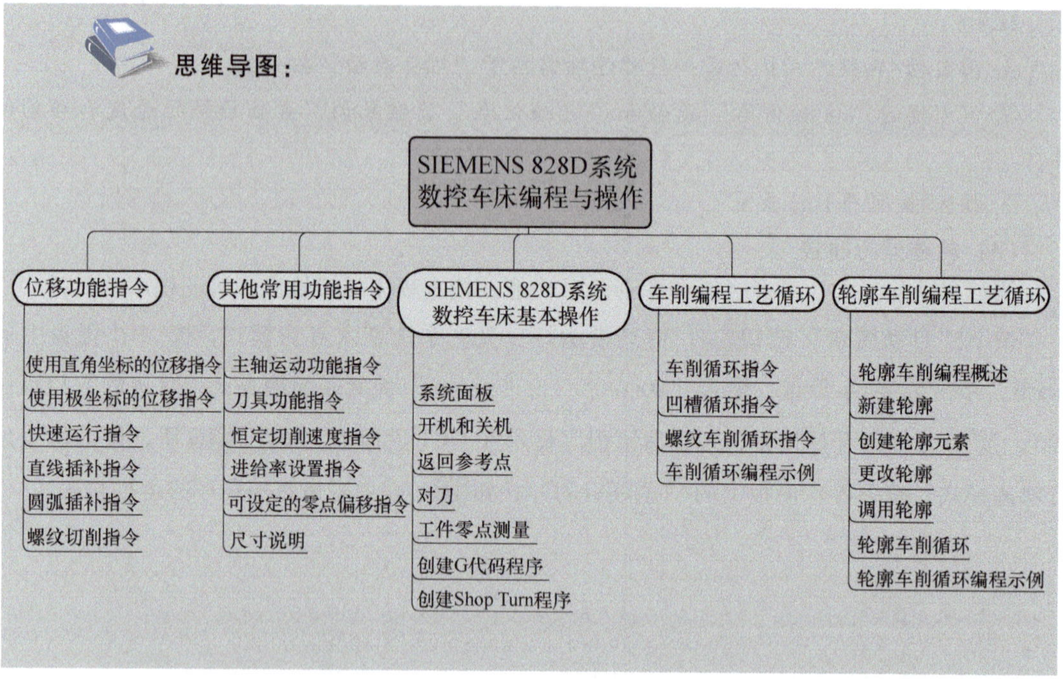

4.1　位移功能指令

SIEMENS 828D 系统数控车床指令主要包括位移功能指令及其他常用功能指令。其中位移功能指令包括使用直角坐标的位移指令、使用极坐标的位移指令、快速运行指令、直线插补指令、圆弧插补指令及螺纹切削指令。

4.1.1　使用直角坐标的位移指令

（1）指令功能

在数控程序段中可以通过 G0 快速运行指令、G1 直线插补指令或者 G2/G3 圆弧插补指令，使刀具运动至用直角坐标给定的位置。

（2）指令格式

G0 X__ Z__;

G1 X__ Z__;

G2 X__ Z__ __;

G3 X__ Z__ __;

(3) 指令说明

G0：激活快速运行的指令。

G1：激活直线插补的指令。

G2：激活顺时针方向圆弧插补的指令。

G3：激活逆时针方向圆弧插补的指令。

X __：*X* 方向上目标位置的直角坐标。

Z __：*Z* 方向上目标位置的直角坐标。

4.1.2 使用极坐标的位移指令

4.1.2.1 极坐标的参考点指令

(1) 指令功能

使用 G110~G112 指令可以确定极坐标的唯一参考点，即该指令后为极坐标下的极点坐标值。

(2) 指令格式

G110/G111/G112 X __ Y __ Z __;

G110/G111/G112 AP = __ RP = __;

(3) 指令说明

G110：使用 G110 指令，使其后坐标以最后一次返回的位置为基准，确定新极点。

G111：使用 G111 指令，使其后坐标以当前工件坐标系零点为基准，确定新极点。

G112：使用 G112 指令，使其后坐标以最后一个有效的极点为基准，确定新极点。

4.1.2.2 使用极坐标的位移指令

(1) 指令功能

当从一个中心点出发确定工件尺寸时，以及当使用角度和半径说明尺寸时，使用极坐标的运行指令就非常方便。

(2) 指令格式

G0/G1/G2/G3 AP = __ RP = __;

(3) 指令说明

G0：激活快速运行的指令。

G1：激活直线插补的指令。

G2：激活顺时针方向圆弧插补的指令。

G3：激活逆时针方向圆弧插补的指令。

AP = __：以极坐标给定的终点坐标，这里指极角。

RP = __：以极坐标给定的终点坐标，这里指极半径。

4.1.3 快速运行指令

(1) 指令功能

快速运行指令用于刀具快速定位、工件绕行、逼近换刀点及退刀等。使用零件程序 RTLIOF 指令来激活非线性插补，而使用 RTLION 指令来激活线性插补。

（2）指令格式

G0 X __ Z __；

G0 AP = __；

G0 RP = __；

RTLIOF；

RTLION；

（3）指令说明

G0：激活快速运行的指令。

X __ Z __：以直角坐标给定的终点坐标。

AP = __：以极坐标给定的终点坐标，这里指极角。

RP = __：以极坐标给定的终点坐标，这里指极半径。

RTLIOF：非线性插补（每个轨迹轴作为单轴插补）。

RTLION：线性插补（轨迹轴共同插补）。

（4）编程示例

如图 4-1 所示，用 G0 指令控制刀具的移动。

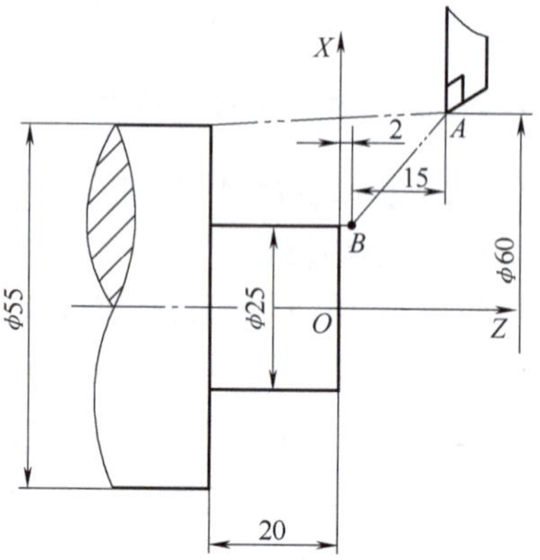

图 4-1　G0 指令应用示例

程序如下：

N10 G90 S400 M03 ；	（绝对尺寸，主轴顺时针旋转）
N20 G0 X25.0 Z2.0 ；	（刀具快速移至起始位置）
N30 G1 G94 Z0 F200 ；	（*Z* 方向进刀，每分钟进给）
N40 G95 Z-20.0 F0.2 ；	（每转进给，直线插补）
N50 X55.0 ；	（直线插补）
N60 G0 X60.0 Z17.0；	（快速退刀至安全点）
N70 M30；	（程序结束）

4.1.4　直线插补指令

（1）指令功能

使用 G1 指令可以让刀具在与轴平行或倾斜的直线方向上运动。

（2）指令格式

G1 X __ Z __ F __；

G1 AP = __ RP = __ F __；

（3）指令说明

G1：线性插补（带进给率的线性插补），模态有效。

X __ Z __：以直角坐标给定的终点坐标。

AP = __：以极坐标给定的终点坐标，这里指极角。

RP = __：以极坐标给定的终点坐标，这里指极半径。

F __：单位为 mm/min 或 mm/r，刀具以进给率 F 从当前起点向编程的目标点直线运行。

（4）编程示例

G1 G95 X25.0 Z-20.0 F0.2；刀具以 0.2mm/r 的进给速度切削至 X、Z 确定的目标点。

4.1.5 圆弧插补指令

SIEMENS 828D 系统提供了一系列不同的方法来编程圆弧运动，以适应各种图样标注尺寸，圆弧运动有以下几种编程方式。

4.1.5.1 给出中心点和终点的圆弧插补

（1）指令功能

使用 G2/G3 指令由圆弧终点直角坐标和圆心直角坐标描述圆弧，控制刀具沿该圆弧运动。

（2）指令格式

G2/G3 X__ Z__ I__ K__；

G2/G3 X__ Z__ I=AC(__)K=AC(__)；

（3）指令说明

G2：顺时针方向的圆弧插补。

G3：逆时针方向的圆弧插补。

X__ Z__：以直角坐标给定的圆弧终点坐标。

I__：*X* 方向上的圆心坐标。

K__：*Z* 方向上的圆心坐标。

=AC（__）：绝对尺寸（逐段有效）。

4.1.5.2 给出半径和终点的圆弧插补

（1）指令功能

使用 G2/G3 指令以圆弧半径 CR 和直角坐标 X、Z 给定的圆弧终点坐标描述圆弧插补。

（2）指令格式

G2/G3 X__ Z__ CR=__；

（3）指令说明

G2：顺时针方向的圆弧插补。

G3：逆时针方向的圆弧插补。

X__ Z__：以直角坐标给定的圆弧终点坐标。

CR=__：圆弧半径，CR 值为正时，角度小于或者等于 180°；CR 值为负时，角度大于 180°。

4.1.5.3 给出张角和中心点或终点的圆弧插补

（1）指令功能

使用 G2/G3 指令以张角 AR 和直角坐标 X、Z 给定的圆弧终点坐标，或者通过地址 I、K 给定的圆心坐标描述圆弧。

（2）指令格式

G2/G3 X__ Z__ AR=__；

G2/G3 I__ K__ AR=__；

（3）指令说明

G2：顺时针方向的圆弧插补。

G3：逆时针方向的圆弧插补。

X __ Z __：以直角坐标给定的圆弧终点坐标。

I __ K __：以直角坐标给定的圆弧圆心坐标（*X*、*Z* 方向）。

AR = __：圆弧张角，取值范围 0°～ 360°。

4.1.5.4 带有极坐标的圆弧插补

（1）指令功能

使用 G2/G3 指令以极角（AP）和极半径（RP）描述圆弧，在这种情况下，极点在圆心，极半径相当于圆弧半径。

（2）指令格式

G2/G3 AP = __ RP = __；

（3）指令说明

G2：顺时针方向的圆弧插补。

G3：逆时针方向的圆弧插补。

AP = __：以极坐标给定的终点坐标，这里指极角。

RP = __：以极坐标给定的终点坐标，此处指极半径，相当于圆弧半径。

4.1.5.5 给出中间点和终点的圆弧插补

（1）指令功能

使用 CIP 指令以地址 I1、K1 给定的圆弧中间点和以直角坐标 X、Z 给定的圆弧终点描述圆弧。

（2）指令格式

CIP X __ Z __ I1 = AC(__) K1 = AC(__)；

（3）指令说明

CIP：通过中间点进行圆弧插补。

X __ Z __：以直角坐标给定的圆弧终点坐标。

I1：在 *X* 方向上的圆弧中间点的坐标。

K1：在 *Z* 方向上的圆弧中间点的坐标。

= AC（ __ ）：绝对尺寸（逐段有效）。

4.1.5.6 带有切线过渡的圆弧插补

（1）指令功能

切线过渡功能是圆弧编程的一个扩展功能，圆弧通过起点和终点以及起点的切线方向来描述，用 G 代码 CT 指令生成一个与先前编程的轮廓段相切的圆弧。

（2）指令格式

CT X __ Z __；

（3）指令说明

CT：切线过渡的圆弧。

X __ Z __：以直角坐标给定的圆弧终点坐标。

4.1.6　螺纹切削指令

（1）指令功能

使用 G33 指令可以切削圆柱螺纹、端面螺纹和圆锥螺纹等类型的带恒定螺距的螺纹，可以给定起点偏移来切削多线螺纹（带有偏移切口的螺纹）。

（2）指令格式

1）圆柱螺纹：

G33 Z__ K__;

G33 Z__ K__ SF=__;

2）端面螺纹：

G33 X__ I__ ;

G33 X__ I__ SF=__ ;

3）圆锥螺纹：

G33 X__ Z__ K__ ;

G33 X__ Z__ K__ SF=__;

G33 X__ Z__ I__;

G33 X__ Z__ I__ SF=__;

（3）指令说明

G33：带恒定螺距的螺纹切削指令。

X__，Z__：以直角坐标给定的螺纹终点坐标。

I__：*X* 方向的螺距。

K__：*Z* 方向的螺距。

圆锥螺纹的螺距，其数据（I__ 或 K__）取决于圆锥角度：小于 45°时，通过 K 给定螺纹螺距（纵向螺纹螺距）；大于 45°时，通过 I 给定螺纹螺距（横向螺纹螺距）；等于 45°时，螺纹螺距可以通过 I 或 K 给定。

SF=__：多线螺纹第二线的偏移角度。

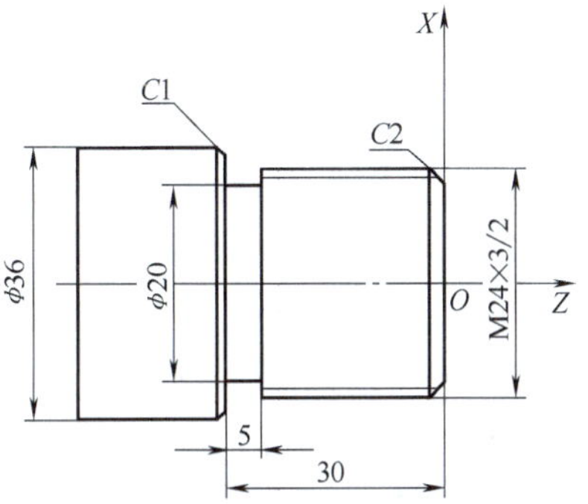

图 4-2　G33 指令加工螺纹

（4）带恒定螺距的螺纹切削编程示例

如图 4-2 所示，编制零件螺纹部分第一刀的加工程序，包括第一线与第二线。

程序如下：

```
N10 G0 G54 X23.0 Z5.0 S500 M3 ;       （零点偏移，回到起点，激活主轴）
N20 G33 Z-28.0 K3.0 ;                 （第一线切削，圆柱螺纹，在 Z 方向的终点）
N30 G0 X26.0 ;                        （X 方向退刀）
N40 G0 Z5.0 ;                         （Z 方向退刀）
N50 G1 X23.0 ;                        （X 方向进刀）
N60 G33 Z-28.0 K3.0 SF=180 ;          （第二线切削，起点偏移 180°）
N70 G0 X26.0 ;                        （X 方向退刀）
```

N80 G0 Z5.0 ;　　　　　　　　　　　（Z 方向退刀）
N90 M30 ;　　　　　　　　　　　　　（程序结束）

4.2　其他常用功能指令

SIEMENS 828D 系统数控车床其他常用功能指令包括主轴运动功能指令、刀具功能指令、恒定切削速度指令、进给率设置指令及可设定的零点偏移指令。

4.2.1　主轴运动功能指令

（1）指令功能

设定主轴转速和旋转方向，可使主轴发生旋转偏移，它是切削加工的前提条件。

除了主主轴，机床上还可以配备其他主轴（比如车床可以配置一个副主轴或驱动刀具），通常情况下，机床数据中的主要主轴被视为主主轴，可通过数控指令更改该指定。

（2）指令格式

S __/S<n>=__;

M3/M<n>=3;

M4/M<n>=4;

M5/M<n>=5;

SETMS［<n>］;

SETMS;

（3）指令说明

S __：主主轴的转速，单位为 r/min。

S<n>=__：主轴<n>转速，单位为 r/min，通过 S0=__设定的转速适用于主主轴。

M3：主主轴顺时针方向旋转。

M<n>=3：主轴<n>顺时针方向旋转。

M4：主主轴逆时针方向旋转。

M<n>=4：主轴<n>逆时针方向旋转。

M5：主主轴停止。

M<n>=5：主轴<n>停止。

SETMS［<n>］：主轴<n>设为主主轴。

SETMS：SETMS 不含主轴指定时，切换回系统定义的主主轴上。

（4）补充说明

1）每个数控程序段最多允许编程 3 个 S 值，比如：S __ S2=__ S3=__。

2）SETMS 必须位于一个独立的程序段中。

（5）编程示例

如图 4-3 所示，S1 是主主轴，S2 是第二工作主轴。现从两面对零件进行加工，先进行工件右侧加工，加工完右侧并切断之后，同步装置（S2）拾取工件，然后进行工件左侧加工，此时，将适用 G95 指令的主轴 S2 定义为主主轴。

主主轴的定义程序如下：

N10 S300 M3;（转速及旋转方向，驱动默认的主主轴，加工工件右侧）

……

N100 SETMS（2）;（设定 S2 为主主轴）

N110 S400 G95 F__;（新的主主轴转速，加工工件左侧）

……

N160 SETMS;（返回到系统定义的 S1 主主轴）

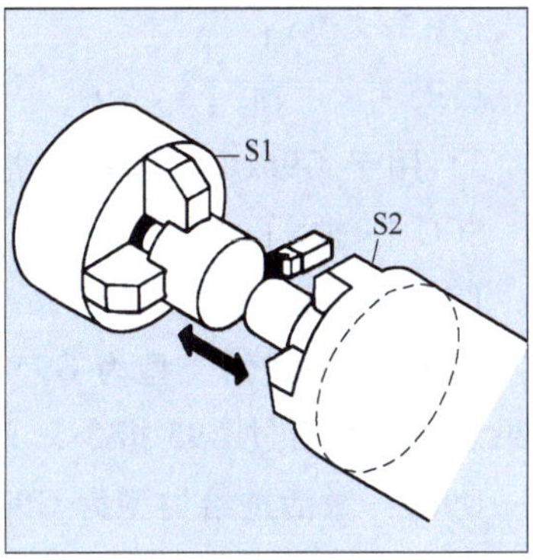

图 4-3 主主轴

4.2.2 刀具功能指令

（1）指令功能

T 功能指令用于在车床上的转塔刀库中进行换刀，完成查找并更换刀具工作。

（2）指令格式

1）刀具选择：

T<编号>;

T=<编号>;

T<n>=<编号>;

2）取消选择刀具：

T0;

T0=<编号>;

3）刀具补偿：

D<编号>;

D=<编号>;

（3）指令说明

T：进行刀具选择的指令。

<n>：主轴编号作为扩展地址，能否将主轴编号作为扩展地址进行编程，取决于机床的配置。

<编号>：在 T 后面为刀具编号，取值范围：0~32000；在 D 后为刀具补偿值编号。

T0：取消已激活刀具的指令。

D：激活刀具补偿值的指令。

（4）编程示例

N10 T1 D1;（换入刀具 T1 并激活刀具补偿 D1）

……

N70 T0;（取消选择刀具 T1）

……

4.2.3 恒定切削速度指令

（1）指令功能

恒定切削速度功能激活时，主轴转速会根据相关的工件直径不断发生改变，使得切削刀上的切削速度 S（单位为 m/min 或 in[1]/min）保持恒定。

（2）指令格式

1）启用/取消主主轴恒定切削速度：

G96/G961/G962 S __;

G97/G971/G972/G973 ;

2）主主轴转速限值：

LIMS=<值>;

LIMS [<主轴>]=<值>;

3）用于 G96/G961/G962 指令下的其他基准轴指定：

SCC [<轴>];

（3）指令说明

G96：激活进给类型为 G95 时的恒定切削速度。G96 指令编程时，G95 指令自动激活；如果之前未激活过 G95 指令，必须在调用 G96 指令时指定新的进给值 F。

G961：激活进给类型为 G94 时的恒定切削速度。

G962：激活进给类型为 G94 或 G95 时的恒定切削速度。

当 S 和 G96、G961 指令或 G962 指令一起编程时，它会被视为切削速度，而不是主轴转速。切削速度总是在主主轴上生效，单位为 m/min（G71/G710）或 in/min（G70/G700），S 取值范围为 0.1~99999999.9m/min。

G97：进给类型为 G95 时取消恒定切削速度，G97 指令或 G971 指令后的 S 重新被视为主轴转速，单位为 r/min，如果没有指定新的主轴转速，则将保留 G96 指令或 G961 指令指定的最后一个转速。

G971：进给类型为 G94 时取消恒定切削速度。

G972：进给类型为 G94 或 G95 时取消恒定切削速度。

G973：取消恒定切削速度，不激活主轴转速限值。

主主轴转速限值（仅在 G96/G961/G97 指令激活时生效）在不可进行主主轴切换的机床上，在一个程序段中最多可为 4 个主轴编程不同的极限值。

<主轴>：主轴编号。

LIMS：主轴转速上限，单位 r/min。

SCC：G96/G961/G962 指令有效时，可通过 SCC [<轴>] 将任意几何轴指定为基准轴。

（4）编程示例

N10 SETMS (3);

N20 G96 S100 LIMS = 2500;　　（恒定切削速度为 100m/min，最大转速为 2500r/min）

…

N60 G97 G90 X0 Z10 F8 S100 LIMS=444;（最大转速为 444r/min）

[1] 1in=25.4mm。

4.2.4　进给率设置指令

（1）指令功能

使用 G93/G94/G95 指令可以在数控程序中为所有参与加工工序的轴设置进给率。

（2）指令格式

G93/G94/G95；

F __；

FGROUP（<轴 1>，<轴 2>，__）；

FGREF［<回转轴>］=<参考半径>；

FL［<轴>］=<值>；

（3）指令说明

G93：反比时间进给，指在一个程序段内执行运行指令所需要的时间，单位为 1/min。

G94：每分钟进给，单位为 mm/min 或 in/min。

G95：每转进给，单位为 mm/r 或 in/r。

F：参与运行的几何轴的进给速度，G93/G94/G95 指令设置的单位有效。

FGROUP：使用 F 编程的进给速度适用于所有在 FGROUP 下设定的轴（几何轴/回转轴）。

FGREF：使用 FGREF 为每个在 FGROUP 下设定的回转轴设置有效参考半径 r。

FL：同步轴/轨迹轴速度限值，通过 G94 指令设置的单位有效，每根轴（通道轴、几何轴或定向轴）可以编程一个 FL 值。

<轴>：必须使用基准坐标系的轴标识符。

4.2.5　可设定的零点偏移指令

（1）指令功能

可设定的零点偏移指令是指在轴上依据基准坐标系的零点设置工件零点，将工件零点在基准坐标系中的值存储到可设定的零点偏移存储器中。编程时通过可设定的零点偏移指令（G54～G57 和 G505～G599）调用该零点。在零点偏移的应用中，工件零点和基准零点之间的关系如图 4-4 所示，点 *M* 为机床坐标系原点，点 *W* 为工件坐标系原点。

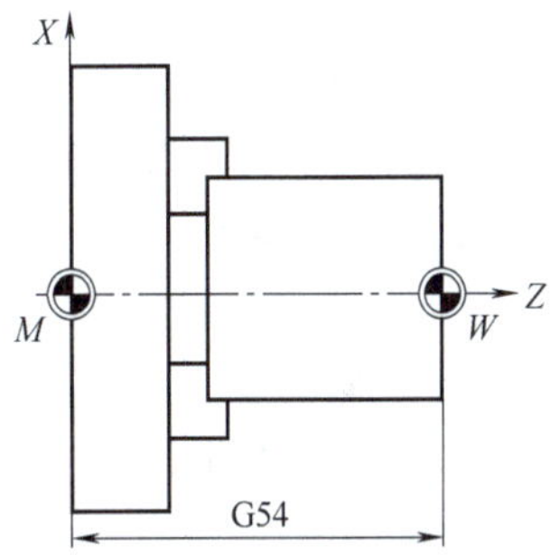

图 4-4　零点偏移

（2）指令格式

1）激活可设定的零点偏移：

G54；

……

G57；

G505；

……

G599；

2）关闭可设定的零点偏移：

G500;

G53;

G153;

SUPA ;

(3) 指令说明

G54~G57：调用第1~4个可设定的零点偏移。

G505~G599：调用第5~99个可设定的零点偏移，关闭当前可设定的零点偏移。

G500：关闭当前可设定的零点偏移。

G500=0：G500设置等于零时，关闭可设定的零点偏移直至下一次调用，激活整体基准框架。

G500≠0：G500设置不等于零时，激活第一个可设定的零点偏移，并激活整体基准框架，或将可能修改过的基准框架激活。

G53：抑制逐段生效的可设定零点偏移和可编程零点偏移。

G153：G153指令的作用和G53指令一样，此外它还抑制整体基准框架。

SUPA：SUPA像G153指令一样生效，此外它还抑制手轮偏移（DRF）、叠加运动、外部零点偏移及预设定偏移。

4.2.6 尺寸说明

大多数数控程序的基础部分是一份带有具体尺寸的工件图样，其尺寸可以是绝对尺寸或增量尺寸，尺寸单位可以是mm或in，尺寸表达方式可以是半径或直径（旋转件），为了能使图样中的尺寸数据直接被数控程序接受，针对不同的情况，系统为用户提供了专用的编程指令。

4.2.6.1 绝对尺寸

(1) 指令功能

在绝对尺寸中，位置数据总是取决于当前有效坐标系的零点，即对刀具应当运行到的绝对位置进行编程。模态有效的绝对尺寸可以使用G90指令进行激活，它会针对后续数控程序中写入的所有轴生效。逐段有效的绝对尺寸，在默认的增量尺寸（G91）中，可以借助AC指令为单个轴设置逐段有效的绝对尺寸。

(2) 指令格式

G90;

<轴>=AC（<值>）;

(3) 指令说明

G90：用于激活模态有效绝对尺寸的指令。

AC：用于激活逐段有效绝对尺寸的指令。

<轴>：待运行轴的轴名称。

<值>：待运行轴的绝对给定位置。

(4) 编程示例

如图4-5所示零件，其精加工程序如下：

N5 T1 D1 S2000 M3;　　　　（选择刀具T1，并激活刀具补偿D1，主轴顺时针

旋转，转速为 2000r/min）
N10 G0 G90 X11.0 Z1.0 ;　［输入绝对尺寸，快速移动到位置（X11.0，Z1.0）］
N20 G95 G1 Z-15.0 F0.2 ;　（每转进给，直线插补）
N30 G3 X11.0 Z-27.0 I=AC（-5.0）K=AC（-21.0）;　（逆时针方向圆弧插补，绝对尺寸中的圆弧终点和圆心坐标）
N40 G0 X50.0;　（X 方向快速退刀）
N50 Z10.0;　（Z 方向快速退刀）
N60 M30;　（程序结束）

4.2.6.2　增量尺寸

（1）指令功能

在增量尺寸中，位置数据取决于上一个运行到的点，即增量尺寸编程用于说明刀具的运行距离。模态有效的增量尺寸，可以使用 G91 指令进行激活，它会针对后续数控程序中写入的所有轴生效。逐段有效的增量尺寸，在默认的绝对尺寸（G90）中，可以借助 IC 指令为单个轴设置逐段有效的增量尺寸。

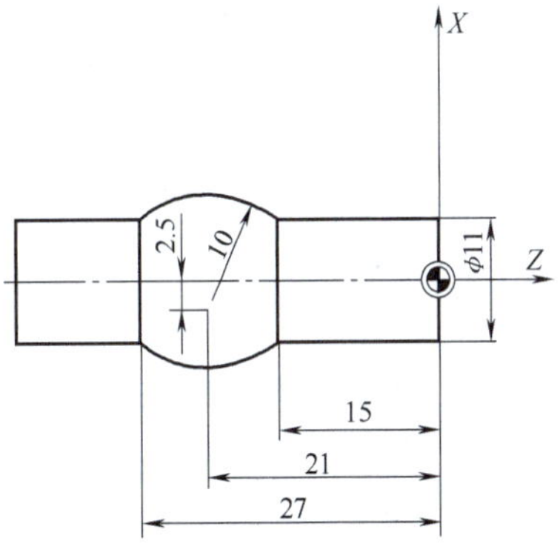

图 4-5　绝对尺寸和增量尺寸

（2）指令格式

G91;
<轴>=IC（<值>）;

（3）指令说明

G91：用于激活模态有效增量尺寸的指令。
IC：用于激活逐段有效增量尺寸的指令。
<轴>：待运行轴的轴名称。
<值>：待运行轴的增量尺寸给定位置。

（4）编程示例

图 4-5 所示零件的精加工程序也可以编写如下：
N5 T1 D1 S2000 M3;　（选择刀具 T1，并激活刀具补偿 D1，主轴顺时针旋转，转速为 2000r/min）
N10 G0 G90 X11.0 Z1.0;　［绝对尺寸编程，快速移动到位置（X11.0，Z1.0）］
N20 G91 G95 G1 Z-16.0 F0.2;　（增量坐标，每转进给，直线插补，Z 方向进刀）
N30 G3 X0 Z-12.0 I=IC（-8.0）K=IC（-6.0）;　（逆时针方向圆弧插补、增量尺寸中的圆弧终点坐标、增量尺寸中的圆心坐标）
N40 G90 G0 X50.0;　（X 方向快速退刀）
N50 Z10.0;　（Z 方向快速退刀）

N60 M30;　　　　　　　　　　　　　　　　　（程序结束）

4.2.6.3 英制尺寸或米制尺寸

（1）指令功能

使用 G70/G700 指令、G71/G710 指令可在米制尺寸系统和英制尺寸系统间进行切换。

（2）指令格式

G70/G71;

G700/G710;

（3）指令说明

1）G70：激活英制尺寸系统。在英制尺寸系统中读取和写入与长度相关的几何数据，在设置的基本系统中读取和写入与长度相关的工艺数据，比如进给率、刀具补偿、设定零点偏移以及机床数据和系统变量。

2）G71：激活米制尺寸系统。在米制尺寸系统中读取和写入与长度相关的几何数据，在设置的基本系统中读取和写入与长度相关的工艺数据，比如进给率、刀具补偿、设定零点偏移以及机床数据和系统变量。

3）G700：激活英制尺寸系统。在英制尺寸系统中读取和写入所有与长度相关的几何数据和工艺数据。

4）G710：激活米制尺寸系统。在米制尺寸系统中读取和写入所有与长度相关的几何数据和工艺数据。

4.2.6.4 直径/半径编程

（1）指令功能

车削时用于设定端面轴的尺寸以直径方式还是以半径方式编程，可以通过模态有效的指令（DIAMON、DIAM90、DIAMOF 和 DIAMCYCOF）激活直径或半径编程，以便使数控程序直接采用技术图样上的尺寸数据，而无须换算。

（2）指令格式

DIAMON;

DIAM90;

DIAMOF;

DIAMCYCOF;

（3）指令说明

1）DIAMON：激活独立的通道专用的直径编程的指令。DIAMON 的作用与所编程的尺寸模式（绝对尺寸 G90 指令或增量尺寸 G91 指令）无关，使用 G90 指令时为直径尺寸，使用 G91 指令时也为直径尺寸。

2）DIAM90：激活不独立的通道专用的直径编程的指令。DIAM90 的作用取决于所编程的尺寸模式，使用 G90 指令时为直径尺寸，使用 G91 指令时为半径尺寸。

3）DIAMOF：关闭通道专用的直径编程指令。关闭直径编程后，通道专用的半径编程生效。DIAMOF 的作用与所编程的尺寸模式无关，使用 G90 指令时为半径尺寸，使用 G91 指令时也为半径尺寸。

4）DIAMCYCOF：循环处理期间用于关闭通道专用直径编程的指令。循环处理期间，该指令生效后，在循环中可始终以半径方式进行计算。

4.3　SIEMENS 828D 系统数控车床基本操作

4.3.1　系统面板

4.3.1.1　SIEMENS 828D 系统控制面板

SIEMENS 828D 系统控制面板如图 4-6 所示。

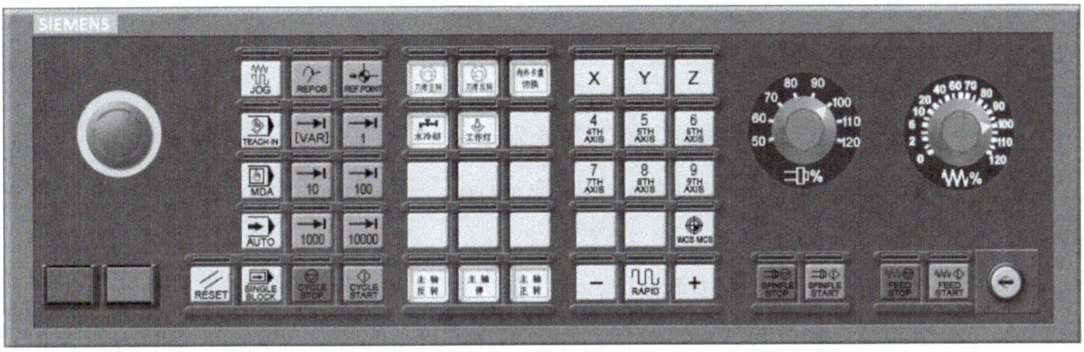

图 4-6　SIEMENS 828D 系统控制面板

控制面板中，主要按键功能如下：

1）运行方式。在“JOG”运行方式下，可以手动运行刀架，启动主轴，为机床在自动方式下执行程序做准备，即测量刀具、测量工件以及定义程序中使用的零点偏移等。

2）运行方式。“REF. POINT”运行方式用于刀架返回参考点，使控制系统和机床同步。

3）运行方式。“REPOS”运行方式用于在定义位置上的再定位。在程序中断后（如进行刀具磨损值的补偿），在“JOG”运行方式下运行刀具离开轮廓，用“REPOS”运行方式回到原来的位置。

4）运行方式。在“MDA”运行方式下，可以用程序段方式输入和执行 G 代码指令，以便设置机床或执行单个操作。

5）运行方式。在“AUTO”运行方式下，可以自动执行完整或部分程序。

6）运行方式。在“AUTO”和“MDA”运行方式中提供“TEACH IN”子运行方式。在“TEACH IN”子运行方式下，可以通过返回和保存位置，创建、修改或者执行一些用于运行过程或者简单工件的零件程序（主程序或者子程序）。

7）“复位”键。该键用于中断当前程序的处理，删除报警。

8）“单程序段”键。在“AUTO”运行方式下，按“单程序段”键，将打开/关闭单程序段模式。

9）“循环启动”键。在“AUTO”和“MDA”运行方式下，按“循环启动”键，系统开始执行程序。

10）“循环停止”键。在程序执行过程中，按“循环停止”键，系统停止执行程序。

11）可变增量进给模式。在“JOG”运行方式下，系统坐标轴以可变增量运行，其增量可根据需要进行设置。

12）~“增量进给选择”按钮。在“JOG”运行方式下，通过“增量进给选择”按钮，选择坐标轴运行所需增量，可设定的增量值为 0.001mm、0.01mm、0.1mm、1mm 及 10mm。

13）“快速运行”键。按下“快速运行”键再按方向键时，可快速移动坐标轴。

14）“坐标系切换”键。按下该键可在工件坐标系（WCS）和机床坐标系（MCS）之间切换。

15）“主轴锁止”键。按下该键，在任何方式下，主轴不能启动。

16）“主轴启用”键。按下该键，在“AUTO”“JOG”或“MDA”运行方式下，主轴可以启动。

17）“进给锁止”键。按下该键，在任何方式下，进给轴不能驱动。

18）“进给启用”键。按下该键，在“AUTO”“JOG”或“MDA”运行方式下，可以进行进给轴驱动，可使进给轴加速到程序指定的进给率运行。

4.3.1.2 系统操作面板

SIEMENS 828D 系统操作面板如图 4-7 所示。

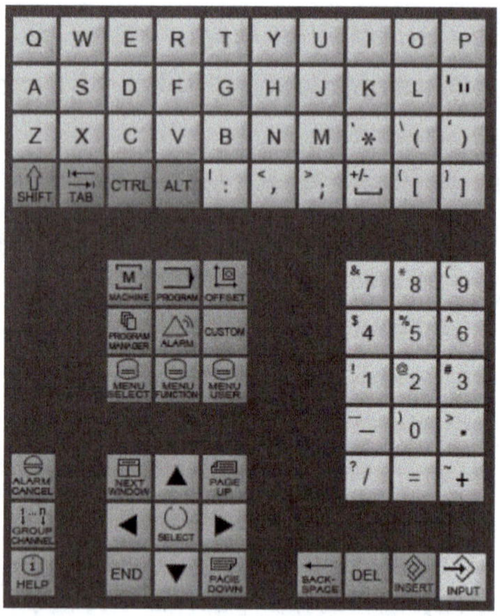

图 4-7 SIEMENS 828D 系统操作面板

操作面板中，主要按键功能如下：

1）“加工操作区域”键：调用“加工”操作区域。

2）“菜单选择”键：返回主菜单，选择操作区域。

3）“程序管理操作区域”键：只限 OP 010 和 OP 010C，调用“程序管理器”操作区域。

4）“参数操作区域”键：只限 OP 010 和 OP 010C，调用“参数”操作区域。

5）“程序操作区域”键：只限 OP 010 和 OP 010C，调用“程序”操作区域。

6）“报警操作区域”键：只限 OP 010 和 OP 010C，调用“诊断”操作区域。

7）“插入”键：在“插入”模式下打开编辑栏，再次按下此键，退出编辑栏，撤销输入。

8）“输入”键：完成输入栏中值的输入。

9）“选择转换”键：在下拉列表和下拉菜单中切换多个选项。

10）“报警取消”键：删除带此符号的报警和显示信息。

11）“通道切换”键。

12）帮助键：“上下文在线帮助调用”键。

13）“窗口切换”键。

4.3.2　开机和关机

（1）开机

合上电源开关，拔出“急停”按钮，开机显示界面如图 4-8 所示。

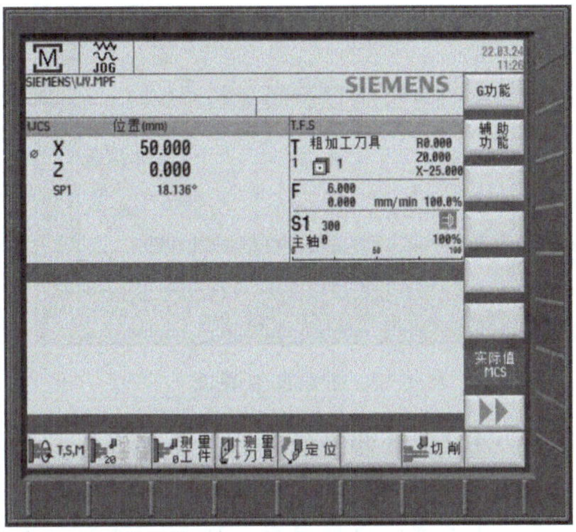

图 4-8　开机显示界面

（2）关机

按下“急停”按钮，再断开电源开关。

4.3.3　返回参考点

机床可以装配绝对的或增量的行程测量系统，配备增量行程测量系统的轴在打开控制系统之后必须返回参考点。在返回参考点之前，轴必须位于能够安全、无碰撞地返回参考点的位置。操作步骤如下：

1）按下键，通过按“-”或“+”键将轴移至安全位置。

2）按下键。

3）选择待返回参考点的 X 轴或 Z 轴。

4）按“-”或“+”键，所选的轴返回到参考点。

4.3.4　对刀

运行零件程序时必须考虑加工刀具的几何数据，这些数据作为刀具补偿数据保存在刀具列表中，每次调用刀具时，控制系统自动将该刀具的补偿数据计算在内，而在编写零件程序时，只需输入加工图样中的工件尺寸，控制系统会自动计算各个刀具的轨迹。刀具的几何数据是由测量刀具得到的，测量刀具的步骤如下：

1）选择 M 加工操作区，在该操作区中选择“JOG”运行方式，如图 4-9 所示。

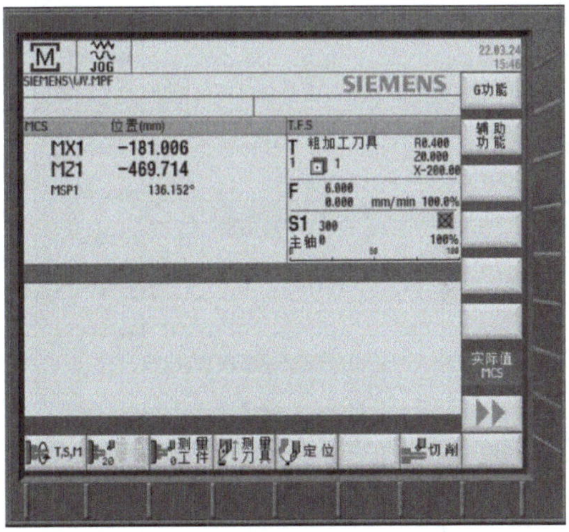

图 4-9　M 加工操作区

2）按下界面下方的“测量刀具”软键。

3）按下界面右侧的“手动”软键，显示如图 4-10 所示界面。

4）按下“选择刀具”软键，打开刀具选择界面，如图 4-11 所示。

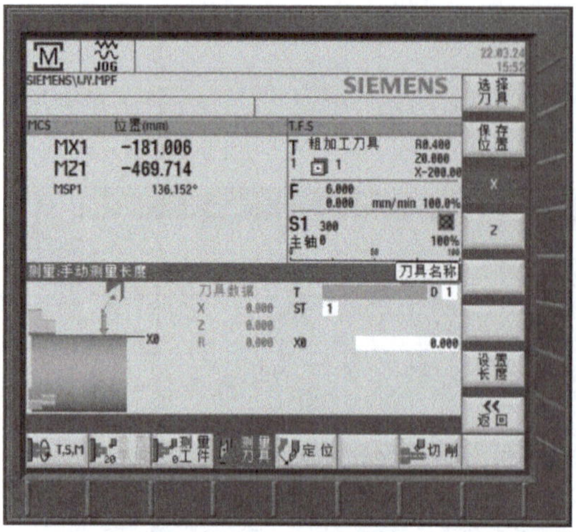

图 4-10 手动测量界面

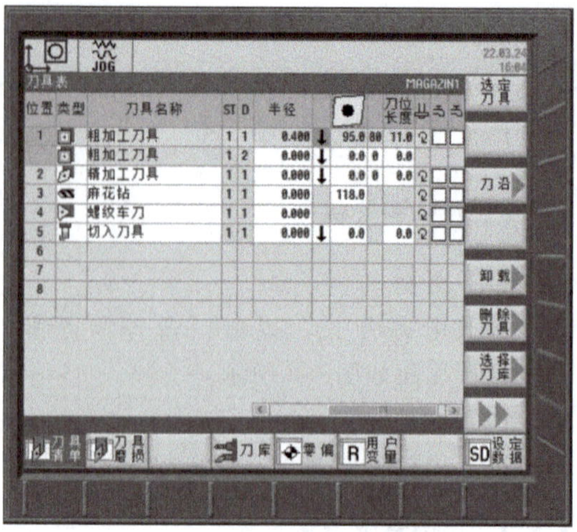

图 4-11 刀具选择界面

5）选择需要测量的刀具，并在刀具表中输入刀沿位置以及刀尖圆弧半径或直径，如图 4-11 所示。

6）选中要测量的刀具，按下“选择刀具”软键，刀具被载入手动测量长度界面中，如图 4-12 所示。

7）确保工件和刀具安装到位，先选择“X”软键，然后沿 Z 轴负方向试切工件外圆，试切后沿 Z 轴正方向退刀，停机后测量外圆直径。在界面中，将光标移至“X0”处，输入测量得到的直径值，按“设置长度”软键，则可获得 X 方向刀具长度补偿值，如图 4-13 所示。

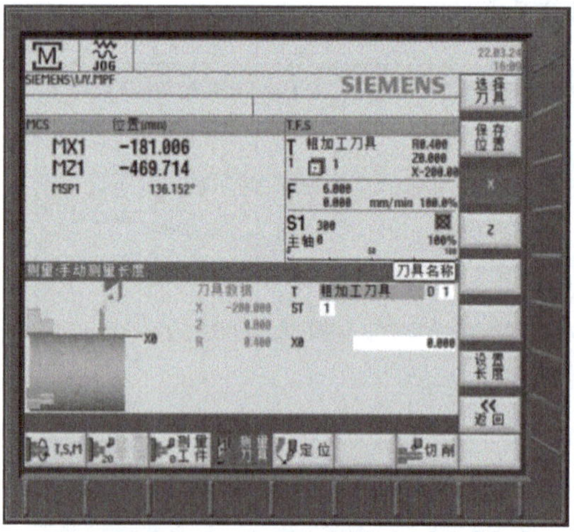

图 4-12 手动测量长度界面

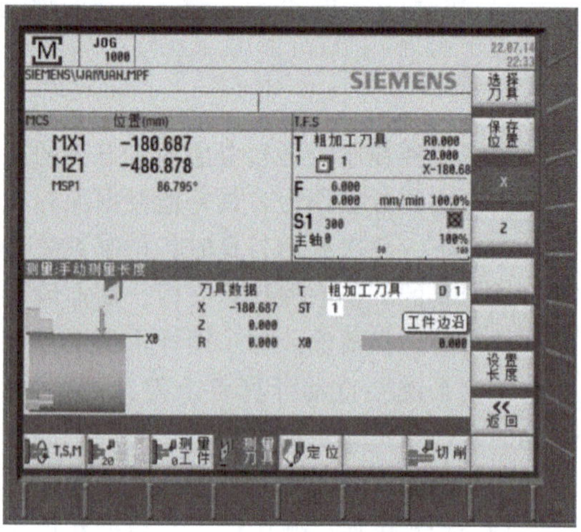

图 4-13 X 方向刀具长度补偿值界面

8）选择“Z”软键，试切端面，试切后沿 X 轴正方向退刀，在界面中，将光标移至“Z0”处并输入“0”，然后按“设置长度”软键，可获得 Z 方向刀具长度补偿值，如图 4-14 所示。

9）在试切时，如果不希望刀具停留在工件边沿上，可按下“保存位置”软键，保存刀具位置，然后可移动刀具使其离开工件。这一步骤在之后还需测量工件直径的情况下非常有用。

10）在“X0”或“Z0”处输入工件边沿的位置时，如果未输入“X0”或“Z0”的值，则从实际显示值中装载值。

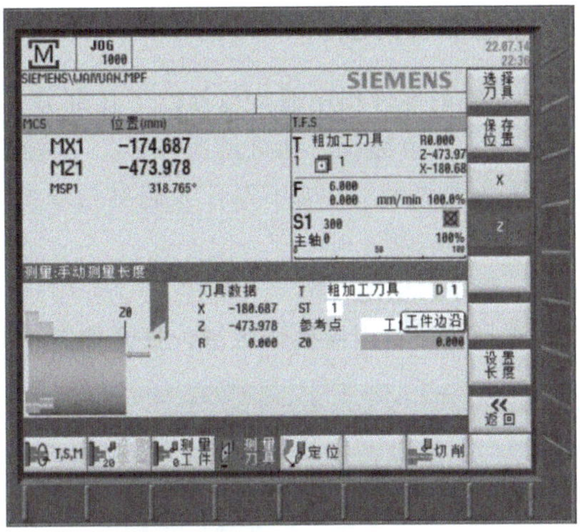

图 4-14 Z 方向刀具长度补偿值界面

4.3.5 工件零点测量

工件零点始终是工件编程过程中的参考点，要确定该零点，首先需要测量工件的长度，并将圆柱体端面在 Z 方向的位置存储在零点偏移中。在计算刀具长度时，系统会自动将工件零点或零点偏移计算在内。工件零点测量的步骤如下：

1）在 M 加工操作区中选择“JOG”运行方式。

2）按下“测量工件”软键，打开测量前沿界面，如图 4-15 所示。

3）如果只需显示出测量值，请选择“仅测量”；若选择所需的零点偏移，其中应保存有零点值（如基准参考），则应按下“选择零偏”软键，在打开的“零点偏移”界面中选择保存了零点的零点偏移，如图 4-16 所示，然后按“选定零偏”软键，则返回到测量前沿界面中。

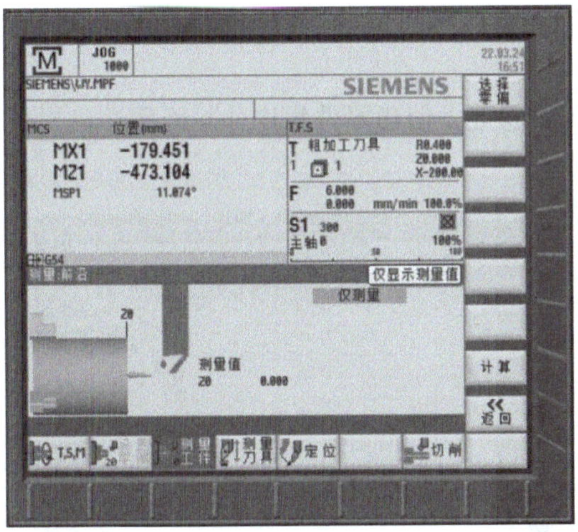

图 4-15 测量前沿界面

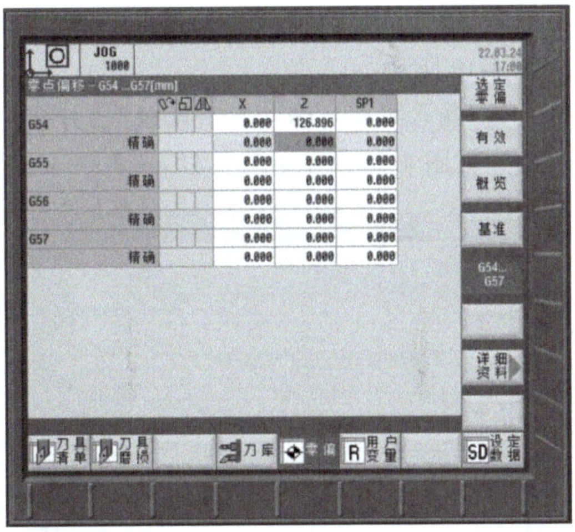

图 4-16 零点偏移界面

4）将刀具沿着 Z 方向移动至工件端面，或试切端面，保持刀具 Z 方向不动。

5）在窗口中，将光标移至工件边沿“Z0”的设定位置，然后按下“设置零偏”软键，可得到工件零点在基准坐标系中的坐标值，如图 4-17 所示。

4.3.6 创建 G 代码程序

一个完整的零件程序通常包括以下几部分：设置加工平面；调用刀具（T 和 D）；调用零点偏移；工艺值编程，如进给率（F）、进给方式（G94/G95）、主轴转速和旋转方向（S 和 M）、米制与英制（G70/G71）及绝对与增量（G90/G91）等；工艺功能（循环）的位置与调用 ；程序结束。

4.3.6.1 程序的创建

1）选择程序管理器操作区域，打开如图 4-18 所示界面。

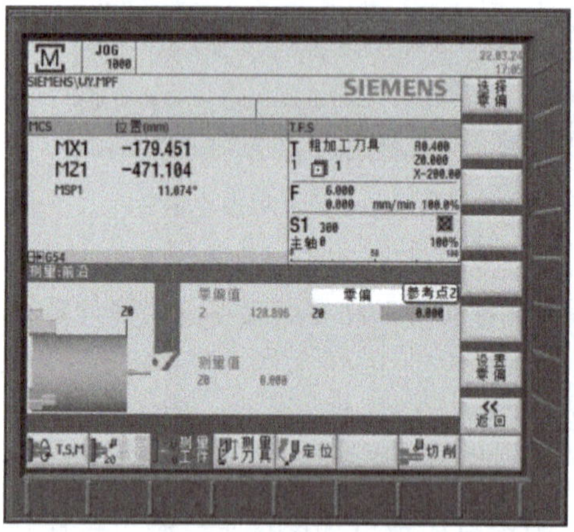

图 4-17 设置零偏界面

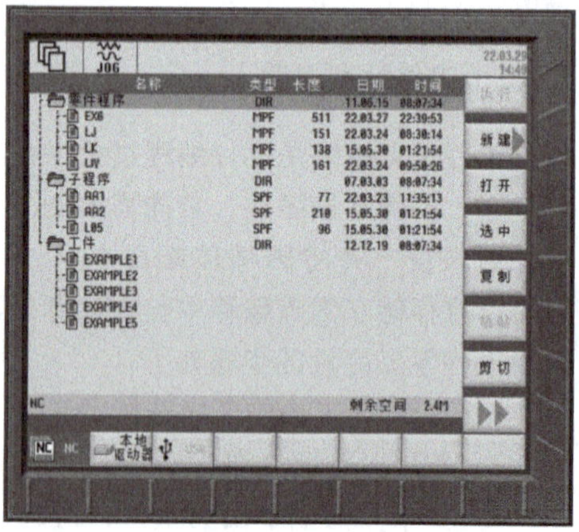

图 4-18 程序管理器操作区域界面

2）按光标上下移动键，移动光标，选择程序的存储路径，可以选择“零件程序”“子程序”“工件”文件夹。

3）将光标定位至所需文件夹并按下“新建”软键，打开“新建的 G 代码程序”窗口，如图 4-19 所示。

4）输入程序名称，如“WY1”，并按“确认”软键，创建零件程序并打开程序编辑器界面，如图 4-20 所示。

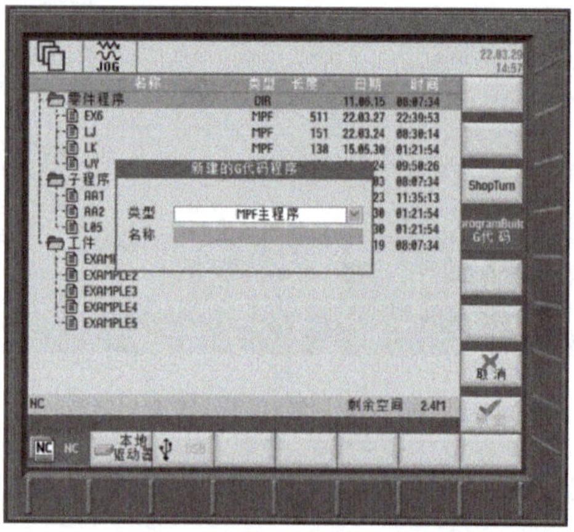

图 4-19 “新建的 G 代码程序”窗口

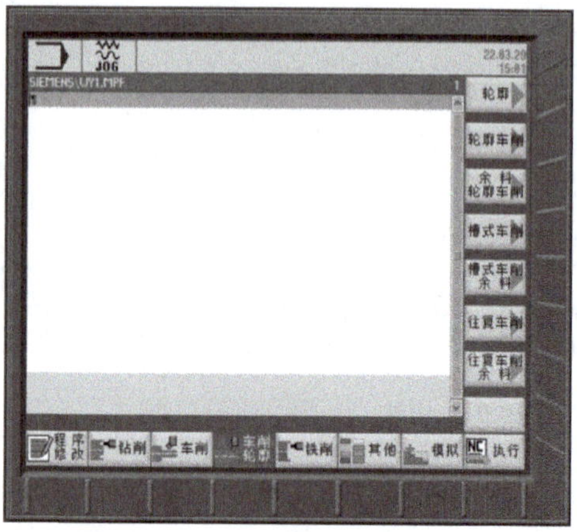

图 4-20 程序编辑器界面

5）在程序编辑器界面中，依次输入零件程序的内容即可，可以直接输入 G 功能指令，也可以调用工艺循环，输入循环调用指令等。

4.3.6.2 调用工艺循环

SIEMENS 828D 系统中，为了复合循环指令编程的方便，系统提供了工艺循环调用功能。工艺循环调用的步骤如下：

1）按程序操作区，或保持在程序操作区中。

2）通过按界面下面的软键，可以选择钻削、车削、车削轮廓和铣削等工艺循环。

3）在打开的界面中，再通过按垂直软键栏中的软键，选取并打开所需要的下一级工艺循环。

4）在打开的下一级工艺循环界面中，输入加工所需要的参数，然后按“接收”软键，则工艺循环以 G 代码方式载入至程序编辑器中。

4.3.6.3 工艺循环调用的修改

1）按程序操作区，或保持在程序操作区中。

2）选择需要修改的工艺循环，并按下向右光标键，选中循环的输入对话框随即打开。

3）选择需要修改的工艺循环后，若按下快捷键“SHIFT+INSERT”，则进入循环编辑模式，可以像编辑普通数控程序段一样编辑循环。此时，可以在循环指令前插入一个空程序段，以便插入其他指令。

但在编辑模式中编辑循环，可能会导致无法在参数设置对话框中反编译。

4）再次按下快捷键“SHIFT+INSERT”后退出编辑模式。

5）处于编辑模式时，按下“INPUT”键，新的一行程序随即被插入到光标位置后。

4.3.7 创建 ShopTurn 程序

4.3.7.1 概述

ShopTurn 程序是指程序编辑器提供的一种工步程序的图形化编程方法，在机床上即可创建。工步程序分为程序开头、程序段和程序结束三个部分。

1）程序开头。程序开头中包含适用于整个程序的参数，例如毛坯尺寸或回退平面。

2）程序段。在程序段中确定各个加工步骤，并在其中给出工艺数据和位置值。

3）程序结束。程序结束表明机床已经加工好了工件，可以在此处设置是否重复执行程序。

在“车削轮廓”“铣削轮廓”“铣削”和“钻孔”功能中，要单独编写工艺程序段、轮廓或定位程序段，这些程序段由控制系统自动连接在一起，并在加工计划中通过方括号连接。

在工艺程序段中要给出加工执行的方式和采用的形式，例如先定心再钻孔。在定位程序段中，指定钻孔和铣削的位置，例如，将钻孔定位在端面的一个整圆上。

4.3.7.2 创建 ShopTurn 程序的步骤

1）选择程序管理器操作区。

2）选择所需的存储路径，将光标移至文件夹“零件程序”，或者移至文件夹“工件”下某个需要创建程序的工件上。

3）按下“新建”和“ShopTurn”软键，打开新建 ShopTurn 程序界面。

4）输入所需的名称并按下“确认”软键，编辑器打开并显示参数屏幕“程序开头”。

5）选择一个零点偏移。

6）输入毛坯尺寸和对整个程序有效的参数，例如尺寸单位 mm 或 in、刀具轴、返回平面、安全距离与加工方向等。

如果要将当前刀具位置定义为换刀点，按下“换刀点示教”软键，刀具坐标将由 XT 和 ZT 参数接收。只有选择了机床坐标系（MCS）时，才能够示教换刀点。

7）按下“接收”软键，显示出加工计划。程序开头与结尾的建立方式和程序主段相同，程序结束由系统自动定义。

4.3.7.3 程序开头

在程序开头中，可以设置作用于整个程序的参数，具体见表 4-1。

表 4-1 程序开头参数

参数	说明	单位
尺寸单位	程序开头中尺寸单位的设置仅涉及当前程序中的位置数据，所有其他数据（如进给率或刀具补偿）采用机床整体设置的尺寸单位	mm 或 in
零点偏移	储存工件零点的零点偏移，如果不需要指定零点偏移，也可以删除默认的参数设置	mm
毛坯	定义工件的形状与尺寸	mm
XA	圆柱体：外径	mm
XA/XI	管形：外径/内径（绝对）或壁厚（增量）	mm
ZA	工件头尺寸	mm
ZI	绝对工件尾尺寸或相对于 ZA 的工件尾尺寸	mm
ZB	绝对加工尺寸或相对于 ZA 的加工尺寸	mm
尾座	是/否	
XT	换刀点 X 轴坐标（直径值）	mm
ZT	换刀点 Z 轴坐标	mm
主轴卡盘数据	是：在程序中手动输入主轴卡盘数据 否：主轴卡盘数据来自于设定数据	
主轴卡盘数据	仅卡盘：在程序中手动输入主轴卡盘数据 完整：在程序中手动输入尾座数据	
卡爪类型	选择副主轴卡爪类型，前边沿尺寸或挡块边沿尺寸（仅限选择了主轴卡盘数据时提供） · 卡爪类型 1 · 卡爪类型 2	
SC	安全距离，定义了刀具快速移动到工件时允许与工件相距的最小距离	mm
S	主轴转速（主主轴最大转速）	r/min

4.3.7.4 创建程序段

创建新程序并填入程序开头后，可以定义加工工件所需的各个加工步骤。创建程序段的步骤如下：

1）将光标定位在加工计划的某一行上，该行后面将插入一行新的程序段。

2）通过软键选择所需的功能，出现相应的参数屏幕。

3）确定刀具、补偿值、进给率和主轴转速（T、D、F、S 和 V），接着输入其余参数的数值。

4）按下“选择刀具”软键，为参数“T”选择刀具，打开刀具选择界面。

5）在刀具列表中将光标定位在加工要用到的刀具上，并按下“到程序”软键，所选刀具将传送到参数界面。

或者按下“刀具表”和“新刀具”软键，打开刀具选择界面，接着使用垂直软键栏的软键选择所需要数据的刀具，并按下“到程序”软键，所选刀具将传送到参数界面。

4.3.7.5　零点偏移调用

可以从任意程序中调用零点偏移（G54 等）。零点偏移调用的步骤如下：

1）在程序操作区中，依次按下“其他”“坐标转换”和“零点偏移”软键，打开零点偏移界面。

2）选择所需的零点偏移（如 G54）。

3）按下“接收”软键，选中的零点偏移将被装载到加工计划中。

4.3.7.6　重复程序段

如果加工工件的某些步骤需要多次执行，这些步骤只需编写一次，然后重复执行程序段。使用开始和结束标记来标记需要重复执行的程序段，这些程序段可以在程序中反复调用，最多可达 200 次。标记必须是唯一的，即不同的程序段必须拥有不同的名称。设置重复执行的程序段的步骤如下：

1）在程序操作区，将光标移到需要重复执行的程序段前，按下“其他”软键。

2）按下“>>”和“重复程序”软键。

3）按下“设置标记”和“接收”软键，则在当前的程序段后成功插入了一个开始标记。

4）输入需要重复执行的程序段。

5）再次按下“设置标记”和“接收”软键，则在当前的程序段后成功插入了一个结束标记。

4.3.7.7　修改程序段

程序成功创建后，可以调整其中的参数，如提高进给率或移动某个位置，也可以在对应的参数设置对话框中修改所有程序段的所有参数。修改程序段的步骤如下：

1）在程序管理器操作区中选择需要修改的程序。

2）按下向右光标键或“INPUT”键，程序的加工计划随即显示。

3）将光标移到加工计划的某个步骤上，并按下向右光标键，所选步骤的参数设置对话框随即出现。

4）输入所需的更改。

5）按下“接收”软键。

4.4　车削编程工艺循环

4.4.1　车削循环指令

（1）指令功能

使用 CYCLE951 循环指令可以在外轮廓或内轮廓的拐角上进行纵向或横向切削。

（2）加工方式

1）粗加工。在轮廓粗加工中，与轴平行切削至编程的精加工余量处，如果没有编写精加工余量，则在粗加工时一直切削到最终轮廓。

粗加工时，循环会根据需要减小编程切削深度 *D*，进行相等尺寸的切削。例如，总切削深度为 10mm，指定的切削深度为 3mm，循环会将切削深度减小到 2.5mm，产生 4 次等尺寸切削。

刀具在每刀结束时在切削深度 *D* 处倒圆或退刀，刀具是执行倒圆还是立即退刀，与轮廓和刀沿之间的角度有关。

2）精加工。精加工方向与粗加工方向相同，循环在精加工期间自动选择和取消选择刀尖圆弧半径补偿。

（3）逼近/回退

1）刀具首先快进到循环内部计算得出的加工起点（参考点+安全距离）。

2）刀具快进到第一个切削深度。

3）第一刀以加工进给率切削。

4）刀具以加工进给率进行倒圆，或者快速退刀。

5）刀具快进到下一个切削深度的起始点。

6）下一刀以加工进给率切削。

7）重复上述 4）~6）的加工过程，直至到达最终切削深度。

8）刀具快速移回安全位置。

（4）编程操作步骤

1）待加工零件程序或 ShopTurn 程序已创建，并位于程序操作区。

2）按下“车削”软键。

3）按下“轮廓车削”软键，打开轮廓车削界面，如图 4-21 所示。

4）可以用软键从以下三个切削循环中选择一个。

①  直线轮廓切削循环，选择该循环打开轮廓车削 1 界面。

② 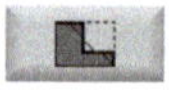 带半径或倒角的轮廓切削循环，选择该循环打开轮廓车削 2 界面。

③  带斜面、半径或倒角的轮廓切削循环，选择该循环打开轮廓车削 3 界面。

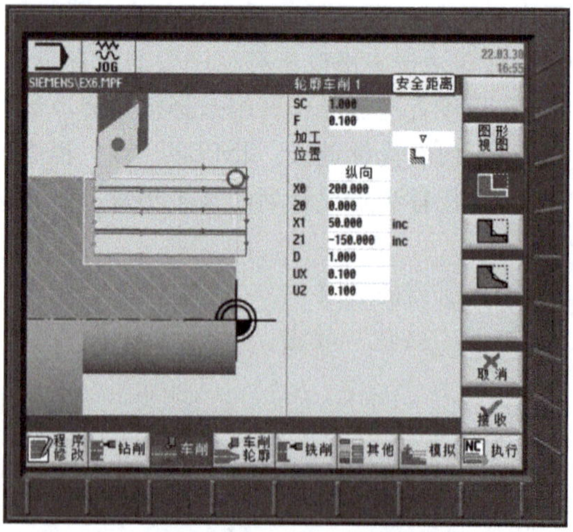

图 4-21　轮廓车削界面

5）在打开的轮廓车削界面中，依次输入参数，然后按“接收”软键，生成 CYCLE951 循环调用程序段。G 代码程序参数与 ShopTurn 程序参数见表 4-2，车削循环参数的含义及说明见表 4-3。

表 4-2　G 代码程序参数与 ShopTurn 程序参数

G 代码程序参数			ShopTurn 程序参数		
PL	加工平面		T	刀具名称	
SC	安全距离	单位为 mm	D	刀沿号	
F	进给率	单位为 mm/r 或 mm/min	F	进给率	单位为 mm/r 或 mm/min
			S 或 V	主轴转速或恒定切削速度	单位为 r/min 或 m/min

表 4-3　车削循环参数的含义及说明

参数	说明	单位
加工	▽(粗加工)/▽▽▽（精加工)	
位置	加工的位置：、、、 	
加工方向	坐标系中的切削方向(横向或纵向) 平行于 Z 轴(纵向)　　　　平行于 X 轴(横向) 外部　　内部　　外部　　内部 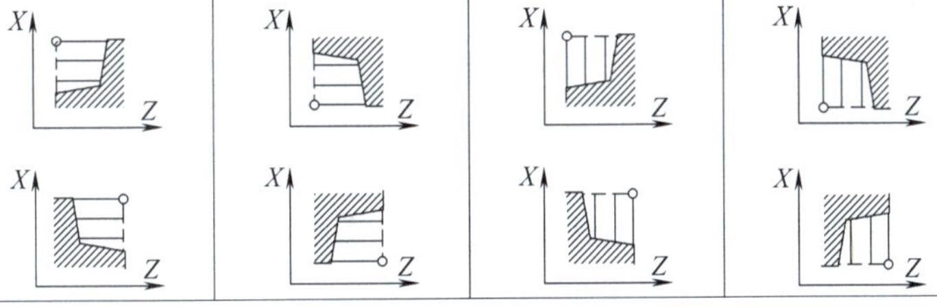	
X0	参考点的 X 轴绝对坐标(直径)	mm
Z0	参考点的 Z 轴绝对坐标	mm
X1 ⟳	终点的 X 轴绝对坐标,或相对于 X0 的坐标	mm
Z1 ⟳	终点的 Z 轴绝对坐标,或相对于 Z0 的坐标	mm
D	最大背吃刀量(不适用于精加工)	mm
UX	X 轴的精加工余量(不适用于精加工)	mm
UZ	Z 轴的精加工余量(不适用于精加工)	mm
FS1～FS3 或 R1～R3 ⟳	倒角宽度(FS1～FS3)或倒圆半径(R1～R3)(不适用于轮廓车削 1)	mm
⟳	中间点参数选择,中间点可以通过位置数据或角度来确定,可以采用下列组合(不适用于轮廓车削 1 和轮廓车削 2): · XM ZM · XM $\alpha 1$ · XM $\alpha 2$ · $\alpha 1$ ZM · $\alpha 2$ ZM · $\alpha 1$ $\alpha 2$	mm 或(°)
XM ⟳	中间点的 X 轴坐标(绝对或增量)(直径)	mm
ZM ⟳	中间点的 Z 轴坐标(绝对或增量)	mm
$\alpha 1$	第一边的角度	(°)
$\alpha 2$	第二边的角度	(°)

注：表中的 ⟳ 与控制面板上的"SELECT"键相对应,按下该键可在多个项目中转换。

4.4.2 凹槽循环指令

（1）指令功能

使用 CYCLE930 循环指令可以在任意直线轮廓单元上加工对称和不对称的凹槽，可以进行横向切槽或纵向切槽。如果凹槽比有效的刀具宽，则以多步切削宽度，刀具每次切削时最大移动刀具宽度的 80%。还可以为凹槽底部和边缘指定精加工余量，粗加工时切削至该余量。

（2）逼近和回退

1）粗加工时的逼近和回退。

① 刀具快速移动到循环内部计算得出的起点。

② 刀具切入中心，切削深度为 D。

③ 刀具快速回退，移动距离为 D+安全距离。

④ 刀具在第一个凹槽旁再次切入，切削深度为 2D。

⑤ 刀具快速回退，移动距离为 D+安全距离。

⑥ 刀具在第一个凹槽和第二个凹槽之间来回切削，切削深度为 2D，直至达到最终切削深度 T1。在每次切削之间，刀具快速回退 D+安全距离。最后一次切削之后，刀具快速回退到安全位置。

⑦ 所有后续切削交替进行，直接加工到最终切削深度 T1。在每次切削之间，刀具快速回退到安全位置。

2）精加工时的逼近和回退。

① 刀具快进到循环内部计算得出的起点。

② 刀具以加工进给率运行到下面的一个边沿，并沿着底部继续进给到中间。

③ 刀具快进退回到安全位置。

④ 刀具以加工进给率运行到下面的另一个边沿，并沿着底部继续进给到中间。

⑤ 刀具快速退回到安全位置。

（3）编程操作步骤

1）待加工零件程序或 ShopTurn 程序已创建，并位于程序操作区。

2）按下“车削”软键。

3）按下“凹槽”软键，打开凹槽界面，如图 4-22 所示。

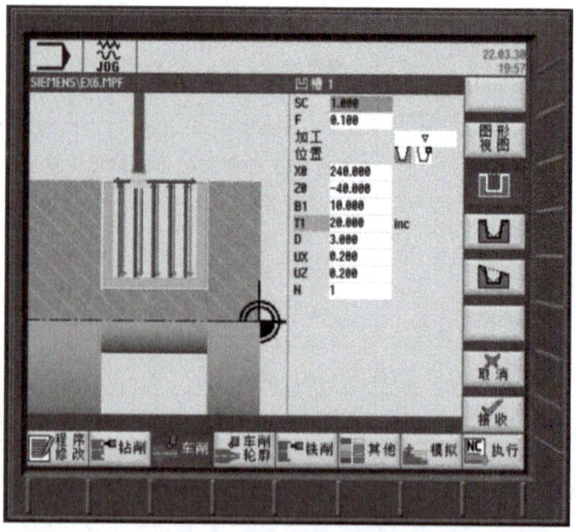

图 4-22 凹槽界面

4）可以用软键从下列三个凹槽循环中选择一个。

①  简单凹槽切削循环，选择该循环，打开凹槽 1 界面。

②  带斜面、半径或倒角的凹槽切削循环，选择该循环，打开凹槽 2 界面。

③  斜面上带斜面、半径或倒角

的凹槽切削循环，选择该循环，打开凹槽 3 界面。

5）在打开的凹槽界面中，依次输入参数，然后按下“接收”软键，生成 CYCLE930 循环调用程序段。凹槽界面中凹槽循环各参数的含义及说明见表 4-4。

表 4-4　凹槽循环各参数的含义及说明

参数	说 明	单位
加工	∇(粗加工)/∇∇∇(精加工)/∇+∇∇∇(粗加工和精加工)	
位置	加工的位置: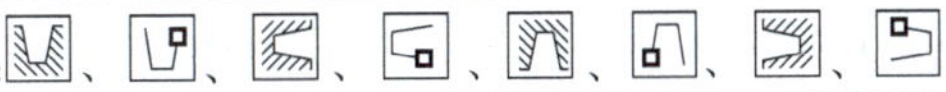	
X0	参考点的 *X* 轴坐标(直径)	mm
Z0	参考点的 *Z* 轴坐标	mm
B1	凹槽宽度	mm
T1	凹槽绝对深度(直径)或相对于 X0/Z0 的凹槽深度	mm
D	插入时的最大背吃刀量(仅限选择了∇和∇+∇∇∇时提供) · D=0 时,一刀直接加工到最终切削深度 T1 · D>0 时,为了达到更好的排屑效果并避免损坏刀具,可以按背吃刀量 D 方向交替地执行第一刀和第二刀,参见粗加工时的逼近和回退(仅在∇和∇+∇∇∇时) 如果刀具只能到达凹槽底部的一个位置,则无法进行轮流切削	mm
UX 或 U	*X* 轴的精加工余量,或 *X* 轴和 *Z* 轴精加工余量(仅限选择了∇和∇+∇∇∇时提供)	mm
UZ	*Z* 轴的精加工余量(仅限选择了∇和∇+∇∇∇时提供)	mm
N	凹槽数量 (N=1~65535)	
DP	凹槽间距(增量),N=1 时不显示 DP	mm
α1、α2	啮合角 1 或啮合角 2(仅限选择了凹槽 2 和 3 时提供)用单独的角度指定非对称的凹槽,该角度可以在 0°~ 90°之间	(°)
FS1~FS4 或 R1~R4	倒角宽度(FS1~FS4)或倒圆半径(R1~R4)(仅限选择了凹槽 2 和凹槽 3 时提供)	mm
α0	斜面的角度(仅限选择了凹槽 3 时提供)	(°)

注：表中的与控制面板上的“SELECT”键对应,按下该键可在多个项目中转换。

4.4.3　螺纹车削循环指令

（1）指令功能

使用“直螺纹”“锥形螺纹”和“端面螺纹”循环指令，可以用固定或可变螺距进行外螺纹和内螺纹的车削，可以是单线螺纹，也可以是多线螺纹。

（2）螺纹切削的中断

在螺纹加工过程中，操作者可以中断螺纹切削过程，如在刀片折断时中断加工。步骤如下：

1）按下“CYCLE STOP”键，刀具从螺纹中退出，主轴停止。

2）更换刀片，对刀，按下“CYCLE START”键，螺纹切削从上次中断的位置继续进行。

（3）逼近和回退

1）刀具快进到循环内部计算得出的起点。

2）螺纹前置量：刀具快速运行到第一个起始位置，该起始位置向前推移了螺纹前置量 LW。

螺纹导入量：刀具快速运行到起始位置，该起始位置向前推移了螺纹导入量 LW2。

3）第一刀用螺距 P 加工到螺纹导出量 LR。

4）刀具快速运行到回退距离 VR，然后运行到下一个起始位置。刀具快速运行到回退距离 VR，然后再次运行到起始位置。

5）重复上述 3）、4），直到螺纹加工完成。

6）刀具快进回退到回退平面。使用“快速退刀”功能可以随时中断螺纹加工，还可确保刀具退刀时不损坏螺纹线。

（4）螺纹切削循环调用操作步骤

1）待加工零件程序或 ShopTurn 程序已创建并位于程序操作区。

2）按下“车削”软键。

3）按下“螺纹”软键，打开螺纹界面，如图 4-23 所示。

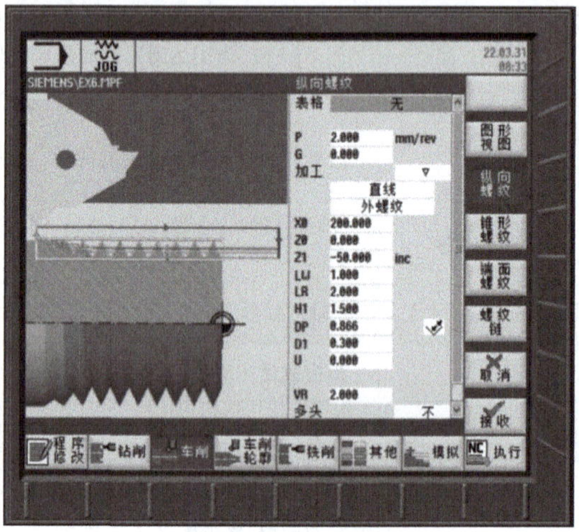

图 4-23　螺纹界面

4）可以用软键从下列三种螺纹循环中选择一种。

① 按下“纵向螺纹”软键，打开纵向螺纹界面。

② 按下“锥形螺纹”软键，打开锥形螺纹界面。

③ 按下“端面螺纹”软键，打开端面螺纹界面。

5）在打开的界面中，输入相应的参数，然后按下“接收”软键，则生成 CYCLE99 螺纹调用程序段。螺纹切削循环各参数的含义及说明见表 4-5。

表 4-5　螺纹切削循环各参数的含义及说明（纵向螺纹）

参数	说 明	单位
表格	选择螺纹标准：无/ISO 米制/惠氏螺纹 BSW/惠氏螺纹 BSP/美制螺纹 UNC	
选择	标准螺纹，如 M10、M12、M14…，在螺纹标准为“无”时不提供	
P	螺纹标准为“无”时，需要根据加工螺纹的种类设置螺距单位： · 加工非标准米制螺纹时，螺距单位为 mm/r · 加工非标准英制螺纹时，螺距单位为 in/r · 加工非标准管螺纹时，螺距单位为牙/in · 加工非标准模数螺纹时，螺距单位为模数	

（续）

参数	说 明	单位
G	每转的螺距变化量(仅限选择 P 的单位为 mm/r 或 in/r 时提供)： · G=0 时,螺距 P 不变 · G>0 时,螺距 P 每转增加 G · G<0 时,螺距 P 每转减少 G 如果已知螺纹的起始螺距和终止螺距,待编程的螺距变化量的计算方法如下： $G=(Pe^2-Pa^2)/2\ Z1$ 式中， Pe 为螺纹的终止螺距 ，单位为 mm/r Pa 为螺纹的起始螺距 ，单位为 mm/r Z1 为螺纹长度，单位为 mm	mm/r^2
加工	∇（粗加工）/∇∇∇（精加工）/∇+∇∇∇（粗加工和精加工）	
进刀	· 直线：以恒定背吃刀量进刀 · 递减：以恒定切削面积进刀（仅限选择了∇或 ∇+∇∇∇时提供）	
螺纹	内螺纹或外螺纹	
X0	参考点的 *X* 轴绝对坐标（直径）	mm
Z0	参考点的 *Z* 轴绝对坐标	mm
Z1	螺纹终点坐标（绝对坐标）或螺纹长度（增量坐标） 计算增量坐标时，正、负号将一同被计算	mm
LW 或 LW2 或 LW2= LR	· 螺纹前置量（增量）：螺纹起点是向前推移了螺纹前置量 LW 的参考点（X0，Z0）。如果希望提前开始单独切削，并对起始螺纹进行精确加工，则可以使用螺纹前置量 · 螺纹导入量（增量）：在无法从侧面逼近螺纹，但是又必须将刀具插入材料（如轴上的润滑油槽）时，可以使用螺纹导入量 · 螺纹导入量=螺纹导出量（增量）	mm
LR	螺纹导出量（增量）：如果需要在螺纹末端倾斜回退刀具（如轴上的油槽），则可以使用螺纹导出量	mm
H1	螺纹表中的螺纹深度（增量）	mm
DP 或 αP	DP 表示沿齿面进给（增量） · DP>0 时，沿着后齿面进给 · DP<0 时，沿着前齿面进给 αP 表示以一定角度进给 · αP>0 时，沿着后齿面进给 · αP<0 时，沿着前齿面进给 · αP=0 时，与切削方向成直角进刀 如果沿着齿面进刀，则该参数绝对值最大允许为刀具啮合角的一半	（°）
 或 	沿着一个齿面进刀，或沿着不同齿面交替进刀 除了沿一个齿面进刀之外，还可以沿着不同齿面交替进刀，减轻同一刀沿的负载，从而延长刀具寿命 · α>0 时，从后齿面开始 · α<0 时，从前齿面开始	
D1 或 ND	首次背吃刀量或粗切削次数，在粗切次数和首次背吃刀量之间切换时，会显示相应的值（仅限选择了∇或∇+∇∇∇时提供）	mm

（续）

参数	说明	单位
U	X 轴和 Z 轴上的精加工余量（仅限选择了∇或∇+∇∇∇ 时提供）	mm
NN	空切数量（仅限选择了∇∇∇或∇+∇∇∇时提供）	
VR	回退距离（增量）	mm
多头⊖	· 选择否，则 α0 用于指定起始角偏移	(°)
	· 选择是，则 N 用于指定螺纹线数，螺纹线平均分布在车削零件的圆周上，第 1 条螺纹线总是在 0°上	
DA	螺纹变化深度（增量） 首先依次加工所有螺纹线，一直到螺纹变化深度 DA；然后依次加工所有螺纹到深度 2DA；如此继续直到到达最终深度 若 DA=0，则不考虑螺纹变化深度，即加工完每条螺纹线后再开始加工下一条螺纹线	
加工	完整加工 · 从螺纹线 N1 起，N1(1~4)起始螺纹线 N1=1~N · 仅螺纹线 NX，NX(1~4)：N 条螺纹线中的 1 条	

注：表中的与控制面板上的“SELECT”键相对应，按下该键可在多个项目中转换。

4.4.4 车削循环编程示例

试编制如图 4-24 所示零件的加工程序。

编程步骤如下：

1）首先选择程序管理操作区，再选择“零件程序”目录，按下“新建”软键，在打开的新建 G 代码程序界面中输入程序名，按“确认”键，打开程序编辑器，在程序编辑器中输入如图 4-25 所示程序开头。

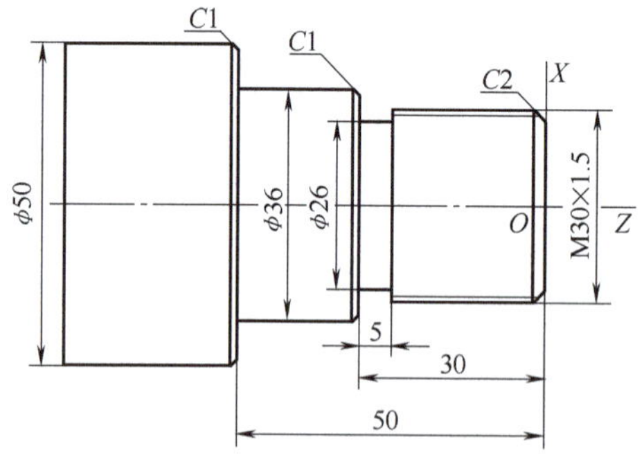

图 4-24 车削循环加工示例

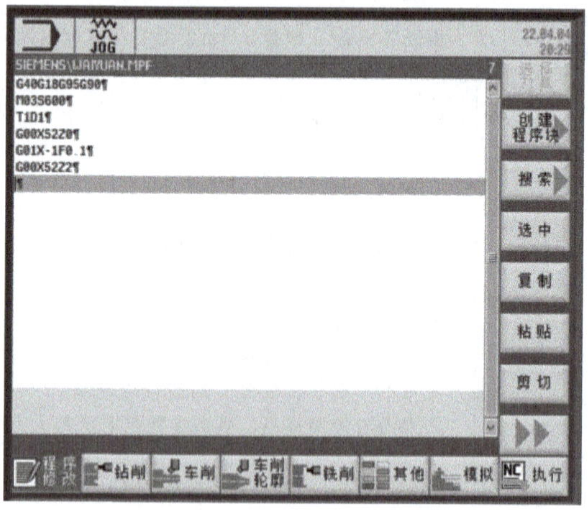

图 4-25 程序开头

2）按下“车削”软键和“车削轮廓”软键并选择，打开轮廓车削 2 界面，如图 4-26 所示。依次输入图中所示参数，“X0”为“50.000”，“Z0”为“0.000”，“X1”为“36.000”，

⊖ “多头”的规范术语为“多线”，但鉴于类似处来自软件，此处暂保留“多头”。

“Z1”为“-50.000”，分别表示毛坯参考点和切削终点坐标，再输入倒角尺寸、背吃刀量及精加工余量。

3）输入参数后，按下“接收”软键，则生成如图 4-27 所示的 CYCLE951 车削循环调用程序段。

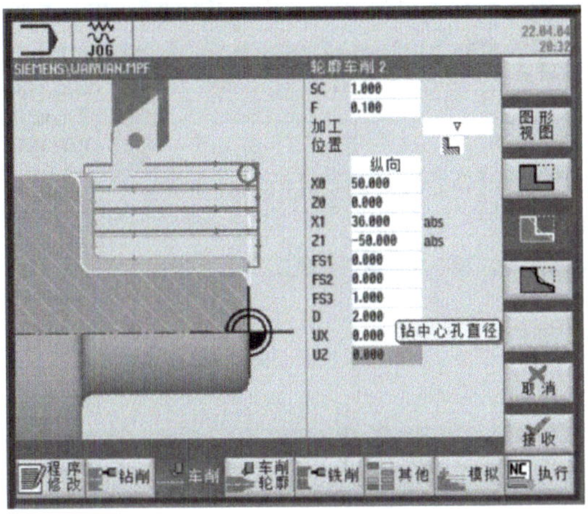

图 4-26 轮廓车削 2 界面（ϕ36mm×50mm）

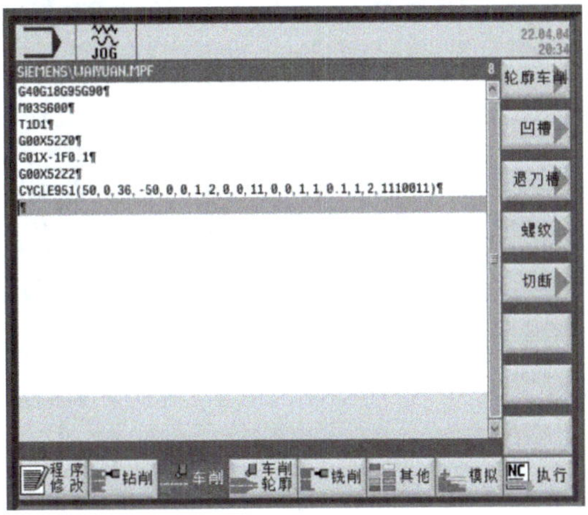

图 4-27 CYCLE951 车削循环调用程序段（ϕ36mm×50mm）

4）再次按下“车削”软键和“车削轮廓”软键并选择，打开轮廓车削 2 界面，并输入如图 4-28 所示参数，此次参考点坐标为（36，0），切削终点坐标为（30，-30），并设置倒角。

5）输入参数后，按下“接收”软键，生成如图 4-29 所示的 CYCLE951 车削循环调用程序段。

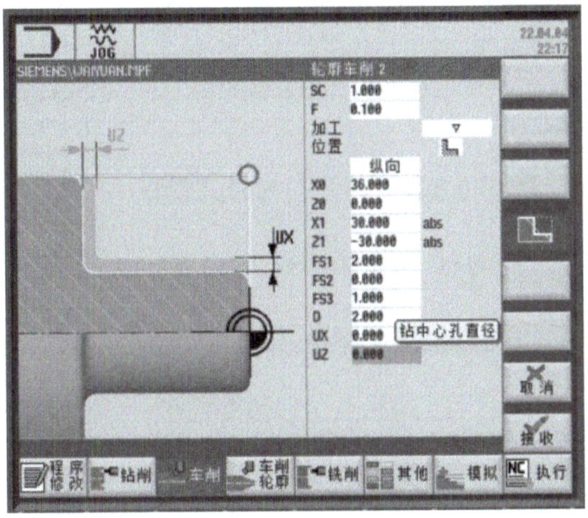

图 4-28 轮廓车削 2 界面（ϕ30mm×30mm）

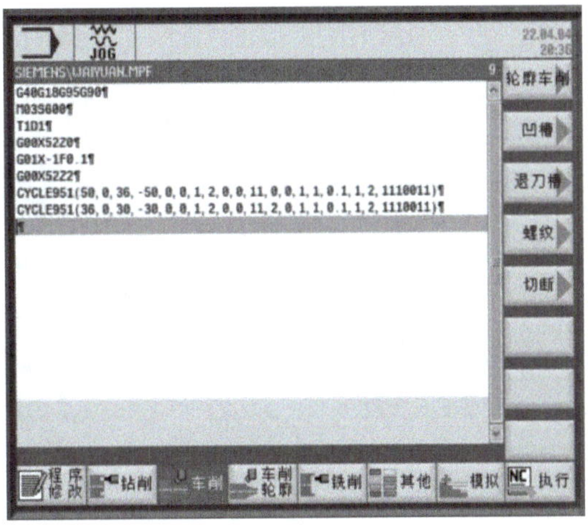

图 4-29 CYCLE951 车削循环调用程序段（ϕ30mm×30mm）

6）退出刀具，选择 2 号刀具，再次进刀，准备切槽。

7）按下“车削”软键和“凹槽”软键并选择 ，打开凹槽 1 界面，如图 4-30 所示。按图样要求，在该界面中输入图中所示参数。

8）输入参数后，按下“接收”软键，生成如图 4-31 所示的 CYCLE930 凹槽循环调用程序段。

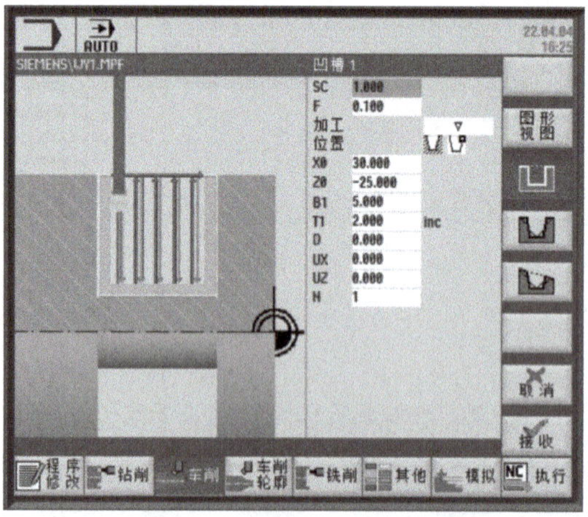

图 4-30　凹槽 1 界面

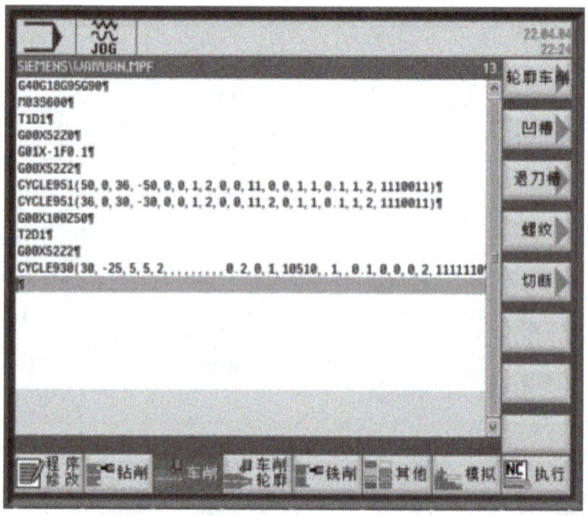

图 4-31　CYCLE930 凹槽循环调用程序段

9）退出刀具，换 3 号刀具，再次进刀，准备加工螺纹。

10）按下“车削”软键和“螺纹”软键并选择“纵向螺纹”，打开纵向螺纹界面，如图 4-32 所示，按螺纹尺寸和切削要求，在该界面中输入如图 4-32 所示参数。

11）输入参数后，再次按下“接收”软键，生成 CYCLE99 螺纹循环调用程序段，如图 4-33 所示。

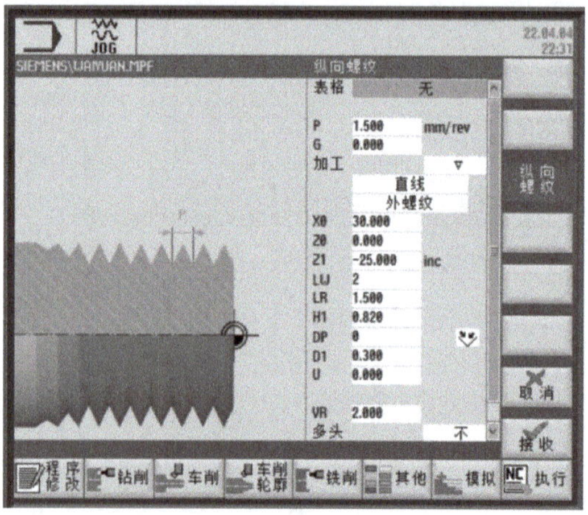

图 4-32　纵向螺纹界面

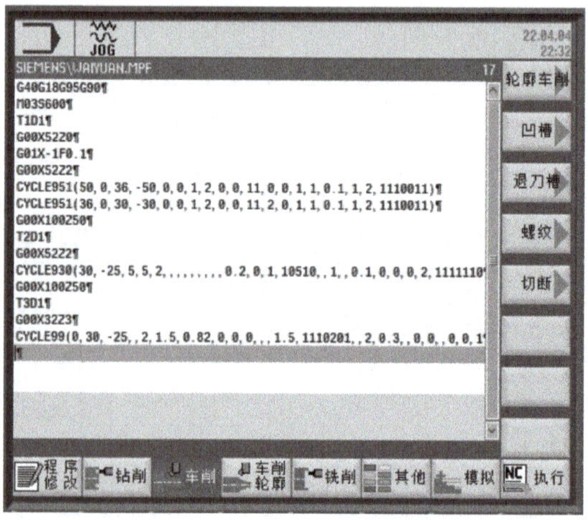

图 4-33　CYCLE99 螺纹循环调用程序段

12）退出刀具，程序结束，完整的数控程序如图 4-34 所示。

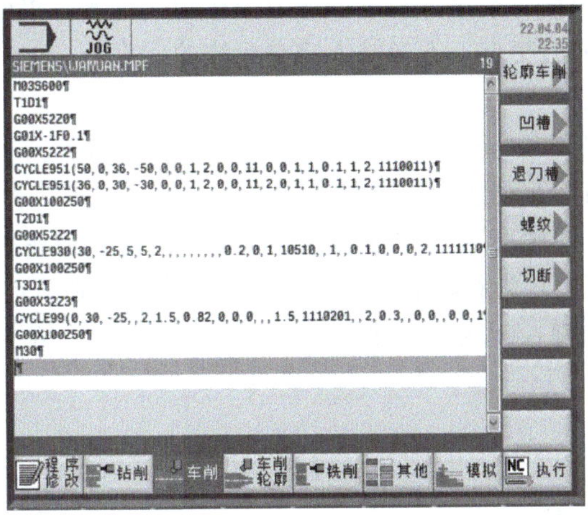

图 4-34　完整的数控程序

4.5　轮廓车削编程工艺循环

4.5.1　轮廓车削编程概述

轮廓车削编程是指先创建零件轮廓，数控系统在调用加工指令后，依据零件轮廓自动识别加工余量，自动设计刀具轨迹并进行自动加工的一种编程工艺循环。

轮廓车削编程通常包括以下步骤：

（1）输入毛坯轮廓

如果要根据毛坯轮廓（而不是圆柱体或余量）切削轮廓，必须先定义毛坯轮廓。

（2）输入成品件轮廓

成品件轮廓由各个不同的相连轮廓元素组成。

（3）调用轮廓

仅适用于 G 代码程序。

（4）切削轮廓（粗加工）

从横向、纵向或平行于轮廓的方向加工轮廓。

（5）清理余料（粗加工）

ShopTurn 程序在切削轮廓时会自动识别遗留下来的余料；在 G 代码编程时，必须首先进行判断，在切削中是否需要使用余料识别，如果使用适合的刀具，则不必重新加工整个轮廓即可切削余料。

（6）切削轮廓（精加工）

如果在粗加工时编写了精加工余量，将再次加工轮廓。

4.5.2　新建轮廓

使用轮廓车削循环可以切削简单或复杂的轮廓，零件轮廓通常由多个轮廓元素组合而成，一个完整的轮廓包括至少 2 个至多 250 个轮廓元素。

可以在轮廓元素之间编写倒角、圆角、退刀槽或切线过渡。集成的轮廓计算器可以利用几何关系计算各轮廓元素的交点，不必输入完整标注的元素。

新建轮廓的步骤如下：

1）创建零件程序或 ShopTurn 程序，在编辑器中打开程序。

2）按下界面下方的“车削轮廓”软键。

3）按下界面右侧的“轮廓”和“新轮廓”软键，打开新建轮廓界面。

4）在新建轮廓界面中，为新轮廓输入一个名称，轮廓名必须是唯一的。

5）按下“接收”软键，新轮廓创建完成，打开轮廓起点的输入界面，可以依次输入组成零件的轮廓元素。

4.5.3 创建轮廓元素

（1）创建轮廓元素概述

创建轮廓元素是指在新建一个轮廓并确定起始点后，依次创建组成该轮廓的各个轮廓元素。

1）常用轮廓元素。常用的轮廓元素有垂直直线、水平直线、对角线、圆和圆弧等。

在创建轮廓元素过程中，对于每个轮廓元素，必须使用单独的屏幕设置参数，各种说明参数的帮助界面均支持参数输入。

如果某些栏中未输入值，循环将假定这些值未知，并尝试通过其他参数将其求出。如果输入的参数多于轮廓绝对需要的参数，可能会发生冲突，在这种情况下，尝试减少参数的输入，让循环尽可能多地计算参数。

作为两个轮廓元素之间的过渡元素，轮廓过渡元素可以选择圆角或者倒角，如果是线性轮廓元素，也可以选择退刀槽。轮廓过渡元素总是添加在轮廓元素的结束处，创建时可以在各轮廓元素的参数输入界面中选择一个轮廓过渡元素。

当存在两个限制元素的交叉点，并可以由已输入值计算出该点数值时，则可以使用轮廓过渡元素；否则，必须使用直线或圆弧轮廓元素。

2）附加指令。在展开的参数界面中，可以为每个轮廓元素输入 G 代码格式的附加指令，输入的附加指令最多 40 个字符。

通过附加 G 代码指令可以进行编程，如进给和 M 指令。编程时，附加指令不能与已生成的轮廓 G 代码发生冲突，不要使用组 1（G0、G1、G2 或 G3）中的 G 代码指令、平面上的坐标系或固有程序段的 G 代码指令等。

（2）创建轮廓元素的步骤

1）打开待加工的零件程序，将光标移动至需创建轮廓的位置，通常为程序结束处 M02 或 M30 之后。

2）依次按下“车削轮廓”“轮廓”和“新建轮廓”软键。在打开的界面中输入轮廓的名称，按下“接收”软键，则打开轮廓起点界面。

3）在用于输入轮廓起点的界面中，先输入轮廓的起点，其会在左侧导航栏中以符号“+”标记，按下“接收”软键。

4）输入轮廓中沿加工方向的第一个轮廓元素，可以通过软键选择一个轮廓元素，打开轮廓元素界面。

① 按 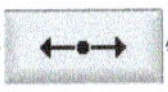 键，打开直线界面，可以输入 *Z* 轴方向直线。

② 按  键，打开直线界面，可以输入 *X* 轴方向直线。

③ 按  键，打开直线界面，可以输入 *Z*、*X* 轴方向斜线。

④ 按  键，打开圆界面，可以输入圆弧。

5）在轮廓元素界面，将该轮廓元素所需数据输入到数据栏中，按下“接收”软键，则该轮廓元素被添加到轮廓上。

6）在输入轮廓元素数据时，可以将与前一轮廓元素的过渡设为切线，按下“与前元素相切”软键，则参数 α2 输入栏中显示“正切”。

7）重复步骤 4)~6)，直至轮廓切削完成。

8）按下“接收”软键，将本次新建的轮廓加入加工计划。

9）如果要显示某些单独轮廓元素的其他参数，例如要输入其他命令，则可按下“全部参数”软键。

“直线”和“圆弧”轮廓元素各参数的含义及说明分别见表 4-6 和表 4-7。

表 4-6　“直线”轮廓元素各参数的含义及说明

参数	说明	单位
X	终点的 *X* 轴绝对坐标或终点的 *X* 轴增量坐标	mm
Z	终点的 *Z* 轴绝对坐标或终点的 *Z* 轴增量坐标	mm
α1	到 *Z* 轴的起始角	(°)
α2	与前一轮廓元素所成角度	(°)
过渡至下一元素	过渡类型为圆角或倒角	
圆角半径 R	过渡到下一轮廓元素的圆角半径	mm
倒角 FS	过渡到下一轮廓元素的倒角尺寸	mm
CA	磨削余量：轮廓右侧的磨削余量/轮廓左侧的磨削余量	mm

注：表中的与控制面板上的“SELECT”键相对应，按下该键可在多个项目中转换。

表 4-7　“圆弧”轮廓元素各参数的含义及说明

参数	说明	单位
旋转方向	↷为顺时针旋转方向，↶为逆时针旋转方向	
Z	终点的 *Z* 轴绝对坐标或终点的 *Z* 轴增量坐标	mm
X	终点的 *X* 轴绝对坐标或终点的 *X* 轴增量坐标	mm
K	圆弧中点 K 的绝对坐标或增量坐标	mm
I	圆心 I 的绝对坐标或增量坐标	mm
α1	到 *Z* 轴的起始角	(°)
β1	到 *Z* 轴的结束角	(°)
β2	张角	(°)
过渡至下一元素	过渡类型为圆角或倒角	
圆角半径 R	过渡到下一轮廓元素的圆角半径	mm
倒角 FS	过渡到下一轮廓元素的倒角尺寸	mm
CA	磨削余量：轮廓右侧的磨削余量/轮廓左侧的磨削余量	mm

注：表中的与控制面板上的“SELECT”键相对应，按下该键可在多个项目中转换。

4.5.4 更改轮廓

（1）功能

可以更改已经创建的轮廓，对各个轮廓元素进行添加、更改、插入和删除操作。

（2）更改轮廓元素的步骤

1）打开待加工的零件程序或 ShopTurn 程序。

2）使用光标选择需要修改轮廓的程序段，打开几何处理器，列出各个轮廓元素。

3）将光标定位在需要添加或修改的位置上。

4）使用光标选择所需的轮廓元素。

5）在输入界面内输入参数或删除该元素并选择新元素。

6）按下“接收”软键，将所需的轮廓元素添加在轮廓上或在轮廓上修改。

4.5.5 调用轮廓

（1）功能

输入所选的已创建的轮廓，为车削轮廓工艺循环提供轮廓参考。

（2）四种轮廓调用方法

1）轮廓名调用方法。轮廓位于调用主程序中时，可使用轮廓名调用方法。

2）标签调用方法。轮廓位于调用主程序中并受所输入标签的限制时，可使用标签调用方法。

3）子程序调用方法。轮廓位于同一工件的子程序中时，可使用子程序调用方法。

4）子程序中的标签调用方法。轮廓位于子程序中并受所输入标签的限制时，可使用子程序中的标签调用方法。

（3）轮廓调用的步骤

1）待加工的零件程序已创建并位于编辑器中。

2）按下“车削轮廓”软键。

3）按下“轮廓”和“轮廓调用”软键，打开轮廓调用界面。

4）编程轮廓选择，按下“接收”软键。

4.5.6 轮廓车削循环

（1）功能

轮廓车削循环功能会考虑由圆柱体、离成品轮廓完成剩下的余量或任何未加工的毛坯轮廓所组成的毛坯，自动计算刀具轨迹并进行切削加工。

（2）前提条件

必须先将毛坯轮廓定义为独立的封闭轮廓，再定义成品轮廓。

在 G 代码程序中，需要在 CYCLE952 程序段前至少编写一个 CYCLE62 程序段。如果只有一个 CYCLE62 程序段，则表示轮廓为成品轮廓；如果有两个 CYCLE62 程序段，则第一个循环调用的是毛坯轮廓，第二个则是成品轮廓。

（3）CYCLE952 程序段调用步骤

1）待加工的零件程序或 ShopTurn 程序已创建并位于编辑器中。

2）在水平软键栏中，按下“轮廓车削”软键。

3）在打开的界面中，按下垂直软键栏中的“切削”软键，打开切削界面。

4）在切削界面中，依次输入切削参数，最后按下“接收”软键，完成 CYCLE952 的调用。

G 代码程序与 ShopTurn 程序参数见表 4-8，车削轮廓调用各参数的含义及说明见表 4-9。

表 4-8　G 代码程序与 ShopTurn 程序

G 代码程序参数			ShopTurn 程序参数		
PRG	待生成的程序名称	单位	T	刀具名称	单位
PL	加工平面		D	刀沿号	
RP	退回平面	mm	F	进给率	mm/r
SC	安全距离	mm	S 或 V ○	主轴转速或恒定切削速度	r/min 或 m/min
F	进给率	mm/r 或 mm/min			
CON	更新过的毛坯轮廓的名称，用于余料加工（结尾字符不是“_C”加上两位数字）				
余料○	是否选择余料加工：是/否				
CONR	用于余料加工、储存已更新毛坯轮廓的名称（仅限选择了余料加工时提供）				

注：表中的○与控制面板上的“SELECT”键相对应，按下该键可在多个项目中转换。

表 4-9　车削轮廓调用各参数的含义及说明

参数	说　明		单位
加工○	∇（粗加工）/∇∇∇（精加工）/∇+∇∇∇（粗加工和精加工）		
加工方向○	· 端面○ · 纵向 ○ · 平行于轮廓○	↑由内向外，↓由外向内，←从端面到背面，→从背面到端面	
位置○	前面/后面/内部/外部		
D	最大背吃刀量（仅限选择了∇时提供）		mm
DX	最大背吃刀量（仅限选择了平行于轮廓时提供，另一选项为 D）		mm
 或 或 ○	· 始终沿轮廓返回 · 从不沿轮廓返回 · 在下一个切削点前沿轮廓返回		
 或 ○	· 切削分段等分 · 切削分段按边沿划分		
	· 恒定背吃刀量		

（续）

参数	说明	单位
或	· 变化的背吃刀量(仅限选择了切削分段按边沿划分时提供)	
DZ	最大背吃刀量（仅限选择了平行于轮廓和 UX 时提供）	mm
UX 或 U	*X* 轴精加工余量或 *X* 轴和 *Z* 轴精加工余量（仅限选择了∇时提供）	mm
UZ	*Z* 轴精加工余量(仅限选择了 UX 时提供)	mm
DI	为零时:连续切削(仅限选择了∇时提供)	mm
BL	毛坯定义(仅限选择了∇ 时提供) · 圆柱体(通过 XD、ZD 定义) · 余量(离完成成品轮廓还剩下的 XD 和 ZD) · 轮廓(第二个 CYCLE62,调用毛坯轮廓)	
XD	(仅限选择了∇时提供,选择了“圆柱体”或“余量”时提供) · 在“圆柱体”毛坯定义中,绝对数据为圆柱体绝对尺寸,增量数据为和 CYCLE62 成品轮廓最大值的差值 · 在“余量”毛坯定义中,离完成 CYCLE62 成品轮廓的余量	mm
ZD	(仅限选择了∇时提供,选择了“圆柱体”或“余量”时提供) · 在“圆柱体”毛坯定义中,绝对数据为圆柱体绝对尺寸,增量数据为和 CYCLE62 成品轮廓最大值的差值 · 在“余量”毛坯定义中,离完成 CYCLE62 成品轮廓的余量	mm
余量	预精加工的余量（仅限选择了∇∇∇时提供） · 是(U1 轮廓余量) · 否	
U1	*X* 和 *Z* 方向的补偿余量(增量)(仅限选择了“余量”毛坯定义时提供) · 正值:保持补偿余量 · 负值:除了切削精加工余量外,还要切削补偿余量	
加工区限制	限制加工区:是/否	
XA 或 XB ZA 或 ZB	(仅限选择了加工区限制时提供) · XA 直径坐标限制 1 · XB 直径坐标绝对限制 2 或相对于 XA 的限制 2 · ZA 限制 1 · ZB 绝对限制 2,或相对于 ZA 的限制 2	mm
凹轮廓加工	凹轮廓加工:是/否	
FR	凹轮廓插入进给率	

注：表中的 与控制面板上的“SELECT”键相对应,按下该键可在多个项目中转换。

4.5.7 轮廓车削循环编程示例

试编制如图 4-35 所示零件的加工程序。

编程步骤如下：

1）选择程序管理操作区，选择“零件程序”目录，按下“新建”软键，打开新建 G

代码程序界面，如图 4-36 所示。在“新建 G 代码程序”窗口中输入零件程序名称，按下“确认”软键，打开程序编辑器界面，如图 4-37 所示；在程序编辑器界面中，依次输入程序开头，输入内容如图 4-37 所示。

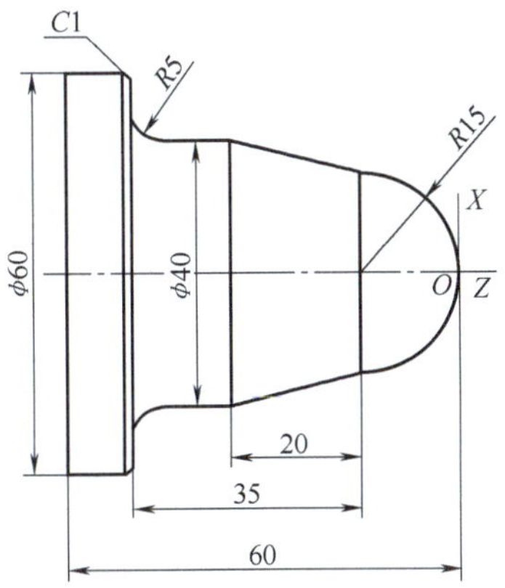

图 4-35　轮廓车削循环加工示例

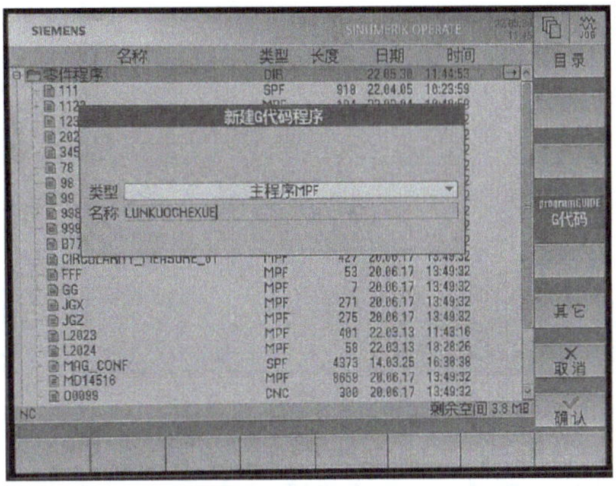

图 4-36　“新建 G 代码程序”窗口

2）按下界面下方的“轮廓车削”软键，之后依次按下垂直软键栏中的“轮廓”“轮廓调用”软键，打开如图 4-38 所示轮廓调用界面，在该界面中输入将创建的零件轮廓的名称，零件轮廓将在主程序后面创建。

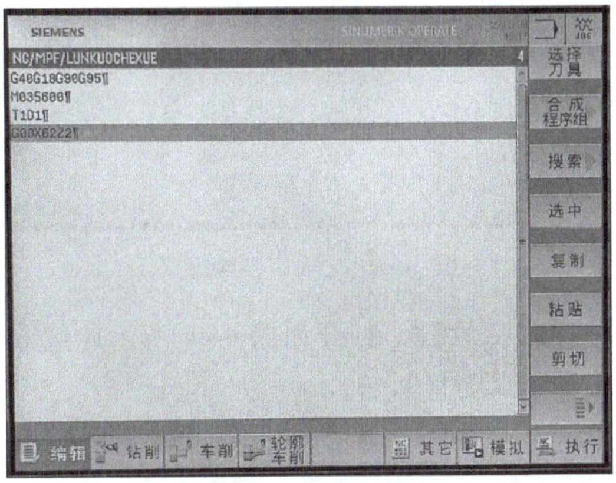

图 4-37　程序编辑器界面

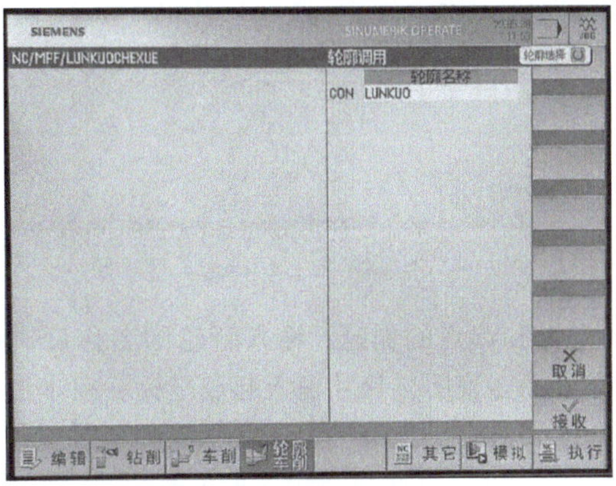

图 4-38　轮廓调用界面

3）输入轮廓名称后，按下“接收”软键，则生成如图 4-39 所示轮廓调用 CYCLE62 程序段。

4）按界面下方的“轮廓车削”软键，再按垂直软键栏中的“切削”软键，打开如图 4-40 所示轮廓切削界面，按切削要求输入切削参数，切削参数的输入可参考表 4-8 与表 4-9 中的参数说明。

5）输入完切削参数后，按下“接收”软键，则生成如图 4-41 所示轮廓车削 CYCLE952 程序段。

6）输入程序的结束部分，主程序创建完成，如图 4-42 所示。

7）进行零件轮廓的创建。按下界面下方的“轮廓车削”软键，再依次按下垂直软键栏中的“轮廓”和“新建轮廓”软键，打开如图 4-43 所示“新轮廓”窗口，在该界面中输入轮廓名称，轮廓名称应与前面轮廓调用中的轮廓名称一致。

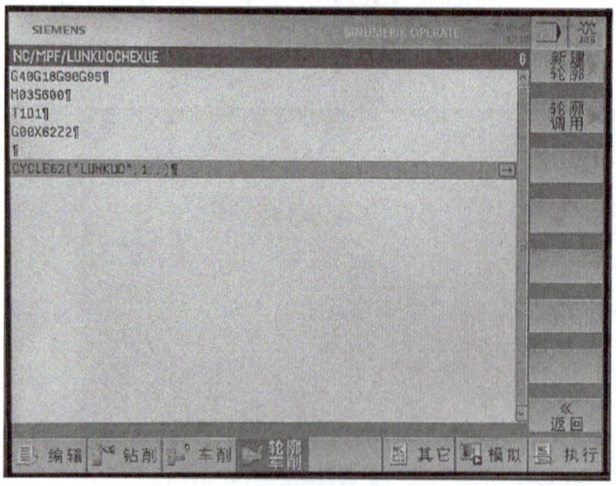

图 4-39　轮廓调用 CYCLE62 程序段

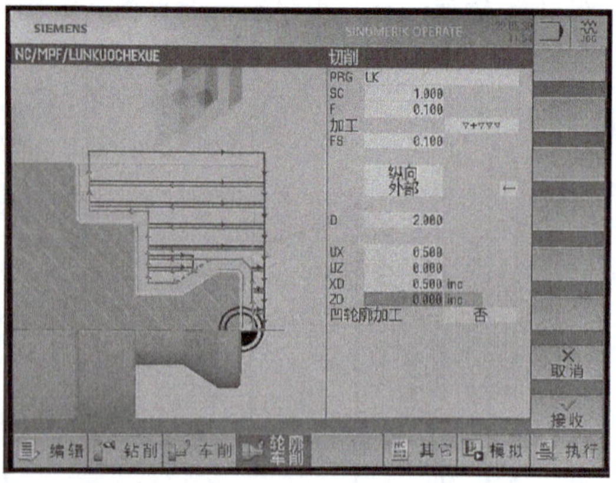

图 4-40　轮廓切削界面

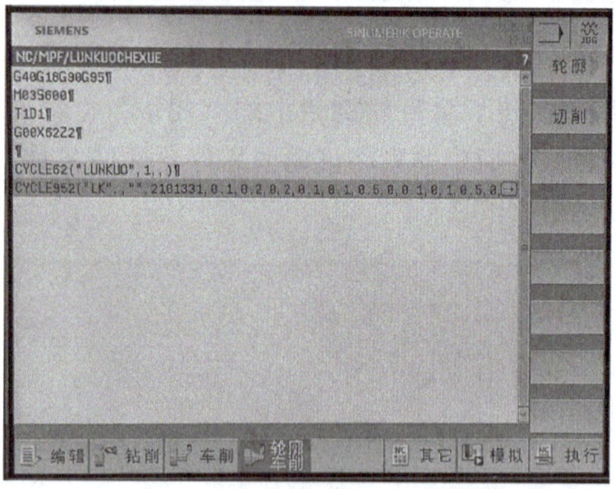

图 4-41　轮廓车削 CYCLE952 程序段

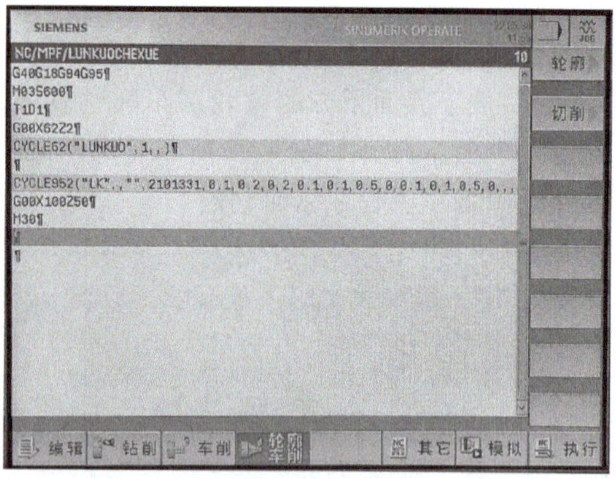

图 4-42　主程序创建完成

8）起点的创建。输入新轮廓名称后，按下“接收”软键，打开如图 4-44 所示轮廓起点界面，按图样尺寸输入起点坐标。在本例中，轮廓起点为（0，0）。

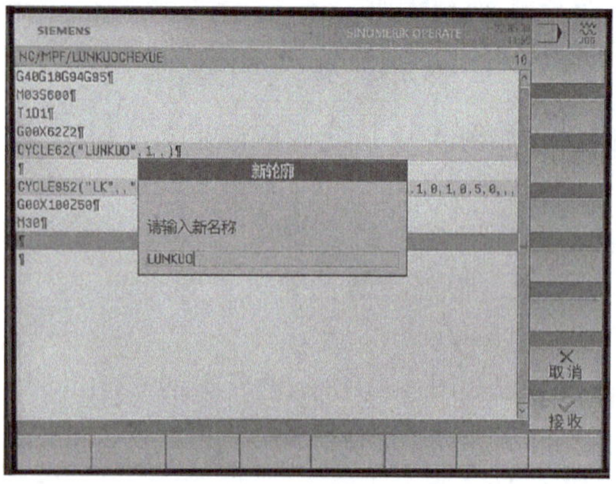

图 4-43　“新轮廓”窗口

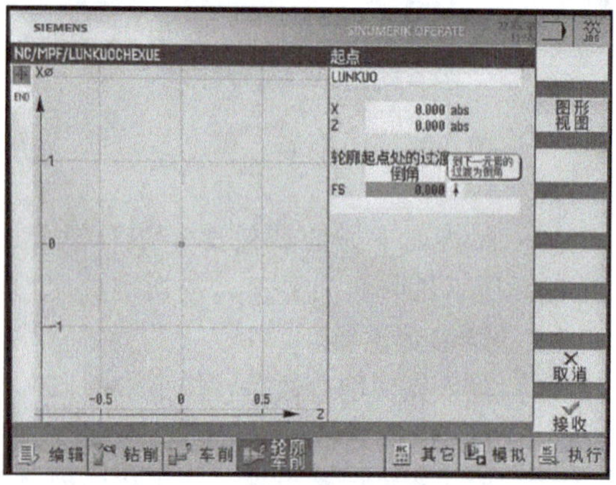

图 4-44　轮廓起点界面（一）

输入轮廓起点后，按下“接收”软键，打开如图 4-45 所示轮廓起点界面，提示选择起点下一元素的类型，若元素创建完成则按下“接收”软键，若未完成则选择下一元素类型。

9）R15mm 圆弧的创建。与起点相邻下一元素为 R15mm 圆弧，因此按下 [圆弧软键图标] 软键，打开如图 4-46 所示创建 R15mm 圆弧界面，在该界面中输入圆弧的半径、终点坐标及圆心坐标。

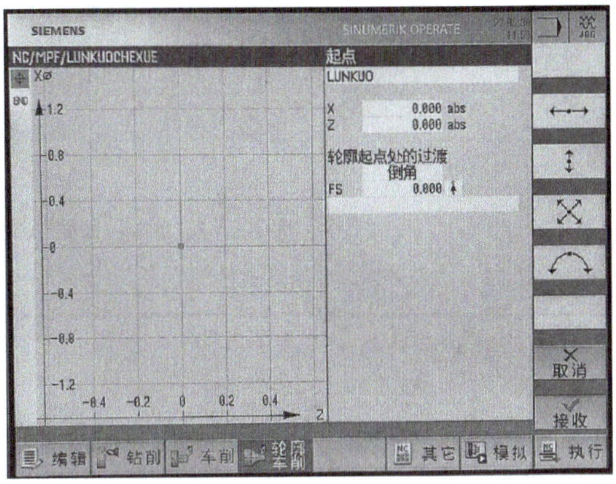

图 4-45 轮廓起点界面（二）

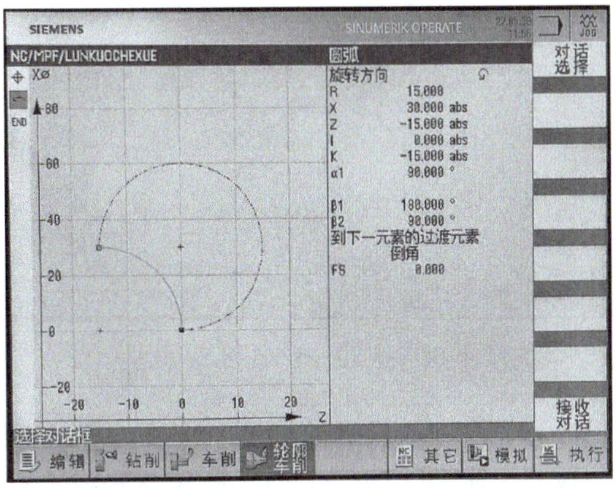

图 4-46 创建 R15mm 圆弧界面（一）

输入圆弧坐标后，按下“接收”和“对话选择”软键，选择“劣弧”，按下“接收对话”软键，出现如图 4-47 所示创建 R15mm 圆弧界面，在该界面中，可以选择下一元素的类型或按下“接收”软键结束轮廓创建。

10）斜线的创建。R15mm 圆弧的下一元素为斜线，因此按 [斜线软键图标] 软键，打开创建直线 ZX 界面一，在该界面中输入斜线的终点坐标及相应参数，创建直线 ZX 界面一如图 4-48 所示。

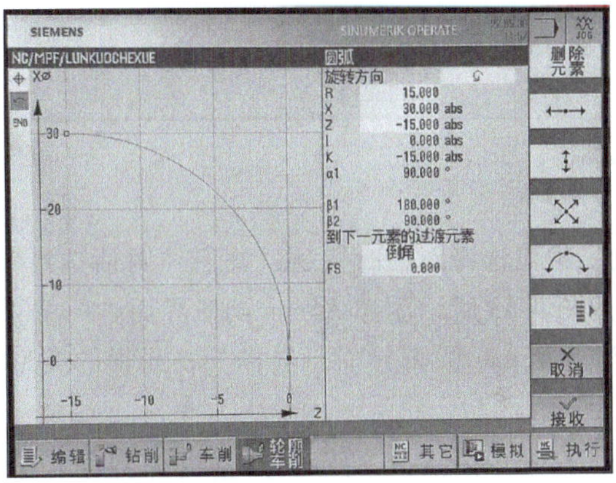

图 4-47 创建 R15mm 圆弧界面（二）

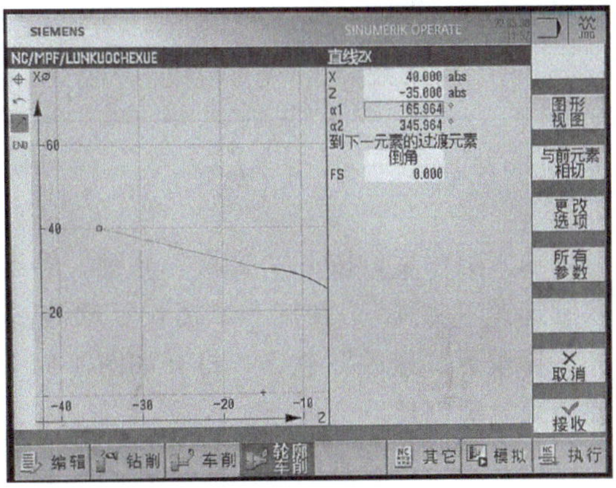

图 4-48 创建直线 ZX 界面（一）

输入斜线参数后按下“接收”软键，创建直线 ZX 界面二如图 4-49 所示，可以选择结束或选择下一元素的类型。

11）第一段水平线的创建。按下 [水平线软键图标] 软键，打开如图 4-50 所示创建直线 Z 界面，输入第一段水平线的终点坐标及相应参数。

输入第一段水平线的坐标后，按下“接收”软键，打开如图 4-51 所示创建直线 Z 界面，可以选择结束或选择下一元素的类型。

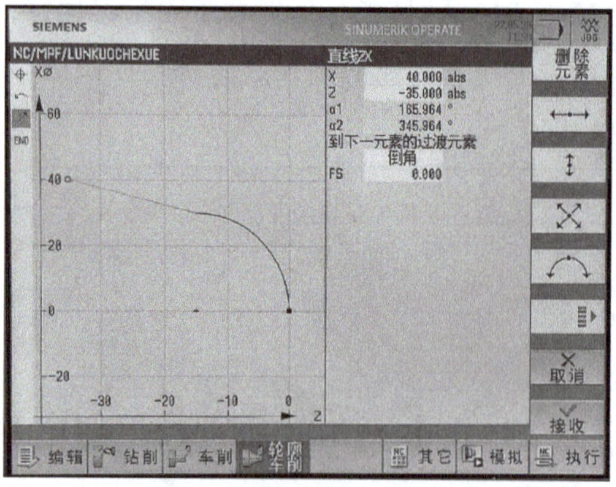

图 4-49　创建直线 ZX 界面（二）

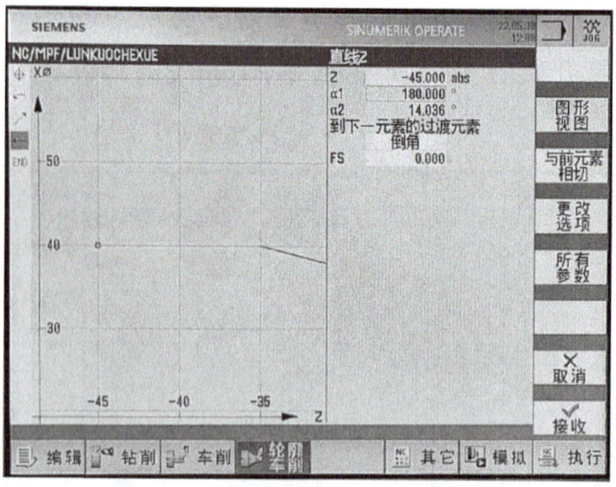

图 4-50　创建直线 Z 界面（一）

12）*R*5mm 圆弧的创建。按下软键，打开如图 4-52 所示。创建 *R*5mm 圆弧界面，在该界面中输入 *R*5mm 圆弧的半径或终点坐标及圆心坐标。

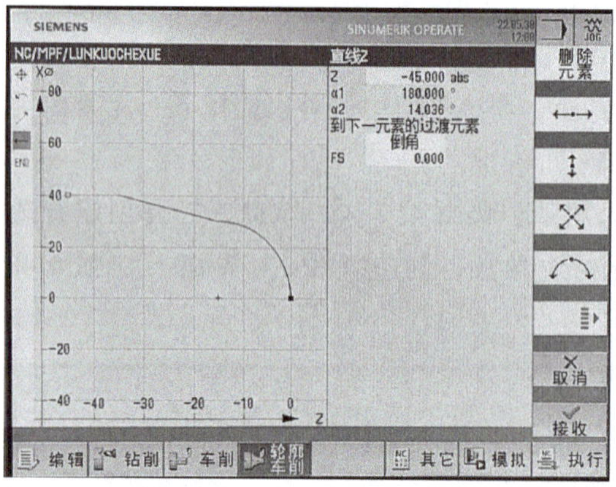

图 4-51　创建直线 Z 界面（二）

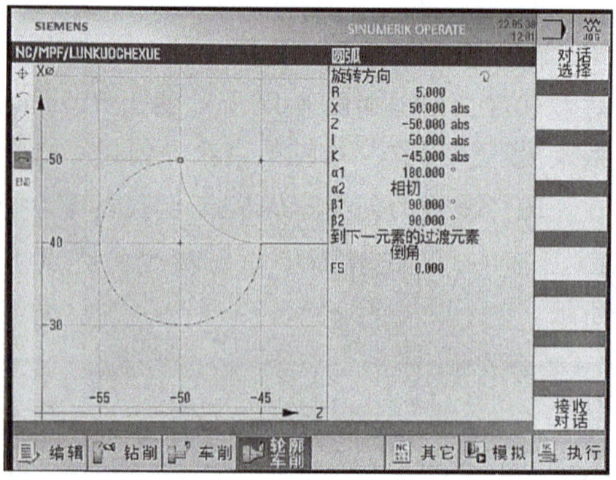

图 4-52　创建 *R*5mm 圆弧界面（一）

输入坐标后，按下“接收”软键，等出现优、劣弧选择对话时，通过按下“对话选择”软键选择“劣弧”，并按下“接收”软键，打开如图 4-53 所示创建 *R*5mm 圆弧界面。

再按下“接收”软键，打开如图 4-54 所示创建 *R*5mm 圆弧界面，选择下一元素的类型或结束轮廓创建。

13）第一段竖直线的创建。按下软键，打开如图 4-55 所示创建直线 X 界面，输入第一段竖直线的终点坐标及倒角尺寸。

按下“接收”软键，打开如图 4-56 所示创建直线 X 界面二，可以选择下一元素的类型或结束轮廓创建。

14）第二段水平线的创建。按下软键，打开如图 4-57 所示创建直线 Z 界面，输入第二段水平线的终点坐标及相应参数，并按下“接收”软键。

15）第二段竖直线的创建。按下软键，打开如图 4-58 所示创建直线 X 界面，输入第二段竖直线的终点坐标及相应参数，并按下“接收”软键。

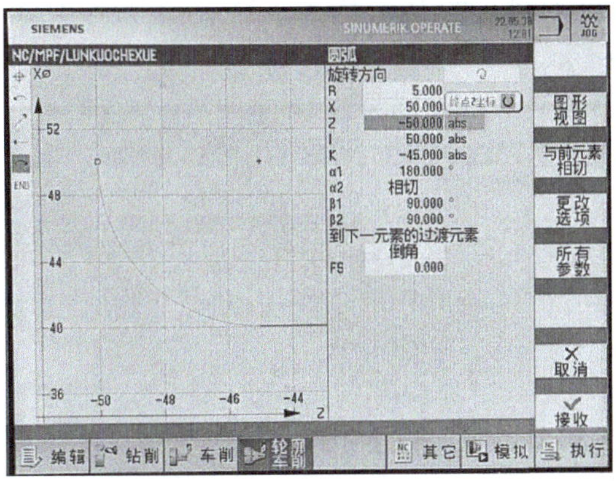

图 4-53　创建 R5mm 圆弧界面（二）

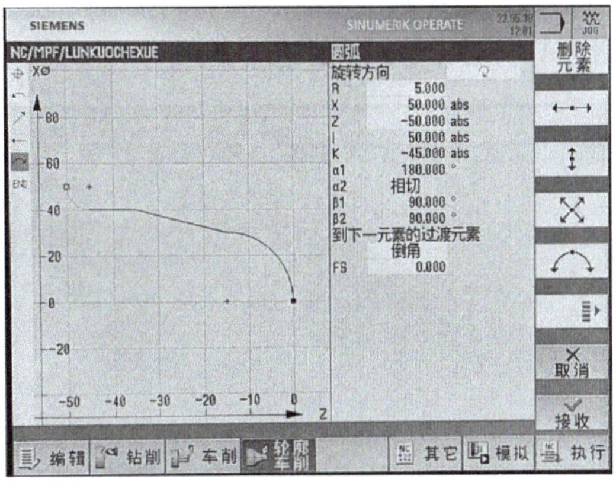

图 4-54　创建 R5mm 圆弧界面（三）

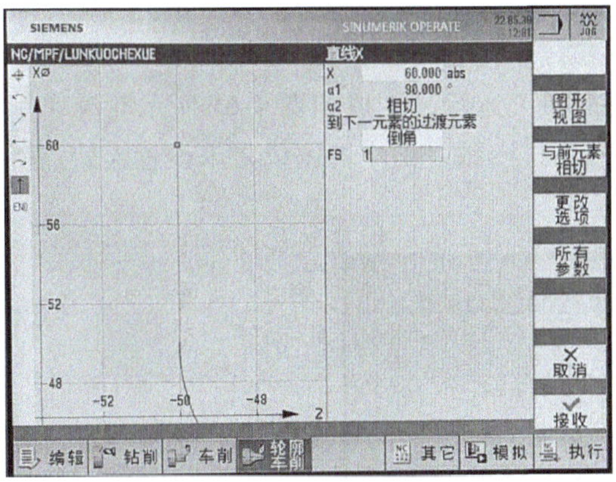

图 4-55　创建直线 X 界面（一）

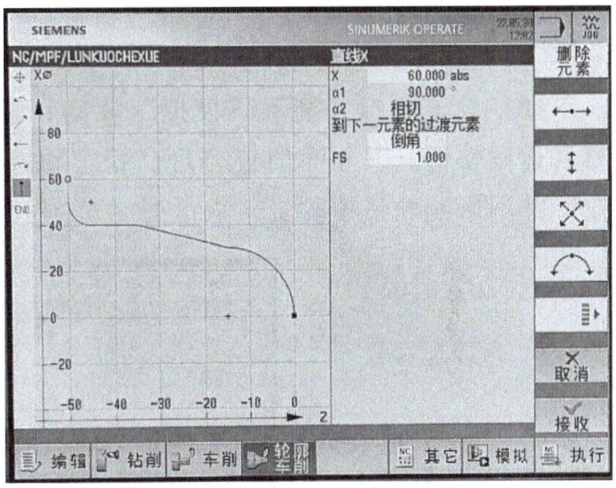

图 4-56　创建直线 X 界面（二）

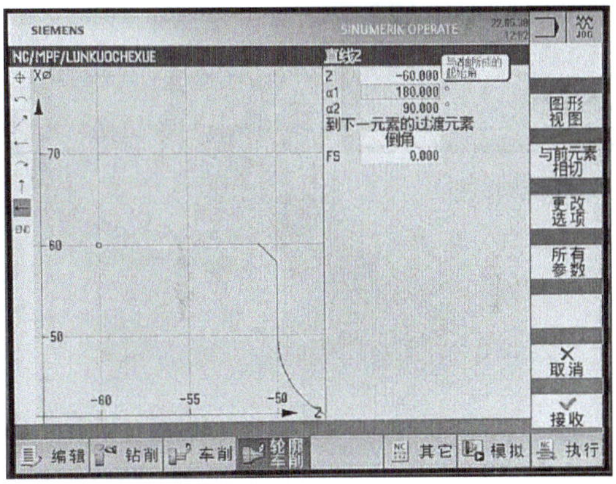

图 4-57　创建直线 Z 界面（一）

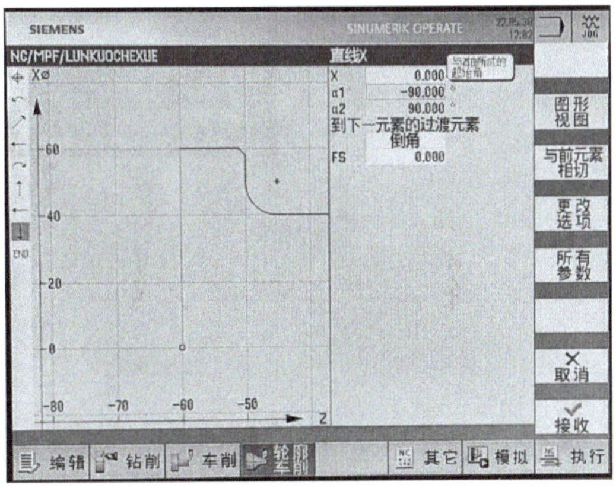

图 4-58　创建直线 X 界面（三）

16）第三段水平线的创建。第三段水平线即中心线，完成中心线的创建，使元素构成封闭轮廓。按下 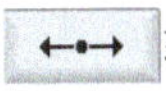 软键，在打开的界面中输入第三段水平线的终点坐标，并按下“接

收”软键，完成第三段水平线的创建，构成完整的封闭轮廓，如图 4-59 所示。

17）轮廓程序生成。按下“接收”软键，打开如图 4-60 所示从 E_LAB_A_LUNKUO 至 E_LAB_E_LUNKUO 的轮廓程序。

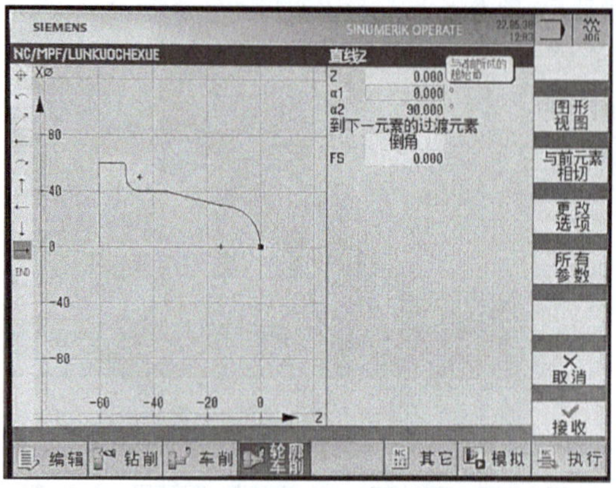

图 4-59　创建直线 Z 界面（二）

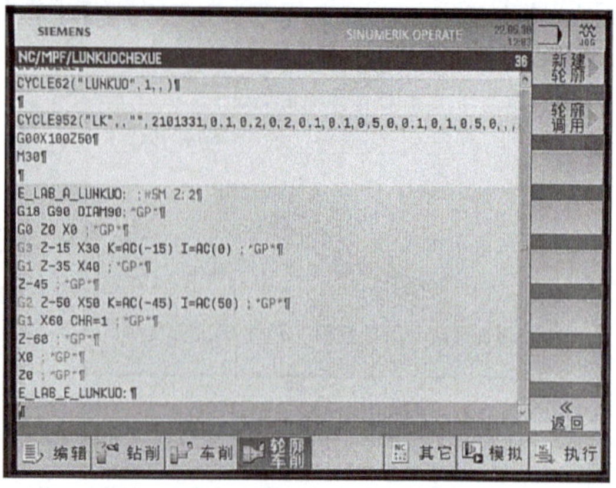

图 4-60　轮廓程序

18）轨迹模拟。按下“模拟”软键，程序模拟加工运行，生成如图 4-61 所示轮廓车削刀具运动轨迹，其粗车轨迹合理，精车轨迹与零件图样一致。图中的斜线是未设置起始点所致，并不影响轨迹模拟。

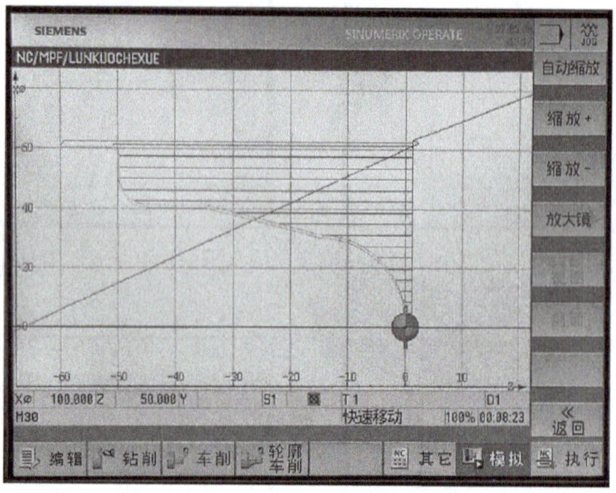

图 4-61　轮廓车削刀具运动轨迹

第 5 章

CAXA CAM 数控车 2020 编程软件功能简介

思维导图：

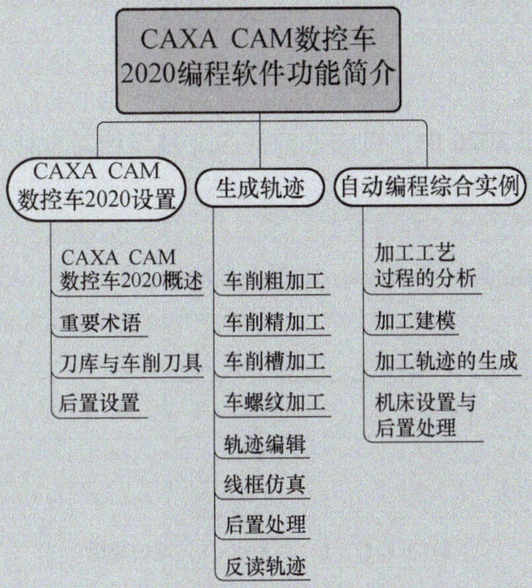

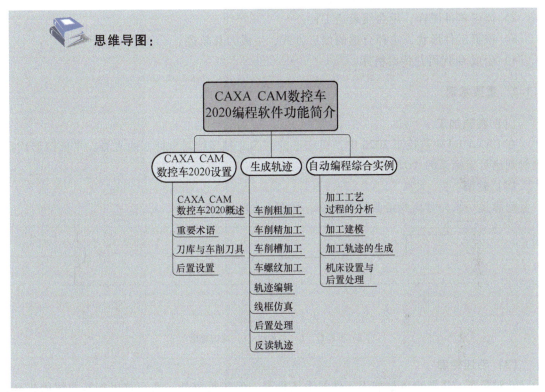

CAXA CAM 数控车 2020 是在数控加工平台上开发的数控车床加工编程和二维图形设计软件。CAXA CAM 数控车 2020 具有 CAD 软件的强大绘图功能和完善的外部数据接口，可以绘制任意复杂的图形，并通过 DXF、IGES 等数据接口与其他系统交换数据。CAXA CAM 数控车 2020 具有轨迹生成及通用后置处理功能。该软件提供了功能强大、使用简洁的轨迹生成手段，可按加工要求生成各种复杂图形的加工轨迹。通用的后置处理模块使 CAXA CAM 数控车 2020 可以满足各种数控车床的代码格式，可输出 G 代码，并对生成的代码进行校验及加工仿真。

用户界面　　CAXA CAM 数控车基本操作　　图形绘制　　曲线编辑

5.1 CAXA CAM 数控车 2020 设置

5.1.1 CAXA CAM 数控车 2020 概述

用 CAXA CAM 数控车 2020 实现加工的过程：

1）必须配置好机床，这是正确输出代码的关键。

2）读懂零件图样，用曲线表达工件。

3）根据工件形状，选择合适的加工方式，生成刀具轨迹。

4）生成 G 代码并传给机床。

5.1.2 重要术语

（1）两轴加工

在 CAXA CAM 数控车 2020 中，机床坐标系的 *Z* 轴即绝对坐标系的 *X* 轴，平面图形均指投射到绝对坐标系的 *XOY* 平面的图形。

（2）轮廓

轮廓是一系列首尾相接曲线的集合，如图 5-1 所示。

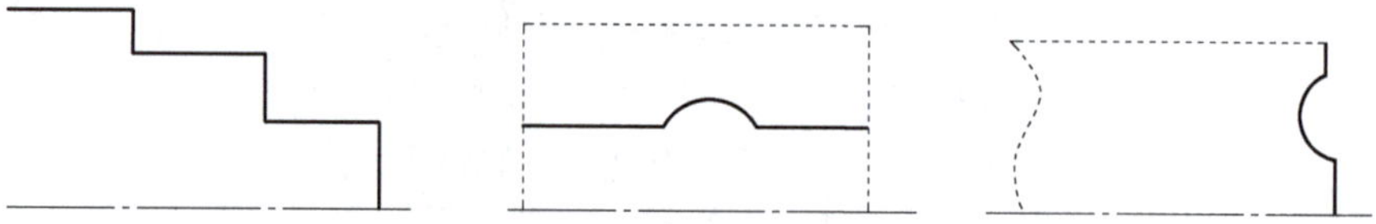

a) b) c)

图 5-1 轮廓示例

a）外轮廓 b）内轮廓 c）端面轮廓

（3）毛坯轮廓

针对粗车，需要绘制被加工工件的毛坯轮廓。毛坯轮廓是一系列首尾相接曲线的集合，如图 5-2 所示。

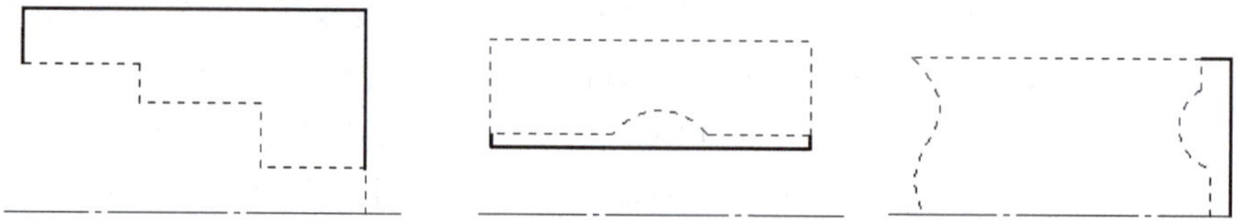

a) b) c)

图 5-2 毛坯轮廓示例

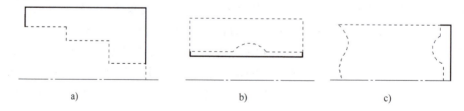

a）外轮廓毛坯 b）内轮廓毛坯 c）端面轮廓毛坯

在进行数控编程，交互指定待加工图形时，常常需要指定毛坯的轮廓，用来界定被加工的表面或被加工的毛坯本身。如果毛坯轮廓是用来界定被加工表面的，则要求指定的轮廓是闭合的；如果加工的是毛坯轮廓本身，则毛坯轮廓可以不闭合。

（4）机床参数

数控车床的一些速度参数，包括主轴转速、接近速度、进给速度和退刀速度，如图 5-3

所示。主轴转速是切削时机床主轴转动的角速度；进给速度是正常切削时刀具行进的线速度（mm/min 或 mm/r）；接近速度是从进刀点到切入工件前刀具行进的线速度，又称进刀速度；退刀速度是刀具离开工件回到退刀位置时行进的线速度。

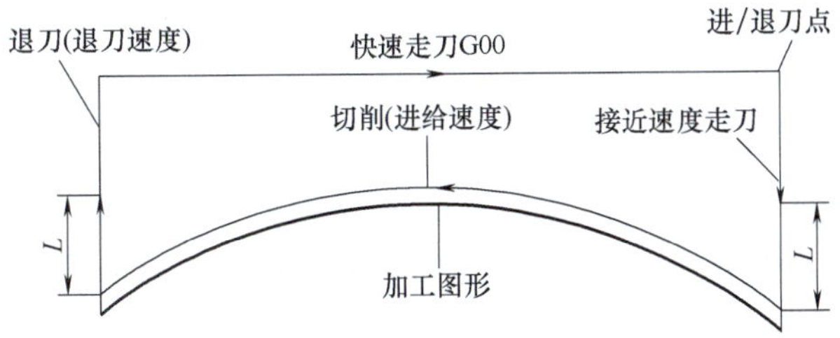

图 5-3 数控车床中的速度示意（L=慢速下刀/快速退刀距离）

这些速度参数的给定一般依赖于操作者的经验，原则上讲，它们与机床本身、工件的材料、刀具材料、工件的加工精度和表面粗糙度要求等相关。

（5）刀具运动轨迹和刀位点

刀具运动轨迹是系统按给定工艺要求生成的对给定加工图形进行切削时刀具行进的路线，如图 5-4 所示。系统以图形方式显示，刀具运动轨迹由一系列有序的刀位点和连接这些刀位点的直线（直线插补）或圆弧（圆弧插补）组成。

本系统的刀具运动轨迹是按刀尖位置来显示的。

（6）加工余量

车削加工是一个去除余量的过程，即从毛坯开始逐步去除多余的材料，以得到需要的零件。这种过程往往由粗加工和精加工构成，必要时还需要进行半精加工，即需经过多道工序的加工。在前一道工序中，往往需给下一道工序留下一定的余量。实际的加工模型是指定的加工模型按给定的加工余量进行等距的结果，如图 5-5 所示。

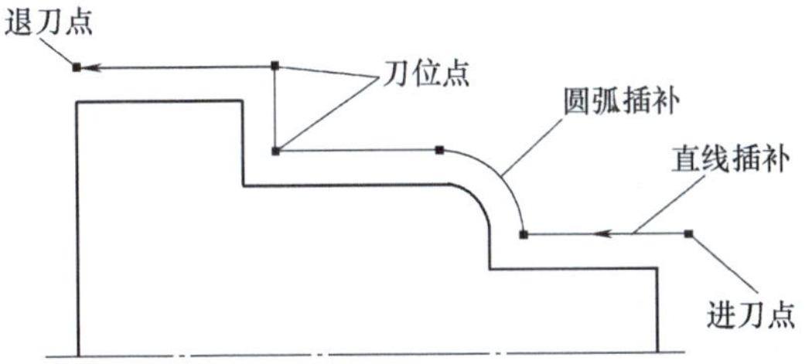

图 5-4 刀具运动轨迹和刀位点

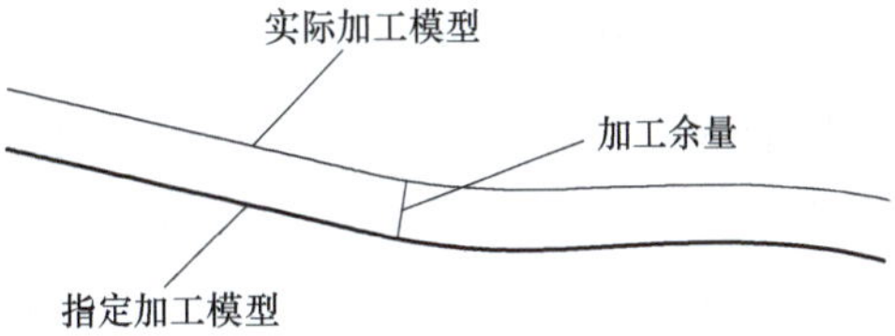

图 5-5 加工余量示意

（7）加工误差

加工误差是刀具运动轨迹同加工模型之间的最大允许偏差，系统保证刀具运动轨迹与实际加工模型之间的偏离不大于加工误差。可通过控制加工误差来控制加工的精度。

应根据实际工艺要求给定加工误差，如在进行粗加工时，加工误差可以较大，否则加工效率会受到不必要的影响；而在进行精加工时，需根据表面要求等给定加工误差。

在两轴加工中，对于直线和圆弧的加工不存在加工误差，加工误差指对样条曲线进行加工时用折线段逼近样条时的误差，如图 5-6 所示。

（8）加工干涉

切削被加工表面时，刀具切削到了不该切削的部分的现象称为干涉，或者过切。在

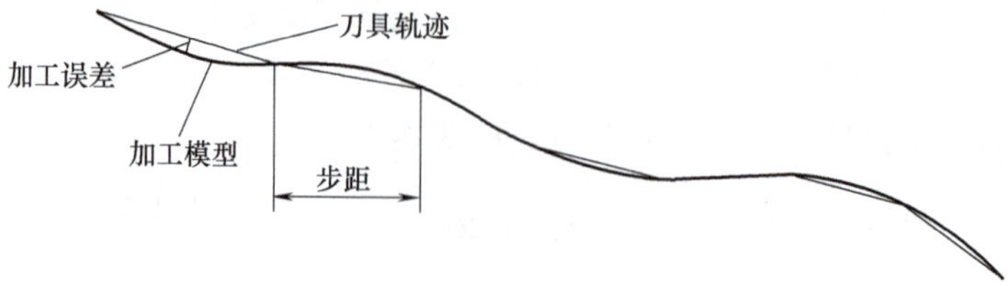

图 5-6 加工误差与步距

CAXA CAM 数控车 2020 系统中，干涉分为以下两种情况：

1）被加工表面中存在刀具切削不到的部分时存在的过切现象。

2）切削时，刀具与未加工表面存在的过切现象。

5.1.3 刀库与车削刀具

该功能定义并确定刀具的有关数据，以便从刀库中获取刀具信息和对刀库进行维护。该功能可以创建轮廓车刀、切槽车刀、钻头和螺纹车刀等刀具类型。

（1）操作方法

1）在菜单区“数控车”子菜单中选取“创建刀具”选项，系统弹出“创建刀具”对话框。可按需要添加新的刀具，新创建的刀具列表会显示在绘图区左侧的管理树刀库节点下。

2）双击刀库节点下的刀具节点，弹出“编辑刀具”对话框，来改变刀具参数。

3）在刀库节点右击后弹出的子菜单中选取“导出刀具”选项，可以将所有刀具的信息保存到一个文件中。

4）在刀库节点右击后弹出的子菜单中选取“导入刀具”选项，可以将保存到文件中的刀具信息全部读入到文档中，并添加到刀库节点下。

注意：刀库中的各种刀具只是同一类刀具的抽象描述，并非符合国家标准或其他标准的详细刀库。所以只列出了对轨迹生成有影响的部分参数，其他与具体加工工艺相关的刀具参数并未列出。例如，将各种外轮廓、内轮廓、端面粗精车刀均归为轮廓车刀，对轨迹生成没有影响。

（2）参数说明

1）轮廓车刀。轮廓车刀参数对话框如图 5-7 所示，其参数含义见表 5-1。

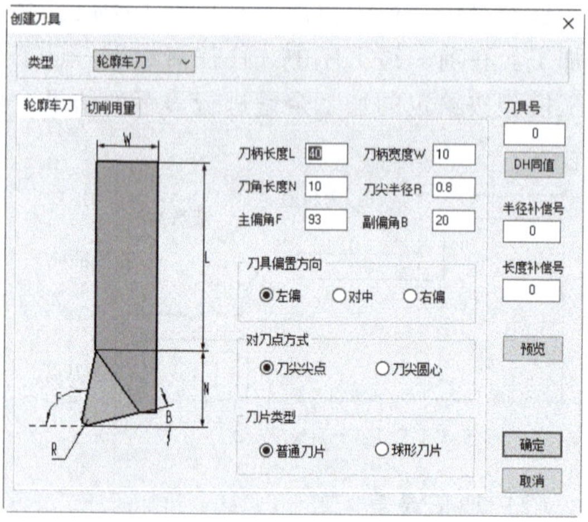

图 5-7 轮廓车刀参数对话框

表 5-1 轮廓车刀参数含义

参数名称	参数含义
刀具号	刀具的系列号，用于后置处理的自动换刀指令。刀具号唯一，并对应机床的刀库
半径补偿号	刀具圆弧半径补偿值的序列号，其值对应于机床的数据库
长度补偿号	刀具长度补偿值的序列号，其值对应于机床的数据库

（续）

参数名称	参数含义
刀柄长度 L	刀具可夹持段的长度
刀柄宽度 W	刀具可夹持段的宽度
刀角长度 N	刀具可切削段的长度
刀尖半径 R㊀	修圆刀尖的公称半径
主偏角 F	主切削平面与假定工作平面间的夹角，在基面中测量
副偏角 B	副切削平面与假定工作平面间的夹角，在基面中测量

2）切槽车刀。切槽车刀参数对话框如图 5-8 所示，其参数含义见表 5-2。

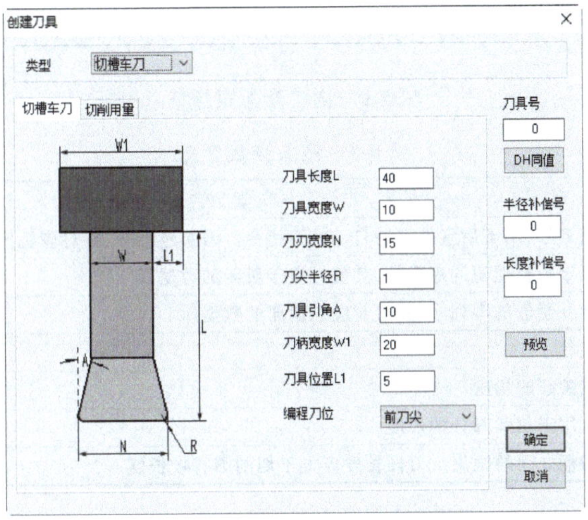

图 5-8　切槽车刀参数对话框

表 5-2　切槽车刀参数含义

参数名称	参数含义
刀具号	刀具的系列号，用于后置处理的自动换刀指令。刀具号唯一，并对应机床的刀库
半径补偿号	刀具圆弧半径补偿值的序列号，其值对应于机床的数据库
长度补偿号	刀具长度补偿值的序列号，其值对应于机床的数据库
刀具长度 L	刀具的总体长度
刀具宽度 W	刀具的宽度
刀刃宽度 N	刀具切削刃的宽度
刀尖半径 R	修圆刀尖的公称半径
刀具引角 A	刀具可切削段两侧边与垂直于切削方向的夹角（此处可类似理解为副偏角，即副切削平面与假定工作平面间的夹角，在基面中测量）
刀柄宽度 W1	刀具可夹持段的宽度
刀具位置 L1	切槽刀具在切槽刀柄中的位置

3）钻头。钻头参数对话框如图 5-9 所示，其参数含义见表 5-3。

㊀ “刀尖半径”的规范术语是“刀尖圆弧半径”，但鉴于类似处来自软件，因此暂保留“刀尖半径”。

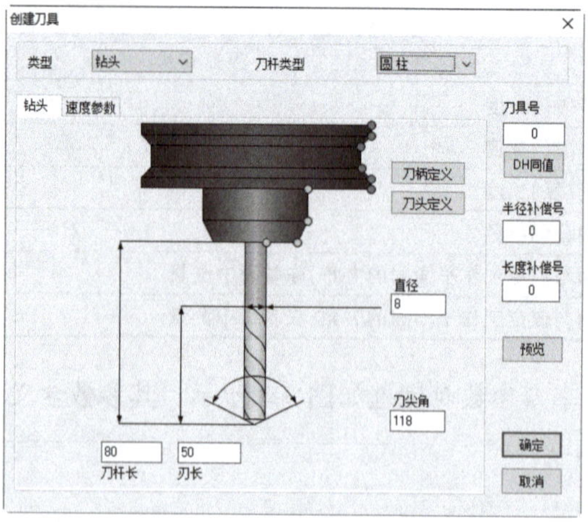

图 5-9　钻头参数对话框

表 5-3　钻头参数含义

参数名称	参数含义
刀具号	刀具的系列号，用于后置处理的自动换刀指令。刀具号唯一，并对应机床的刀库
半径补偿号	刀尖圆弧半径补偿值的序列号，其值对应于机床的数据库
长度补偿号	刀具长度补偿值的序列号，其值对应于机床的数据库
直径	刀具的直径
刀尖角	钻头前端尖部的角度
刃长	刀具上可用于切削部分的长度
刀杆长	刀尖到刀柄之间的距离。刀杆长度应大于切削刃有效长度

4）螺纹车刀。螺纹车刀参数对话框如图 5-10 所示，其参数含义见表 5-4。

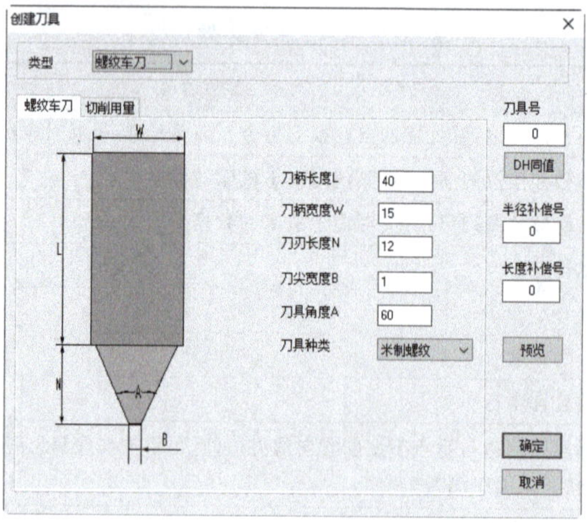

图 5-10　螺纹车刀参数对话框

表 5-4　螺纹车刀参数含义

参数名称	参数含义
刀具号	刀具的系列号，用于后置处理的自动换刀指令。刀具号唯一，并对应机床的刀库
半径补偿号	刀具圆弧半径补偿值的序列号，其值对应于机床的数据库

（续）

参数名称	参数含义
长度补偿号	刀具长度补偿值的序列号，其值对应于机床的数据库
刀柄长度 L	刀具可夹持段的长度
刀柄宽度 W	刀具可夹持段的宽度
刀刃长度 N	刀具切削刃顶部的宽度。对于三角形螺纹车刀，切削刃宽度等于 0
刀尖宽度 B	螺纹牙底宽度
刀具角度 A	刀具切削段两侧边与垂直于切削方向的夹角，该角度决定了车削出的螺纹的螺纹角
刀具种类	可以选择螺纹刀具的种类，如米制螺纹、英制螺纹、矩形螺纹、梯形螺纹或自定义螺纹类型

5.1.4　后置设置

后置设置就是针对不同的机床和不同的数控系统设置特定的数控代码、数控程序格式及参数，并生成配置文件。生成数控程序时，系统根据该配置文件的定义生成用户所需要的特定代码格式的加工指令。

在“数控车”子菜单区中选取“后置设置”选项，系统弹出“后置设置”对话框，如图 5-11 所示。用户可按自己的需求增加新的或更改已有的控制系统和机床配置。单击“确定”按钮用于更改保存，单击“取消”按钮则放弃已做的更改。

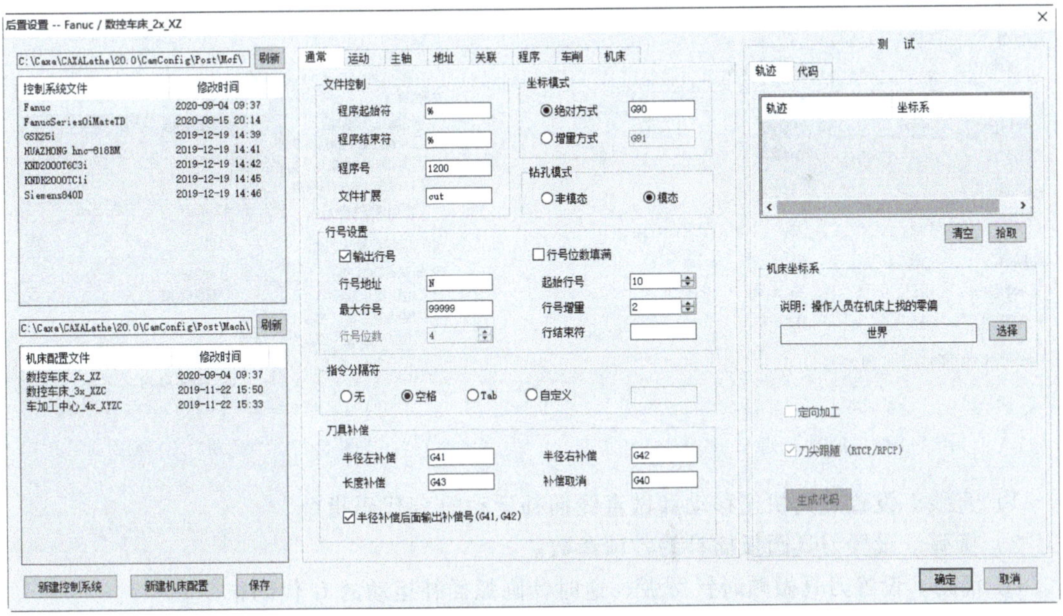

图 5-11　“后置设置”对话框

后置设置给用户提供了一种灵活方便的设置系统配置的方法。对不同的机床进行适当的配置，具有重要的实际意义。通过设置系统配置参数，后置处理所生成的数控程序可以直接输入数控机床或加工中心进行加工，而无须进行修改。如果已有的机床类型中没有所需的机床，则可增加新的机床类型以满足使用需求，并可对新增的机床进行设置。“后置设置”对话框左侧的上、下两个列表中分别列出了现有的控制系统文件与机床配置文件，在中间的各个选项卡中对相关参数进行设置，在右侧的“测试”选项组中，可以选中轨迹，并单击

“生成代码”按钮，可以在“代码”选项卡中看到当前的后置设置下选中轨迹所生成的 G 代码，便于用户对照后置设置的效果。

（1）通常设置

在“后置设置”对话框的“通常”选项卡（图 5-12）中，可以对基本格式进行设置。

1）文件控制。设定 G 代码的程序起始符、程序结束符、程序号和文件扩展。

2）坐标模式。设定按绝对坐标和相对上一点增量坐标两种坐标模式的 G 代码指令。

3）行号设置。设定是否输出行号，行号位数是否填满，设定行号地址、起始行号、最大行号、行号增量和行结束符。

4）指令分隔符。设定数控指令之间的分隔符号。

5）刀具补偿。设定各种刀具补偿模式的 G 代码指令。

（2）运动设置

在后置设置对话框的“运动”选项卡（图 5-13）中，可以对 G 代码中与刀具运动相关的参数进行设置。

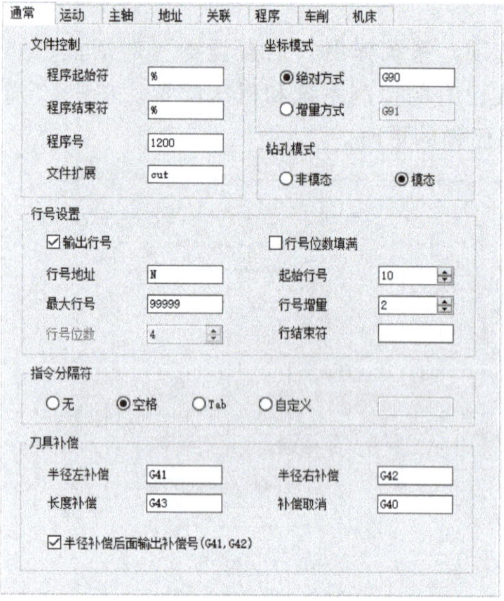

图 5-12 “通常”选项卡

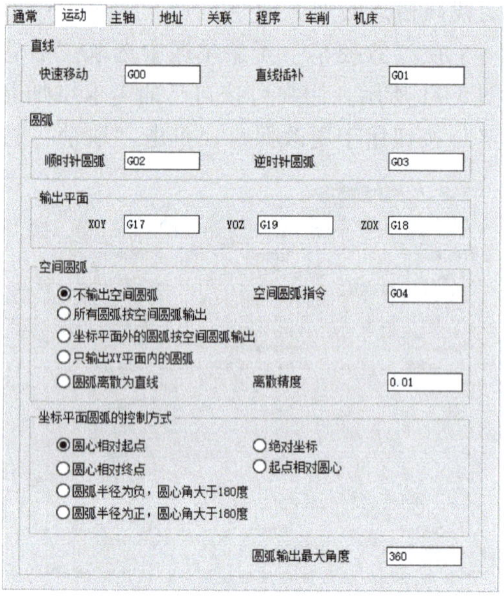

图 5-13 “运动”选项卡

1）直线。设置刀具快速移动和做直线插补运动的 G 代码指令。

2）圆弧。设置刀具圆弧插补的各项参数。

① 代码。设置刀具做顺时针圆弧、逆时针圆弧插补运动的 G 代码指令。

② 输出平面。设置平面圆弧插补时，圆弧所在不同平面的 G 代码指令。

③ 空间圆弧。设置空间圆弧插补的处理方式。

④ 坐标平面圆弧的控制方式。设置圆弧插补段的 G 代码中，圆心点（I，J，K）坐标的含义。

（3）主轴设置

在后置设置对话框的“主轴”选项卡（图 5-14）中，可以对 G 代码中的机床主轴行为进行设置。

1）主轴。设置主轴正转、反转和停转的 M 代码指令。

2）速度。设置主轴转速的输出方式。

3）冷却液[⊖]。设置开、关冷却液的 M 代码指令。

4）程序代码。设置程序停止和程序暂停的 M 代码指令。

（4）地址设置

在“后置设置”对话框的“地址”选项卡（图 5-15）中，可以对 G 代码各指令地址的输出格式进行设置。选项卡左侧的指令地址列表列出了所有可用的地址符，常用的有 X、Y、Z、I、J、K、G、M、F 和 S 等。右侧的“格式定义”选项组中可以修改每个地址符的格式。

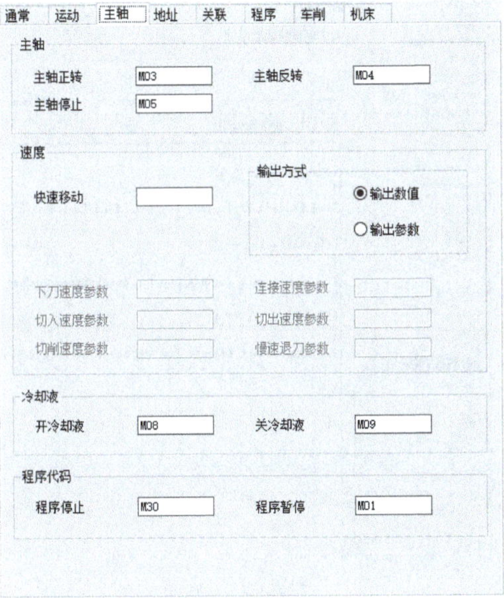

图 5-14　“主轴”选项卡

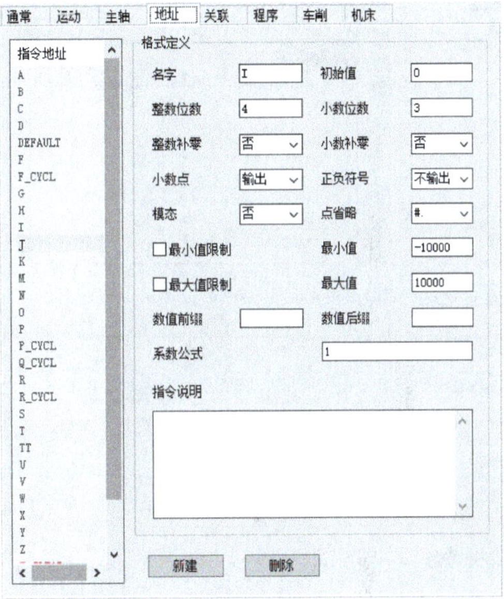

图 5-15　“地址”选项卡

1）名字。直接控制 G 代码中输出的地址文字。通常与地址符自身相同，但有时需要特别设置。例如在数控车的 G 代码中，轴向坐标往往会输出 Z，而在轨迹中，轴向为 X 方向，因此，可以将地址 X 的名字设置为“Z”，这样输出的 G 代码中，所有轨迹点的 X 坐标将用 Z 来进行输出。

2）模态。指令地址在输出前会判断当前输出的数值是否与上次输出的数值相同，若不同则必须在 G 代码中进行此次指令输出；若相同，则只有模态设置为“是”时，才会在 G 代码中进行此次指令输出。例如 X、Y、Z、I、J 和 K 这样的用于输出坐标的指令地址，往往模态设置为“否”，这样，若当前点 X 坐标与上一个点相同，Y 坐标不同时，此次指令在输出时将只输出新的 Y 坐标。

3）系数公式。对指令地址输出的数值进行变换。例如，若将 X 指令地址的公式设置为“＊（-1）”，则所有刀位点的 X 坐标将会乘以-1 后再输出。该项目提供了一种统一修改 G 代码输出数值的可能性，但是会影响到整个 G 代码中所有该指令地址输出的数值，因此使

⊖ “冷却液”的规范术语是“切削液”，但鉴于类似处来自软件，因此暂保留“冷却液”。

用时务必谨慎。

（5）关联设置

在“后置设置”对话框的“关联”选项卡（图 5-16）中，可以对 G 代码中各项数值输出时使用的指令地址进行设置。左侧的系统变量列表中列出了部分可以修改指令地址的数值变量。

（6）程序设置

在“后置设置”对话框的“程序”选项卡（图 5-17）中，可以对各段加工过程的 G 代码函数进行设置。

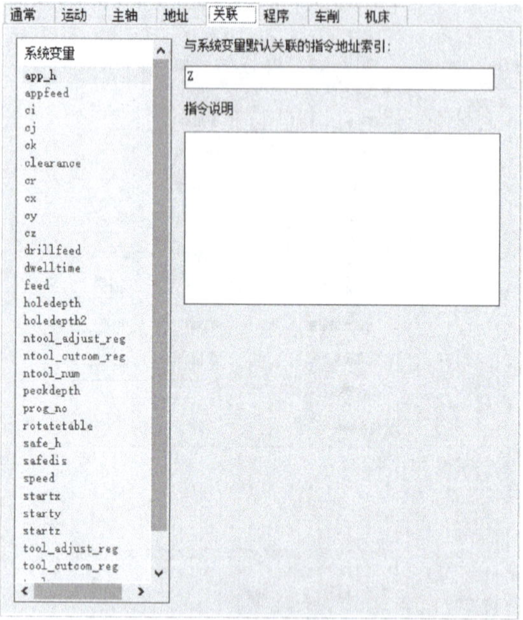

图 5-16 “关联”选项卡

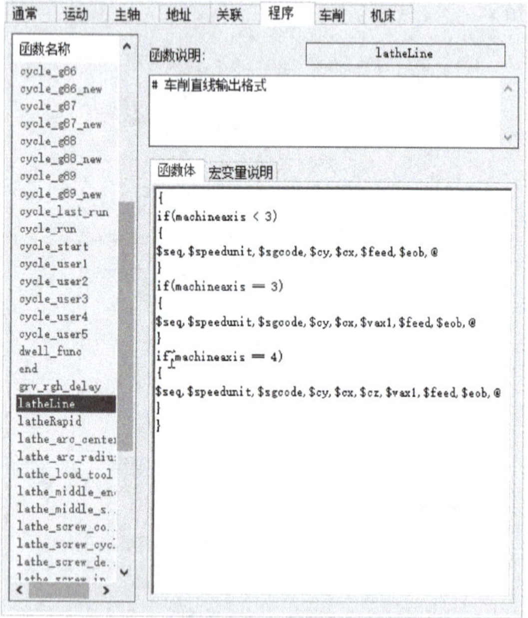

图 5-17 “程序”选项卡

左侧的列表中列出了所有可用的函数名称，右侧的“函数体”选项卡显示了选中函数的输出格式。

例如，latheLine 函数用于输出直线插补加工段的 G 代码，其函数体内容为“$ seq，$ speedunit，$ sgcode，$ cy，$ cx，$ feed，$ eob，@”，其中各变量的含义如下：

seq：行号。

speedunit：进给速度单位。一般情况下，G98 代表每分钟进给（mm/min），G99 代表每转进给（mm/r）。

sgcode：进给指令。直线插补指令一般为 G01。

cy：径向坐标值，对应数控车床坐标系的 X 坐标值。

cx：轴向坐标值，对应数控车床坐标系的 Z 坐标值。

feed：进给速度。

eob：结束符，表示该函数结束。

按照以上定义，若刀具需要以直线进给的方式前进到点（50，20），进给速度为 20mm/min，则这段加工过程输出的 G 代码为：

N10 G98 G01 X50.0 Z20.0 F20

(7) 车削设置

在“后置设置”对话框的“车削”选项卡（图 5-18）中，可以对 G 代码中车削特有的一些参数进行设置。

1）端点坐标径向分量使用直径。轨迹中的径向坐标值使用的是半径值，但是在 G 代码中往往需要以直径值来输出。勾选此选项后，G 代码中即以直径值来输出径向坐标。例如轨迹中的径向坐标为 20mm，勾选此选项后 G 代码中会输出 X40.0。

2）圆心坐标径向分量使用直径。与直线插补一样，轨迹中圆弧插补段的圆心坐标使用的也是半径值，若需要在 G 代码中以直径方式输出圆心坐标，则可以勾选此选项。勾选后，若轨迹中圆心径向坐标为 20mm，则输出的 G 代码为 I40.0。

(8) 机床设置

在“后置设置”对话框的“机床”选项卡中，可以对机床信息进行设置。如图 5-19 所示，当前选择的三轴车削加工中心，可以设置两个线性轴和一个旋转轴相关信息，如线性轴的初始值、最大值和最小值。

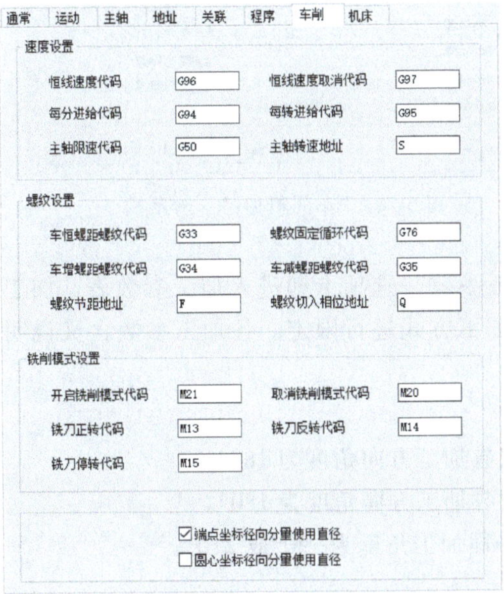

图 5-18 “车削”选项卡

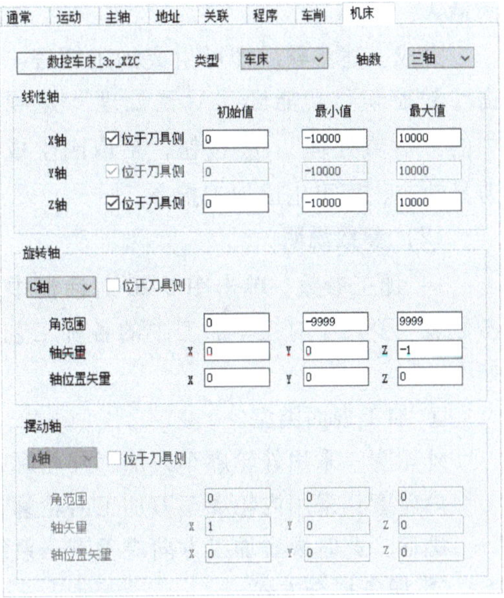

图 5-19 “机床”选项卡

5.2 生成轨迹

5.2.1 车削粗加工

车削粗加工功能用于实现对工件外轮廓表面、内轮廓表面和端面的粗车加工，可以快速切除毛坯的多余部分。

粗车轮廓时要确定被加工轮廓和毛坯轮廓，被加工轮廓就是加工结束后的工件表面轮廓，毛坯轮廓就是加工前毛坯的表面轮廓。被加工轮廓和毛坯轮廓两端点相连，两轮廓共同构成一个封闭的加工区域，在此区域内的材料将被加工去除。被加工轮廓和毛坯轮廓不能单独闭合或自相交。

（1）操作步骤

1）单击“数控车”功能区“二轴加工”选项卡中的“车削粗加工” 按钮，系统弹出“车削粗加工”对话框，如图 5-20 所示。在对话框中，首先要确定被加工的是外轮廓表面、内轮廓表面还是端面，接着按加工要求确定其他加工参数。

2）确定参数后拾取被加工轮廓和毛坯轮廓，此时可使用系统提供的轮廓拾取工具，对于多段曲线组成的轮廓，可使用“限制链拾取”。采用“链拾取”和“限制链拾取”时的拾取箭头方向与实际的加工方向无关。

3）确定进退刀点。指定一点为刀具加工前和加工后所在的位置，右击可忽略该点的输入。

完成上述步骤后即可生成加工轨迹。单击“数控车”功能区“后置处理”选项卡中的“后置处理” 按钮，拾取刚生成的刀具轨迹，即可生成加工指令。

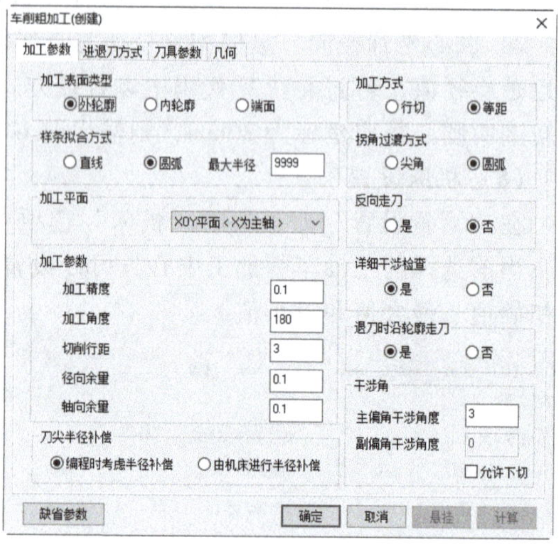

图 5-20 “车削粗加工”对话框

（2）参数说明

1）加工参数。单击图 5-20 对话框中的“加工参数”选项卡即进入加工参数表。加工参数表主要用于对粗车加工中的各种工艺条件和加工方式进行限定。各加工参数含义说明如下：

① 加工表面类型。

外轮廓：采用外轮廓车刀加工外轮廓，此时缺省加工方向角度为 180°。

内轮廓：采用内轮廓车刀加工内轮廓，此时缺省加工方向角度为 180°。

端面：此时缺省加工方向应垂直于系统 X 轴，即加工角度为 −90° 或 270°。

② 样条拟合方式。

直线：对加工轮廓中的样条曲线根据给定的加工精度用直线段进行拟合。

圆弧：对加工轮廓中的样条曲线根据给定的加工精度用圆弧段进行拟合。

③ 加工参数。

加工精度：可按需要控制加工精度。对轮廓中的直线和圆弧，机床可以精确地进行加工；对由样条曲线组成的轮廓，系统将按给定的精度把样条曲线转化成直线段来满足加工精度要求。

加工角度：刀具切削方向与机床 Z 轴（软件系统 X 正方向）正方向的夹角。

切削行距：行间切削深度，两相邻切削行之间的距离。

径向余量：加工结束后，被加工表面径向未加工部分的剩余量。

轴向余量：加工结束后，被加工表面轴向未加工部分的剩余量。

④ 刀尖半径补偿[一]。

编程时考虑半径补偿：在生成加工轨迹时，系统根据当前所用刀具的刀尖圆弧半径进行补偿计算（按假想刀尖点编程）。所生成代码即为已考虑半径补偿的代码，无须机床再进行刀尖圆弧半径补偿。

由机床进行半径补偿：在生成加工轨迹时，假设刀尖圆弧半径为 0，按轮廓编程，不进行刀尖圆弧半径补偿计算。所生成代码在用于实际加工时应根据实际刀尖圆弧半径由机床指定补偿值。

⑤ 拐角过渡方式。

尖角：在切削过程遇到拐角时刀具从轮廓的一边到另一边的过程中，以尖角的方式过渡。

圆弧：在切削过程遇到拐角时刀具从轮廓的一边到另一边的过程中，以圆弧的方式过渡。

⑥ 反向走刀[二]。

是：刀具按与缺省方向相反的方向进给。

否：刀具按缺省方向进给，即刀具从机床 Z 轴正方向向 Z 轴负方向移动。

⑦ 详细干涉检查。

是：加工凹槽时，用定义的干涉角度检查加工中是否有刀具前角干涉及底切干涉，并按定义的干涉角度生成无干涉的切削轨迹。

否：假设刀具前、后干涉角均为 0°，不加工凹槽部分，保证切削轨迹无前角干涉及底切干涉。

⑧ 退刀时沿轮廓走刀。

是：两刀位行之间如果有一段轮廓，则在后一刀位行之前、之后增加对行间轮廓的加工。

否：刀位行首末直接进、退刀，不加工行与行之间的轮廓。

⑨ 干涉角。

主偏角干涉角度：做前角干涉检查时，确定干涉检查的角度。

副偏角干涉角度：做底切干涉检查时，确定干涉检查的角度。当勾选“允许下切”时可用。

2）进退刀方式。单击图 5-20 对话框中的“进退刀方式”选项卡即进入“进退刀方式”参数表，如图 5-21 所示。该参数表用于设定加工中的进退刀方式。

① 快速退刀距离。以给定的退刀速度回退的距离（相对值），在此距离上以机床允许的最大进给速度退刀。

② 每行相对毛坯进刀方式。用于指定对毛坯部分进行切削时的进刀方式。

与加工表面成定角：指在每一切削行前加入一段与轨迹切削方向夹角成一定角度的进刀段，刀具垂直进刀到该进刀段的起点，再沿该进刀段进刀至切削行。长度定义该进刀段的长度，角度定义该进刀段与轨迹切削方向的夹角。

㊀ “刀尖半径补偿”的规范术语是“刀尖圆弧半径补偿”，但鉴于类似处来自软件，因此暂保留“刀尖半径补偿”。

㊁ “走刀”的规范术语是“进给”，但鉴于类似处来自软件，因此暂保留“走刀”。

垂直：指刀具直接进刀至每一切削行的起始点。

矢量：指在每一切削行前加入一段与系统 X 轴（机床 Z 轴）正方向成一定夹角的进刀段，刀具进刀至该进刀段的起点，再沿该进刀段进刀至切削行。长度定义矢量（进刀段）的长度，角度定义矢量（进刀段）与系统 X 轴正方向的夹角。

③ 每行相对加工表面进刀方式。用于指定对加工表面部分进行切削时的进刀方式。本栏中的参数说明参照每行相对毛坯进刀方式栏中的参数。

④ 每行相对毛坯退刀方式。用于指定对毛坯部分进行切削时的退刀方式。

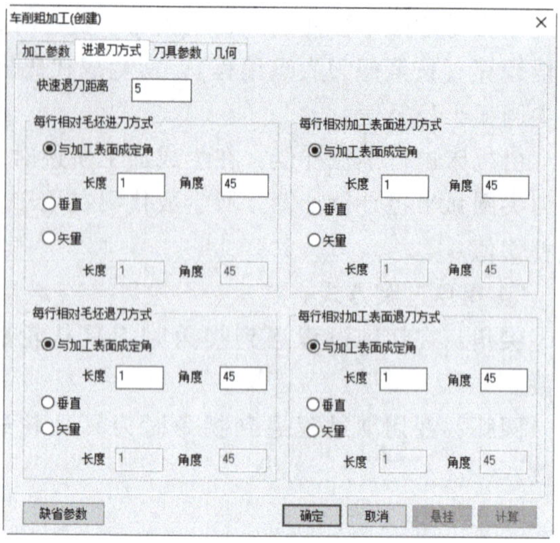

图 5-21 “进退刀方式”选项卡

与加工表面成定角：指在每一切削行后加入一段与轨迹切削方向夹角成一定角度的退刀段，刀具先沿该退刀段退刀，再从该退刀段的终点开始垂直退刀。长度定义该退刀段的长度，角度定义该退刀段与轨迹切削方向的夹角。

垂直：指刀具直接退刀至每一切削行的起始点。

矢量：指在每一切削行后加入一段与系统 X 轴（机床 Z 轴）正方向成一定夹角的退刀段，刀具先沿该退刀段退刀，再从该退刀段的终点开始垂直退刀。长度定义矢量（退刀段）的长度，角度定义矢量（退刀段）与系统 X 轴正方向的夹角。

⑤ 每行相对加工表面退刀方式。用于指定对加工表面部分进行切削时的退刀方式。本栏中的参数说明参照每行相对模式退刀方式栏中的参数。

3）刀具参数。

① 切削用量。在每种刀具轨迹生成时，都需要设置一些与切削用量及机床加工相关的参数。单击“刀具参数”选项卡中的“切削用量”，如图 5-22 所示。

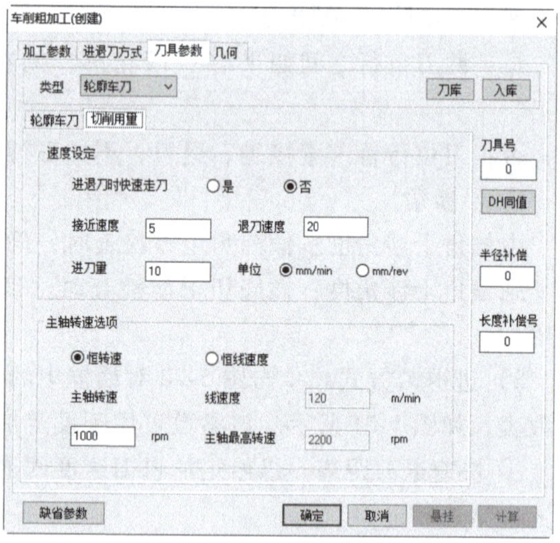

图 5-22 “切削用量”参数设置[㊀]

a. 速度设定。

进退刀时快速走刀：设置进退刀时是否快速进给。

接近速度：设置刀具接近工件时的进给速度。

㊀ 图 5-22 中，“mm/rev”的标准单位为“mm/r”，“rpm”的标准单位为“r/min”，但鉴于类似处来自于软件，此处暂保留“mm/rev”和“r/min”。

退刀速度：设置刀具离开工件时的进给速度。

进刀量：设置切削时的进给速度。

单位：设置进给速度单位，有 mm/min 和 mm/rev 两种。

b. 主轴转速选项。

恒转速：切削过程中按指定的主轴转速值保持主轴转速恒定，直到下一指令改变该转速。选用恒转速时，需要设置主轴转速。

恒线速度：切削过程中按指定的线速度值保持线速度恒定。选用恒线速度时，需要设置主轴最高转速。

② 轮廓车刀。单击“刀具参数”选项卡中的“轮廓车刀”，如图 5-23 所示。具体参数说明参照 5.1.3 节刀库与车削刀具中的说明。

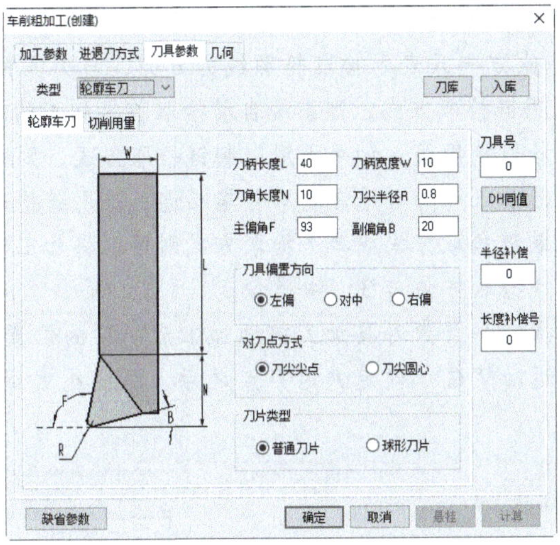

图 5-23　“轮廓车刀”参数设置

(3) 示例

图 5-24 所示为车削粗加工示例。

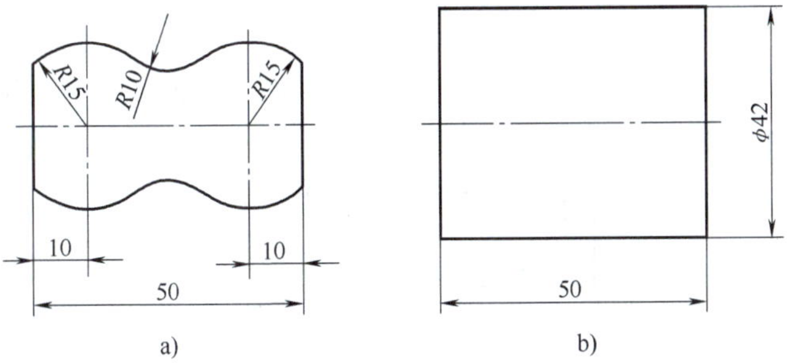

图 5-24　车削粗加工示例

a）零件图　b）毛坯图

[绘制步骤]

1）绘制加工和毛坯轮廓线。生成轨迹时，只需画出由待加工外轮廓和毛坯轮廓的上半部分组成的封闭区域（需切除部分）即可，其余线条不用画出，如图 5-25 所示。

2）填写参数表。在“车削粗加工”对话框中填写完参数后，单击“确认”按钮。

3）拾取车削粗加工轮廓线。系统提示“拾取轮廓曲线，单击右键结束拾取”，单击拾取轮廓曲线后右击结束拾取。系统提供了三种选择拾取方式：链拾取、单个拾取和限制链拾取，单击立即菜单“单个拾取”可以选择拾取方式，如图 5-26 所示。

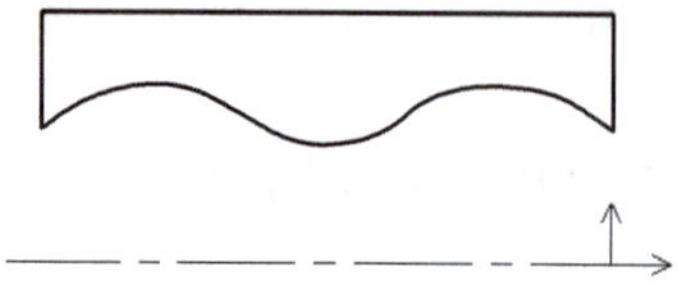

图 5-25　绘制待加工外轮廓和毛坯轮廓的上半部分组成的封闭区域

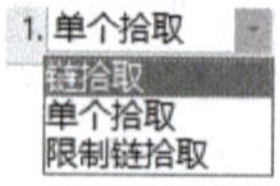

图 5-26　选择拾取方式

当拾取第一条轮廓线后，该轮廓线变为红色，如图 5-27 所示。系统提示“选择方向”，要求用户选择一个方向，此方向只表示拾取轮廓线的方向，与刀具的加工方向无关。

选择方向后，如果采用链拾取方式，则系统自动拾取首尾相连的轮廓线；如果采用单个拾取方式，则系统提示继续拾取轮廓线；如果采用限制链拾取方式，则系统自动拾取该曲线与限制曲线之间连接的曲线。若加工轮廓与毛坯轮廓首尾相连，采用链拾取方式会将加工轮廓与毛坯轮廓混在一起，采用限制链拾取方式或单个拾取方式则可以将加工轮廓与毛坯轮廓分开。

4）拾取毛坯轮廓线。拾取方法与 3）中类似。

5）确定进退刀点。指定一点为刀具加工前和加工后所在的位置。

6）生成粗加工刀具运动轨迹。确定进退刀点之后，系统生成绿色的粗加工刀具运动轨迹，如图 5-28 所示。

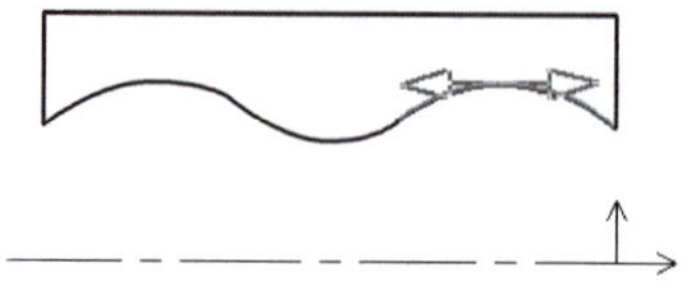

图 5-27　拾取轮廓线的方向示意

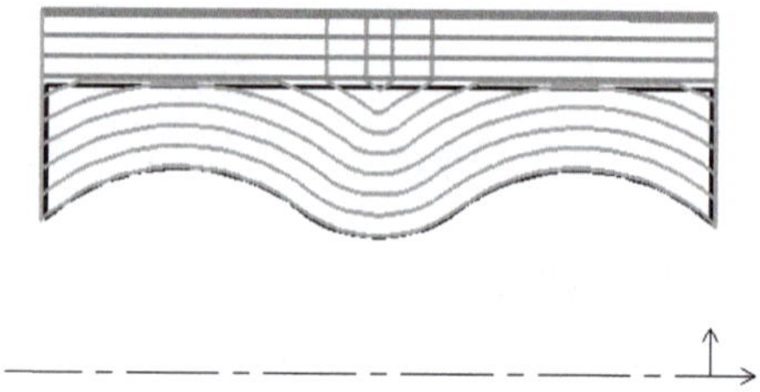

图 5-28　粗加工刀具运动轨迹

注意：为便于采用链拾取方式，绘制时可以让待加工外轮廓与毛坯轮廓相交，系统能自动求出其封闭区域，如图 5-29 所示。

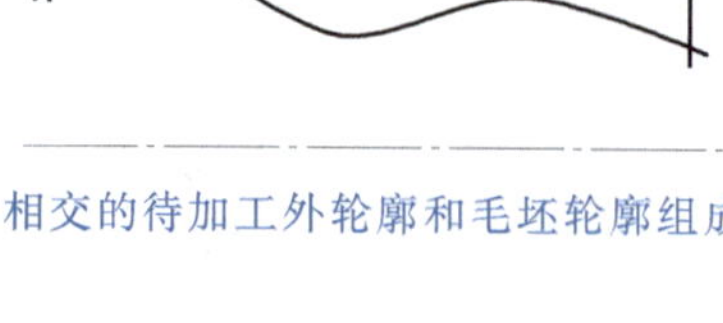

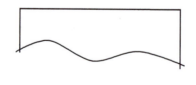

图 5-29　由相交的待加工外轮廓和毛坯轮廓组成的封闭区域

5.2.2　车削精加工

车削精加工功能用于实现对工件外轮廓表面、内轮廓表面和端面的精车加工。进行车削精加工时要确定被加工轮廓，被加工轮廓就是加工结束后的工件表面轮廓，不能闭合或自相交。

（1）操作步骤

1）单击“数控车”功能区“二轴加工”选项卡中的“车削精加工” 按钮，系统弹出“车削精加工”对话框，如图 5-30 所示。在对话框中首先要确定被加工的是外轮廓表面还是内轮廓表面或端面，然后按加工要求确定其他加工参数。

2）拾取被加工轮廓，此时可使用系统提供的轮廓拾取工具。

3）确定进退刀点，指定一点为刀具加工前和加工后所在的位置。

完成上述步骤后即可生成车削精加工轨迹。单击“数控车”功能区“后置处理”选项卡中的“后置处理”命令，拾取刚生成的刀具轨迹，即可生成加工指令。

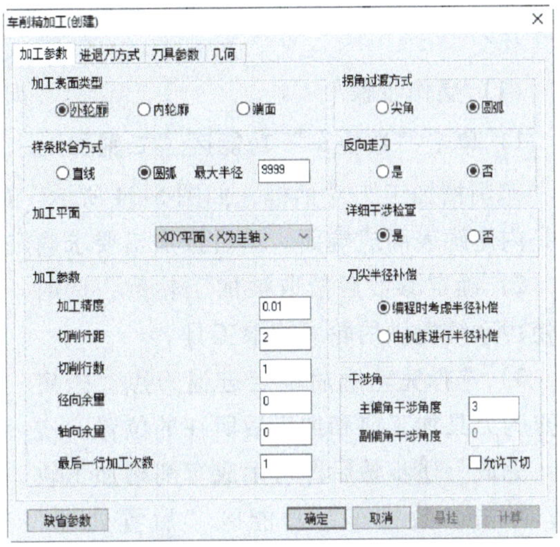

图 5-30　“车削精加工”对话框

（2）参数说明

加工参数主要用于对车削精加工中的各种工艺条件和加工方式进行限定，其含义可参看 5.2.1 节车削粗加工中的参数说明。

（3）示例

车削精加工如图 5-24a 所示零件。车削粗加工时，在径向上留出 0.3mm 的精加工余量。

［绘制步骤］

1）绘制精加工轮廓线。生成车削精加工轨迹时，只需绘制待加工外轮廓的上半部分即可，其余线条不用画出，如图 5-31 所示。

2）填写参数表。在“车削精加工”对话框中填写完参数后，单击“确认”按钮。

3）拾取轮廓线。系统提示用户选择轮廓线。当拾取第一条轮廓线后，此轮廓线变为红色。系统提示“选择方向”，要求用户选择一个方向，此方向只表示拾取轮廓线的方向，与刀具的加工方向无关，如图 5-32 所示。

图 5-31　绘制待加工外轮廓的上半部分

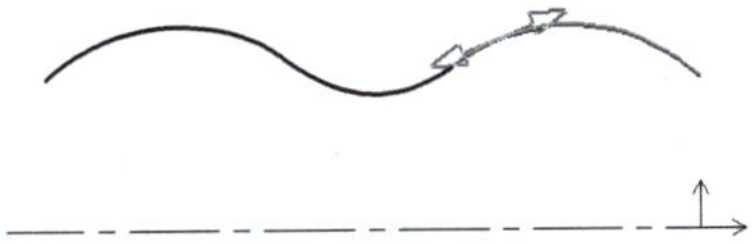
图 5-32　拾取轮廓线的方向示意

选择方向后，如果采用“链拾取”方式，则系统自动拾取首尾连接的轮廓线；如果采用“单个拾取”方式，则系统提示继续拾取轮廓线。由于只需拾取一条轮廓线，因此采用“链拾取”方式较为方便。

4）确定进退刀点。指定一点为刀具加工前和加工后所在的位置。

5）生成精加工刀具运动轨迹。确定进退刀点之后，系统生成绿色的精加工刀具运动轨迹，如图 5-33 所示。

5.2.3 车削槽加工

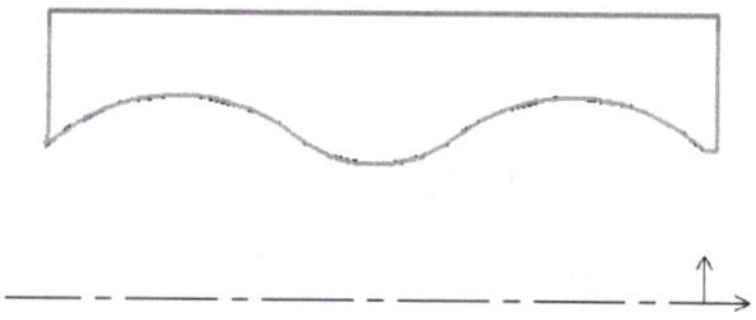

图 5-33 精加工刀具运动轨迹

车削槽加工功能用于在工件外轮廓表面、内轮廓表面和端面切槽。切槽时要确定被加工轮廓，被加工轮廓就是加工结束后的工件表面轮廓，被加工轮廓不能闭合或自相交。

（1）操作步骤

1）单击“数控车”功能区“二轴加工”选项卡中的“车削槽加工” 按钮，系统弹出“车削槽加工”对话框，如图 5-34 所示。在参数表中首先要确定被加工的是外轮廓表面，还是内轮廓表面或端面，然后按加工要求确定其他加工参数。

2）确定参数后拾取被加工轮廓，此时可使用系统提供的轮廓拾取工具。

3）选择完轮廓后确定进退刀点。指定一点为刀具加工前和加工后所在的位置。

完成上述步骤后即可生成车削槽加工轨迹。单击“数控车”功能区“后置处理”选项卡中的“后置处理”按钮，拾取刚生成的刀具轨迹，即可生成加工指令。

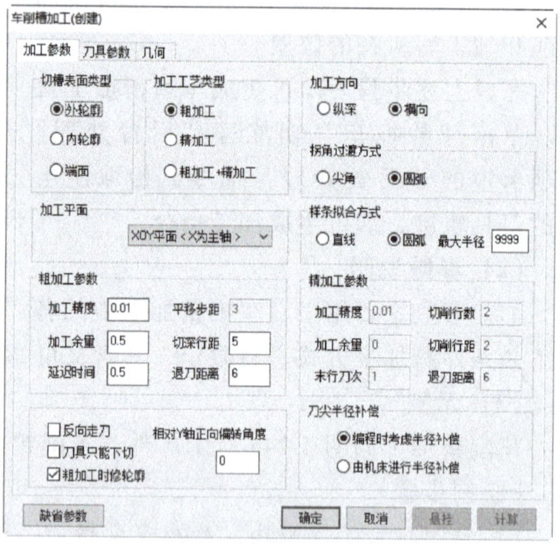

图 5-34 “车削槽加工”对话框

（2）参数说明

1）加工参数。加工参数主要对车削槽加工中各种工艺条件和加工方式进行限定。各加工参数含义说明如下：

① 切槽表面类型。

外轮廓：外轮廓切槽，或用切槽刀加工外轮廓。

内轮廓：内轮廓切槽，或用切槽刀加工内轮廓。

端面：端面切槽，或用切槽刀加工端面。

② 加工工艺类型。

粗加工：对槽只进行粗加工。

精加工：对槽只进行精加工。

粗加工+精加工：对槽进行粗加工之后再进行精加工。

③ 粗加工参数。

加工精度：粗加工槽时所达到的精度。

加工余量：粗加工槽时，被加工表面未加工部分的预留量。

延迟时间：粗加工槽时，刀具在槽的底部停留的时间。

平移步距：粗加工槽时，刀具切削到指定的背吃刀量平移量后进行下一次切削前的水平平移量（机床 Z 方向）。

切深行距：粗加工槽时，刀具每一次纵向切槽的切入量（机床 X 方向）。

退刀距离：粗加工槽中进行下一行切削前退刀到槽外的距离。

④ 拐角过渡方式。

圆弧：在切削过程遇到拐角时刀具从轮廓的一边到另一边的过程中，以圆弧的方式过渡。

尖角：在切削过程遇到拐角时刀具从轮廓的一边到另一边的过程中，以尖角的方式过渡。

⑤ 精加工参数。

加工精度：精加工槽时所达到的精度。

加工余量：精加工槽时，被加工表面未加工部分的预留量。

末行刀次：精加工槽时，为提高加工的表面质量，最后一行常常在相同进给量的情况下进行多次车削，该处定义多次切削的次数。

切削行数：精加工刀位轨迹的加工行数，不包括最后一行的重复次数。

切削行距：精加工行与行之间的距离。

退刀距离：精加工中切削完一行之后，进行下一行切削前退刀的距离。

2）切削用量。

切削用量参数设置请参考 5.2.1 节车削粗加工中的参数说明。

3）切槽车刀。

切槽刀具参数设置请参考 5.1.3 节刀库与车削刀具中的参数说明。

(3) 示例

如图 5-35 所示，螺纹退刀槽为要加工出的轮廓。

[绘图步骤]

1）绘制槽加工轮廓线。根据图 5-35 所示尺寸，绘制槽加工轮廓，如图 5-36 所示。

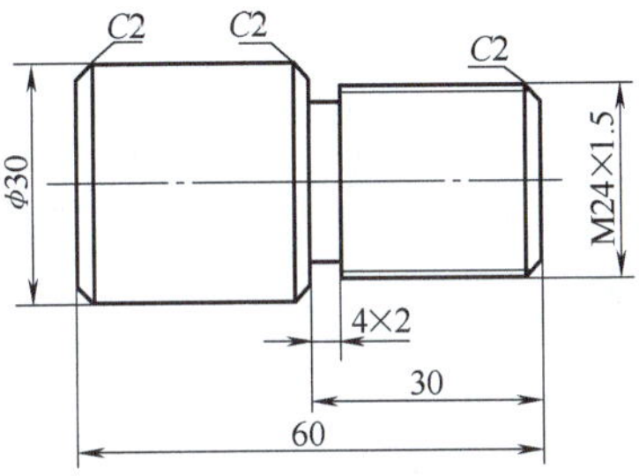

图 5-35　槽加工示例

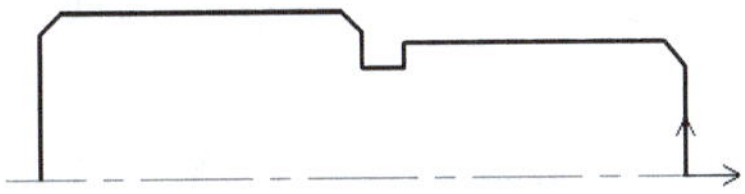

图 5-36　绘制槽加工轮廓线

2）填写参数表。按图 5-35 所示尺寸及实际加工情况确定切槽加工参数。

3）拾取槽加工轮廓线。单击“车削槽加工”对话框中的“确定”按钮，系统提示“拾取轮廓曲线，单击右键结束拾取”。当拾取第一条轮廓线后，此轮廓线变为红色的虚线。系统提示“选择方向”，要求用户选择一个方向，此方向只表示拾取轮廓线的方向，与刀具的加工方向无关，如图 5-37 所示。

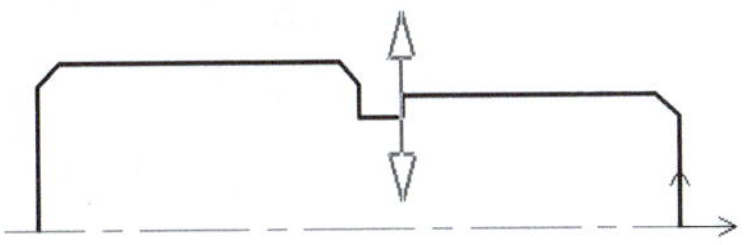

图 5-37　轮廓拾取方向示意

选择方向后，应用“单个拾取”方式拾取槽加工轮廓线，拾取的轮廓线变成红色，如图 5-38 所示。也可采用“限制链拾取”方式拾取槽加工轮廓线，先拾取凹槽右侧轮廓线，再拾取凹槽左侧轮廓线即可。

4）确定进退刀点。指定一点为刀具加工前和加工后所在的位置。

5）生成槽加工刀具运动轨迹。确定进退刀点之后，系统生成槽加工刀具运动轨迹，如图 5-39 所示。

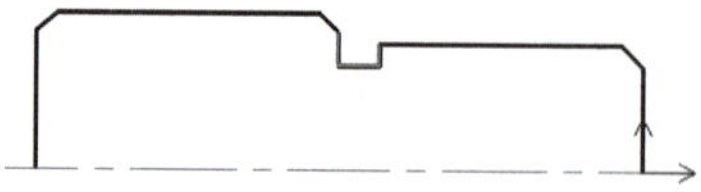

图 5-38　拾取槽加工轮廓线

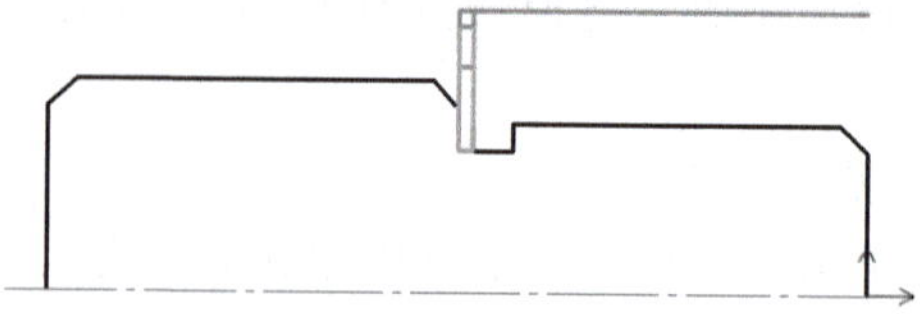

图 5-39　槽加工刀具运动轨迹

注意：生成轨迹与切槽刀刀尖圆弧半径、切削刃宽度等参数密切相关。可按实际需要只绘出退刀槽的上半部分。

5.2.4　车螺纹加工

车螺纹加工功能为非固定循环方式加工螺纹，可对螺纹加工中的各种工艺条件和加工方式进行更为灵活地控制。

（1）操作步骤

1）单击“数控车”功能区“二轴加工”选项卡中的“车螺纹加工”  按钮，系统弹出“车螺纹加工”对话框，如图 5-40 所示，用户可在该对话框中确定各加工参数。

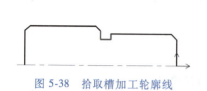

2）拾取螺纹起点、终点和进退刀点。

3）填写参数表，单击“确认”按钮，即生成车螺纹加工刀具运动轨迹。

4）单击“数控车”功能区“后置处理”选项卡中的“后置处理”按钮，拾取刚生成的刀具运动轨迹，即可生成加工指令。

（2）参数说明

1）螺纹参数。“螺纹参数”选项卡中主要包含了与螺纹性质相关的参数，如螺纹牙型高度、螺纹线数和螺纹节距等，如图 5-40 所示。各参数含义说明如下：

① 螺纹类型。设置车螺纹加工的类型，包括外螺纹、内螺纹和端面螺纹。

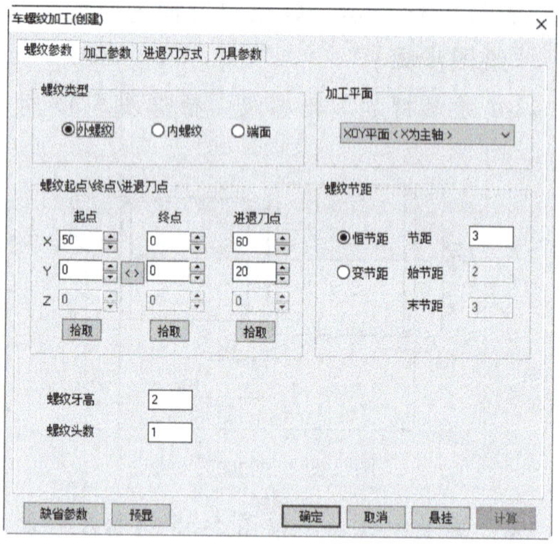

图 5-40　“车螺纹加工”对话框

② 螺纹起点 \ 终点 \ 进退刀点。

起点：车螺纹加工的起始点。

终点：车螺纹加工的终止点。

进退刀点：车螺纹的进退刀点。

③ 螺纹牙型高度。从一个螺纹牙体的牙顶到其牙底间的径向距离。

④ 螺纹线数。螺纹有单线和多线之分。

⑤ 螺纹节距。

恒节距：两个相邻螺纹轮廓上对应点之间的距离为恒定值。在“节距”后面的文本框内设置恒定节距值。

变节距：两个相邻螺纹轮廓上对应点之间的距离为变化的值。在“始节距”后面的文本框内设置起始端螺纹的节距值，在“末节距”后面的文本框内设置终止端螺纹的节距值。

2）加工参数。“加工参数”选项卡用于设置螺纹加工中的加工工艺条件和参数等，如图 5-41 所示。各参数含义说明如下：

① 加工工艺。

粗加工：指对螺纹直接采用粗加工。

粗加工+精加工：指根据指定的粗加工深度进行粗加工后，再进行精加工（如采用更小的行距）切除切削余量（精加工余量）。

② 参数。

末行走刀次数：为提高加工质量，最后一个切削行有时需要重复进给多次，该参数可指定重复进给次数。

螺纹总深：螺纹粗加工和精加工的总背吃刀量。

粗加工深度：螺纹粗加工的背吃刀量。

精加工深度：螺纹精加工的背吃刀量。

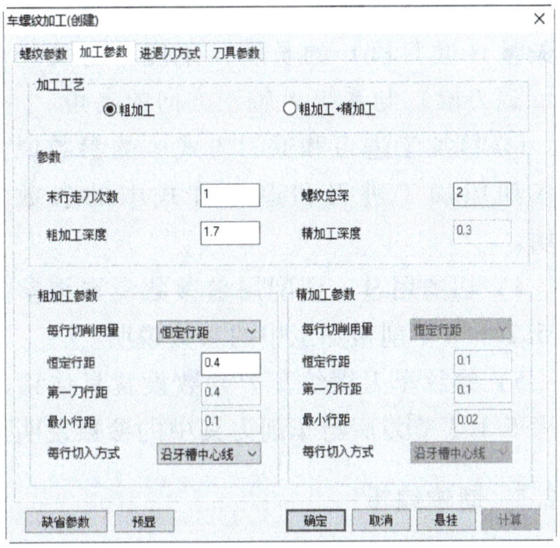

图 5-41 “加工参数”选项卡

③ 粗加工参数。

每行切削用量：设置“每行切削用量”方式为“恒定行距”或“恒定切削面积”。

恒定行距：加工时沿恒定的行距进行加工。

恒定切削面积：为保证每次切削时的切削面积恒定，每次切削时背吃刀量将逐渐减小，直至等于最小行距。用户需指定第一刀行距及最小行距。背吃刀量规定第 n 刀的背吃刀量为第一刀的背吃刀量的$\sqrt{n}$倍。

每行切入方式：设置刀具在螺纹始端切入时的切入方式。刀具在螺纹末端的退出方式与切入方式相同。

沿牙槽中心线：指切入时沿牙槽中心线。

沿牙槽右侧：指切入时沿牙槽右侧。

左右交替：指切入时沿牙槽左右交替。

④ 精加工参数中的参数说明参照粗加工参数中的参数说明。

3）进退刀方式。单击“进退刀方式”选项卡，如图 5-42 所示。各参数含义说明如下：

① 快速退刀距离。以给定的退刀速度回退的距离（相对值），在此距离上以机床允许的最大进给速度退刀。

② 粗加工进刀方式。

垂直：指刀具直接进刀至每一切削行的起始点。

矢量：指在每一切削行前加入一段与系统 X 轴（机床 Z 轴）正方向成一定夹角的进刀段，刀具进刀至该进刀段的起点，再沿该进刀段进刀至切削行。长度定义矢量（进刀段）的长度。角度定义矢量（进刀段）与系统 X 轴正方向的夹角。

③ 粗加工退刀方式。

垂直：指刀具直接退刀至每一切削行的起始点。

矢量：指在每一切削行后加入一段与系统 X 轴（机床 Z 轴）正方向成一定夹角的退刀段，刀具先沿该退刀段退刀，再从该退刀段的终点开始垂直退刀。长度：定义矢量（退刀段）的长度，角度：定义矢量（退刀段）与系统 X 轴正方向的夹角。

④ 精加工进刀和退刀方式中的参数说明参照粗加工进刀和退刀方式中的参数说明。

4）切削用量。切削用量参数设置请参考 5.2.1 节车削粗加工中的参数说明。

5）螺纹车刀螺纹车刀参数设置具体请参考 5.1.3 节刀库与车削刀具中的参数说明。

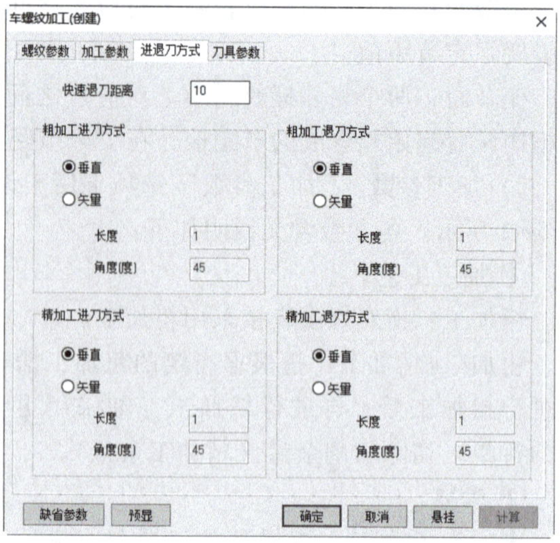

图 5-42 “进退刀方式”选项卡

5.2.5 轨迹编辑

轨迹编辑是指对生成的轨迹不满意时，可以用“参数修改”功能对轨迹的各项参数进行修改，以生成新的加工轨迹。

（1）操作步骤

在绘图区左侧的管理树中，双击轨迹下的加工参数节点，将弹出该轨迹的对话框供用户修改。参数修改完毕后单击“确定”按钮，即可依据新的参数重新生成该轨迹。

（2）轮廓拾取工具

轮廓拾取工具提供三种拾取方式，即单个拾取，链拾取和限制链拾取。其中：

“单个拾取”需用户逐一拾取需批量处理的各条曲线。适用曲线条数不多且不适用“链拾取”的情形。

“链拾取”需用户指定起始曲线及链搜索方向，系统按起始曲线及搜索方向自动寻找所有首尾搭接的曲线。适用需批量处理的曲线数目较多且无两条以上曲线搭接在一起的情形。

“限制链拾取”需用户指定起始曲线、搜索方向和限制曲线，系统按起始曲线及搜索方向自动寻找首尾搭接的曲线至指定的限制曲线。适用于避开有两条以上曲线搭接在一起的情形，以正确地拾取所需要的曲线。

5.2.6 线框仿真

线框仿真是指对已有的加工轨迹进行加工过程模拟，以检查加工轨迹的正确性。对于系统生成的加工轨迹，仿真时使用生成轨迹时的加工参数，即轨迹中记录的参数；对于从外部反读进来的刀具轨迹，仿真时使用系统当前的加工参数。

仿真轨迹为线框模式，仿真时可调节速度条来控制仿真的速度。仿真时模拟动态的切削过程，不保留刀具在每一个切削位置的图像。其操作步骤如下：

1）单击“数控车”功能区“仿真”选项卡中的“线框仿真” 

按钮，系统弹出“线框仿真”对话框，如图 5-43 所示。

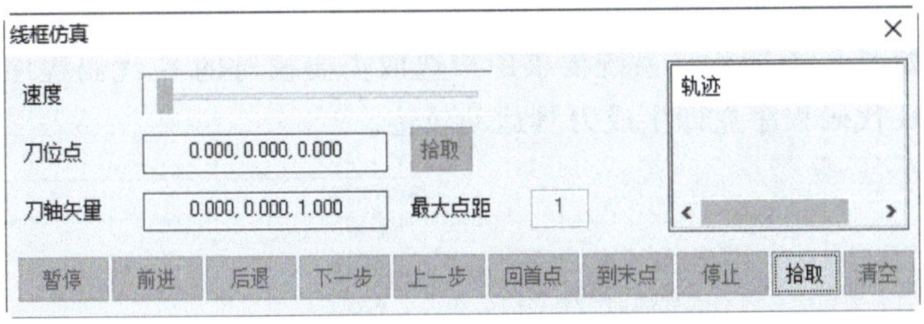

图 5-43 “线框仿真”对话框

2）单击轨迹下面的“拾取”按钮，拾取要仿真的加工轨迹。

3）右击结束拾取，系统弹出“线框仿真”对话框，单击“前进”按钮开始仿真。仿真过程中可执行暂停、前进、上一步、下一步、回首点、到末点和停止等操作。

4）仿真结束，可以单击“回首点”按钮重新仿真，或者关闭对话框终止仿真。

5.2.7　后置处理

后置处理就是按照当前机床类型的配置要求，把已经生成的加工轨迹转化生成 G 代码数据文件，即数控程序，有了数控程序就可以直接输入机床进行数控加工。后置处理操作步骤如下：

1）单击“数控车”功能区“后置处理”选项卡中的“后置处理”按钮，弹出“后置处理”对话框，如图 5-44 所示。用户需选择生成的数控程序所适用的数控系统和机床系统信息，它表明目前所调用的机床配置和后置设置情况。

2）拾取加工轨迹。被拾取到的轨迹名称和编号会显示在列表中，右击结束拾取。

3）单击“后置”按钮，弹出“编辑代码”对话框，如图 5-45 所示。对话框左侧为被拾取轨迹的程序代码，生成的先后顺序与拾取的先后顺序相同。用户可以手动修改程序代码，设定其文件名称与扩展名并保存。也可单击“另存为”按钮，将生成的程序代码保存在指定位置。右侧的“备注”框中可以看到轨迹与程序代码的相关信息。

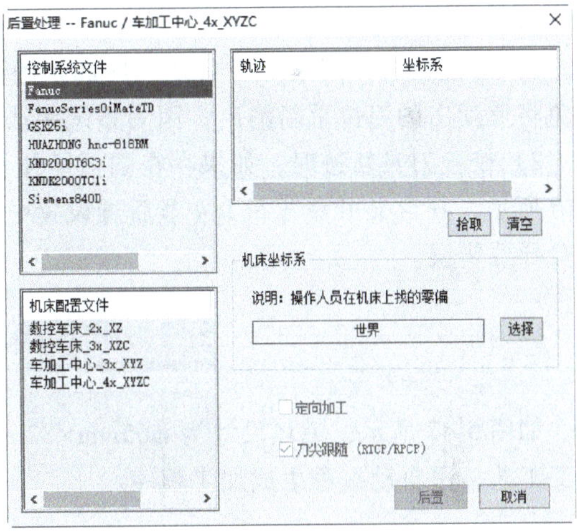

图 5-44 “后置处理”对话框

5.2.8　反读轨迹

反读轨迹就是把生成的 G 代码文件反读进数控系统，生成刀具运动轨迹，以检查生成的 G 代码的正确性。如果反读的文件中包含圆弧插补，则需用户指定相应的圆弧插补格式，否则可能得到错误的结果。若后置文件中的坐标输出格式为整数，且机床分辨率不为 1 时，反读的结果是错误的，即系统不能读取坐标格式为整数且分辨率为非 1 情况下的文件。

（1）操作步骤

单击“数控车”功能区“后置处理”选项卡中的“反读轨迹” 按钮，弹出“反读轨迹”对话框，如图 5-46 所示。系统要求用户选取需要校对的 G 代码程序，拾取到该程序后，系统将根据 G 代码程序立即生成刀具运动轨迹。

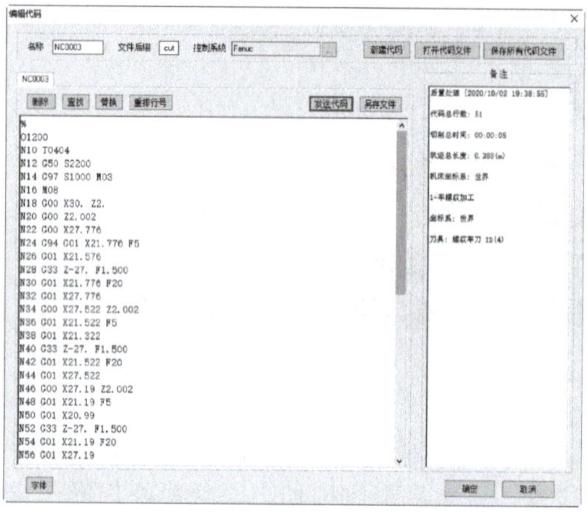

图 5-45 “编辑代码”对话框

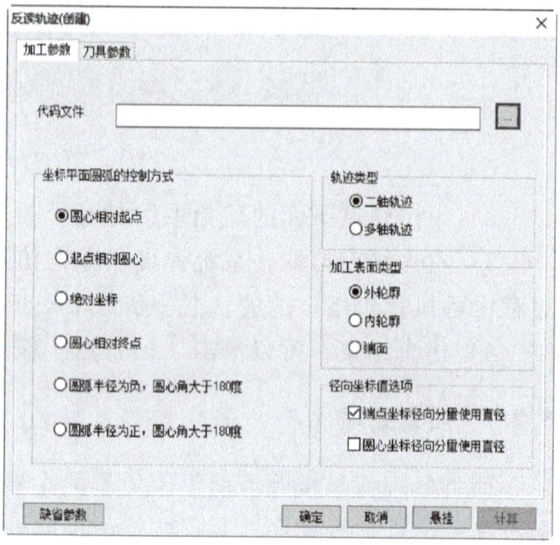

图 5-46 “反读轨迹”对话框

（2）注意事项

1）刀位校验只用来对 G 代码程序的正确性进行检验，由于精度等方面的原因，用户应避免将反读出的刀位重新输出，因为系统无法保证其精度。

2）校验刀具轨迹时，如果存在圆弧插补，则系统要求选择圆心的坐标编程方式，如图 5-46 所示，其含义可参考 5.1.4 节后置设置中的参数说明。用户应正确选择对应的形式，否则会导致错误。

5.3 自动编程综合实例

如图 5-47 所示，毛坯尺寸为 ϕ65mm×82mm（预留 ϕ20mm 孔），材料为 45 钢。试分析加工工艺，用自动编程生成加工程序。

5.3.1 加工工艺过程的分析

（1）零件图的工艺分析

图 5-47 所示零件由内外圆柱面、圆锥面、圆弧和螺纹等构成，其中直径尺寸与轴向尺寸没有尺寸精度和表面粗糙度的要求。零件材料为 45 钢，切削加工性能较好，没有热处理和硬度要求。

通过上述分析，采取以下几点工艺措施：

1）零件图中没有公差尺寸和表面粗糙度的要求，可完全看成是理想化的状态，在安排工艺时不必考虑零件的粗、精加工，因此可以直接按照零件图中的尺寸建模。

2）工件右端面为轴向尺寸的设计基准，相应工序加工前，先用手动方式车削右端面。

3）采用一次装夹完成工件全部尺寸的加工。

（2）确定机床和装夹方案

根据零件的尺寸和加工要求，选择配置四刀位刀架的数控车床，采用自定心卡盘对工件进行定位夹紧。

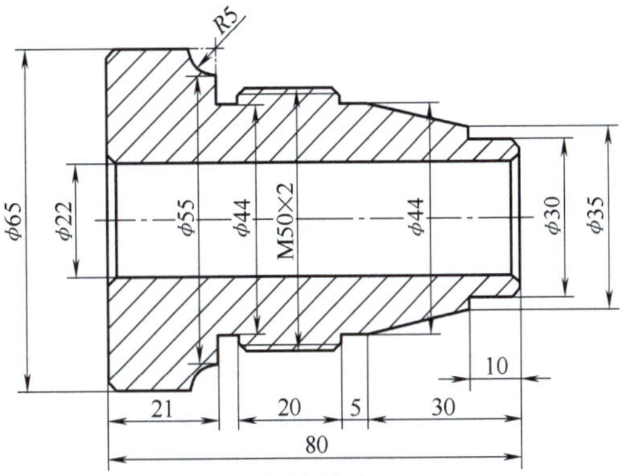

未注倒角为C1.5。

图 5-47　自动编程综合实例

（3）确定加工顺序及进给路线

加工顺序按照由内到外、由粗到精和由近到远的原则确定，在一次加工中尽可能地加工出较多的表面。进给路线设计不考虑最短进给路线或者最短空行程路线，外轮廓表面车削进给路线可沿着零件轮廓顺序进行。

（4）刀具的选择

根据零件的形状和加工要求选择刀具，数控加工刀具卡见表 5-5。

表 5-5　数控加工刀具卡

<table>
<tr><td colspan="3">产品名称或代号</td><td colspan="3">×××</td><td colspan="2">零件名称</td><td colspan="2">×××</td><td>零件图号</td><td>×××</td></tr>
<tr><td>序号</td><td colspan="2">刀具号</td><td colspan="3">刀具规格名称</td><td>数量</td><td colspan="3">加工表面</td><td>刀尖圆弧半径/mm</td><td>备注</td></tr>
<tr><td>1</td><td colspan="2">T01</td><td colspan="3">93°外圆车刀</td><td>1</td><td colspan="3">车外轮廓</td><td>0.2</td><td>—</td></tr>
<tr><td>2</td><td colspan="2">T02</td><td colspan="3">93°内孔车刀</td><td>1</td><td colspan="3">车内孔表面</td><td>0.2</td><td>—</td></tr>
<tr><td>3</td><td colspan="2">T03</td><td colspan="3">3mm 切槽车刀</td><td>1</td><td colspan="3">切槽</td><td>—</td><td>—</td></tr>
<tr><td>4</td><td colspan="2">T04</td><td colspan="3">60°螺纹车刀</td><td>1</td><td colspan="3">车 M50×2 螺纹</td><td>0.2</td><td>—</td></tr>
<tr><td colspan="2">编制</td><td colspan="2">×××</td><td>审核</td><td colspan="2">×××</td><td colspan="2">批准</td><td>×××</td><td>共　页</td><td>第　页</td></tr>
</table>

（5）切削用量的选择

切削用量一般根据毛坯的材料、转速、进给速度和刀具的刚度等因素进行选择。

（6）数控加工工序卡的制作

将前面分析的各项内容综合成数控加工工序卡片，这里不再赘述。

5.3.2　加工建模

（1）启动 CAXA CAM 数控车 2020

双击桌面上的“CAXA CAM 数控车 2020”图标，进入 CAXA CAM 数控车 2020 的操作界面。

（2）绘制零件轮廓

根据图 5-47 所示尺寸，绘制如图 5-48 所示轮廓。

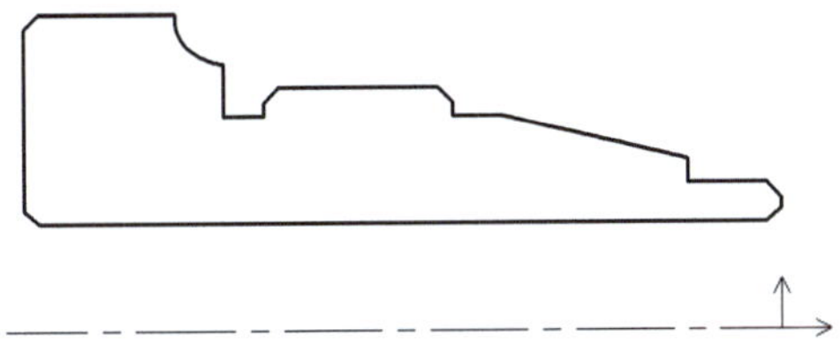

图 5-48　绘制轮廓

5.3.3 加工轨迹的生成

（1）创建刀具

单击主菜单中的“数控车”功能区中的“创建刀具”菜单项或单击“数控车”功能区中的“创建刀具”按钮，系统弹出“创建刀具”对话框。

1）创建93°外圆车刀和93°内孔车刀。单击“创建刀具”对话框中的“类型”，选择“轮廓车刀”，填入刀具参数，如图5-49a所示，单击“确定”按钮，完成93°外圆车刀的创建。同理，完成93°内孔车刀的创建，如图5-49b所示。

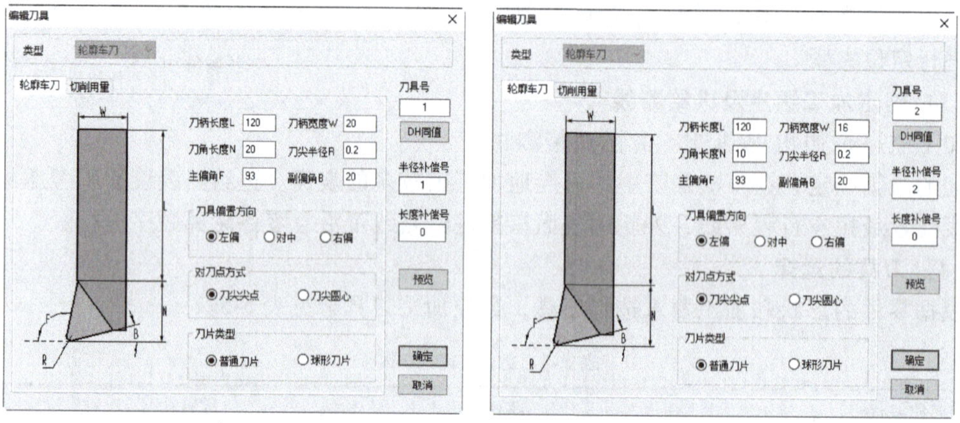

a)　　　　　　b)

图5-49　创建93°外圆车刀和93°内孔车刀

a）创建93°外圆车刀　b）创建93°内孔车刀

2）创建3mm切槽车刀。单击“创建刀具”对话框中的“类型”，选择“切槽车刀”，填入刀具参数，如图5-50所示，单击“确定”按钮，完成3mm切槽车刀的创建。

3）创建60°外螺纹车刀。单击“创建刀具”对话框中的“类型”，选择“螺纹车刀”，填入刀具参数，如图5-51所示，单击“确定”按钮，完成60°螺纹车刀的创建。

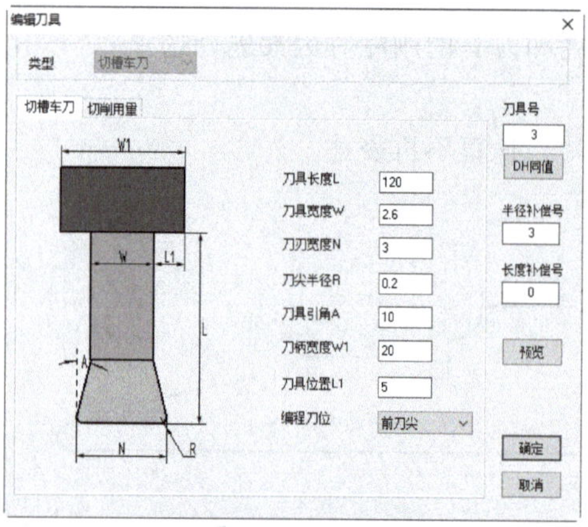

图5-50　创建3mm切槽车刀

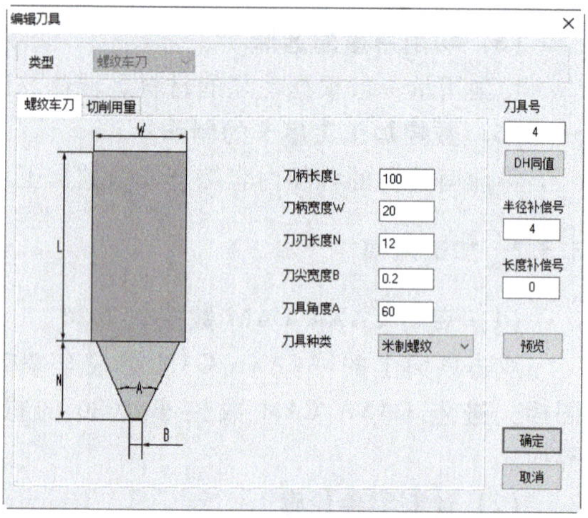

图5-51　创建60°螺纹车刀

（2）生成零件的右端加工刀具运动轨迹

1）生成车削外圆的粗、精加工刀具运动轨迹。

① 根据所给零件毛坯尺寸，绘制右端毛坯轮廓，如图 5-52 所示。

② 单击“数控车”功能区“二轴加工”选项卡中的“车削粗加工” 按钮，系统弹出“车削粗加工”对话框。根据实际加工需要设置加工参数（图 5-53a）和进退刀方式（图 5-53b）。单击“刀具参数”选项卡中的“刀库”按钮，从刀库中选择 93°外圆车刀为加工刀具。在“切削用量”选项组中设置切削用量相关参数，如图 5-53c 所示。

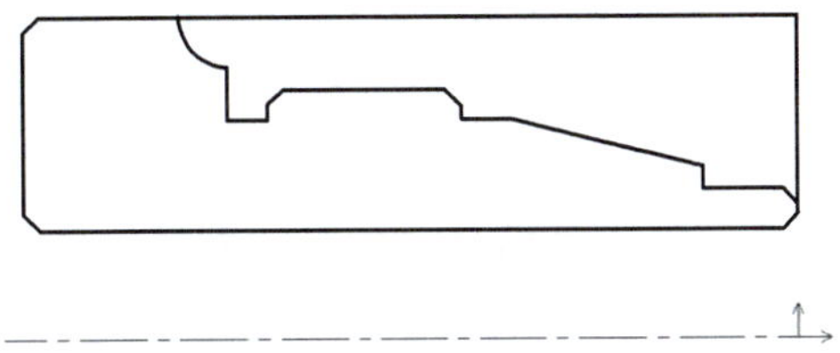

图 5-52　绘制右端毛坯轮廓

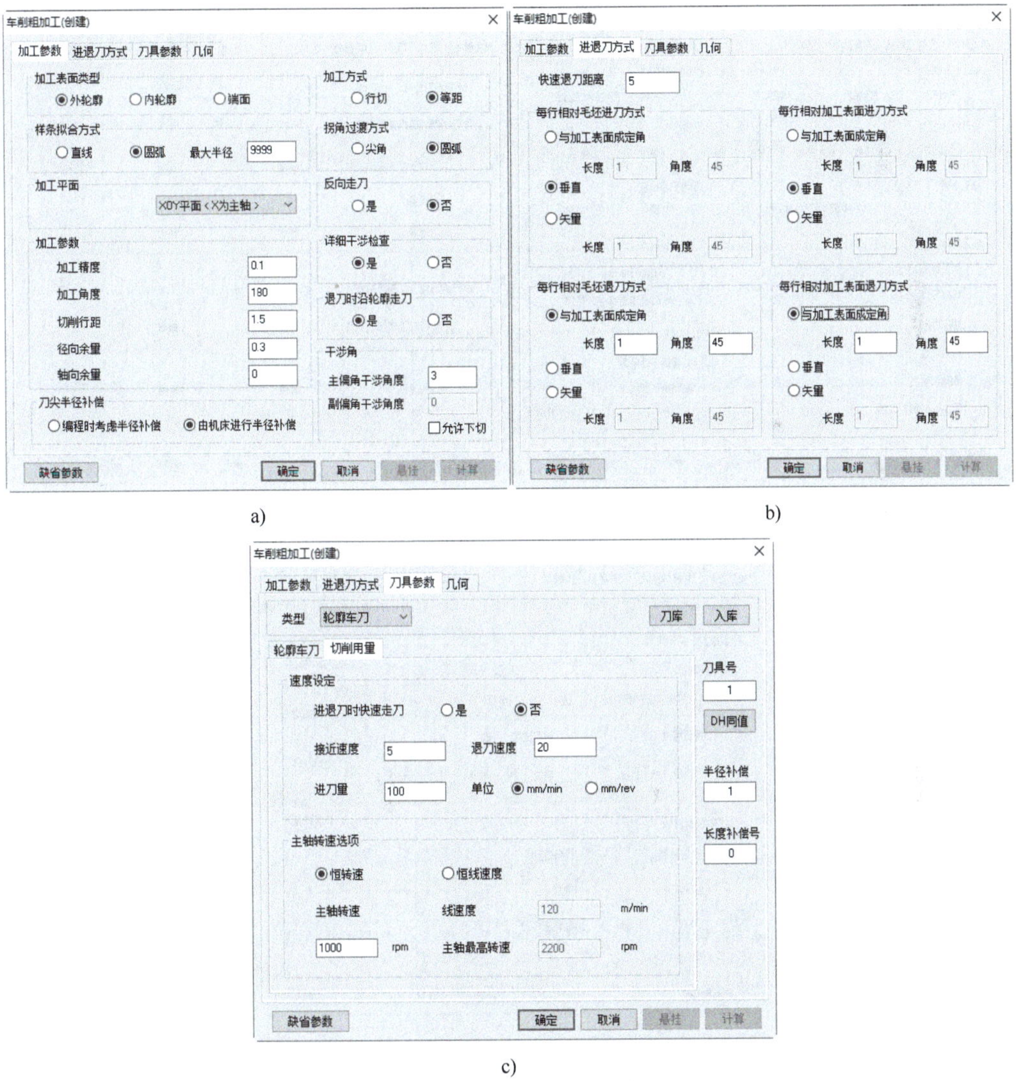

图 5-53　设置车削粗加工参数

a）设置加工精度参数　b）设置进退刀方式　c）设置切削用量

③ 设置参数完毕后，单击“确定”按钮，系统提示“拾取轮廓曲线，单击右键结束拾取”。单击立即菜单，选择“单个拾取”方式。当拾取第一条轮廓线后，此轮廓线变成红色，系统给出提示“确定链搜索方向，单击右键结束拾取”，确定链搜索方向后，顺序拾取加工轮廓线并右击确定。状态栏提示“拾取毛坯轮廓曲线，单击右键结束拾取”，顺序拾取毛坯轮廓曲线并确定。状态栏提示“输入进退刀点，或键盘输入点坐标”，输入点坐标（2，40）后并按 <Enter> 键确认，生成如图 5-54 所示的车削粗加工刀具运动轨迹。

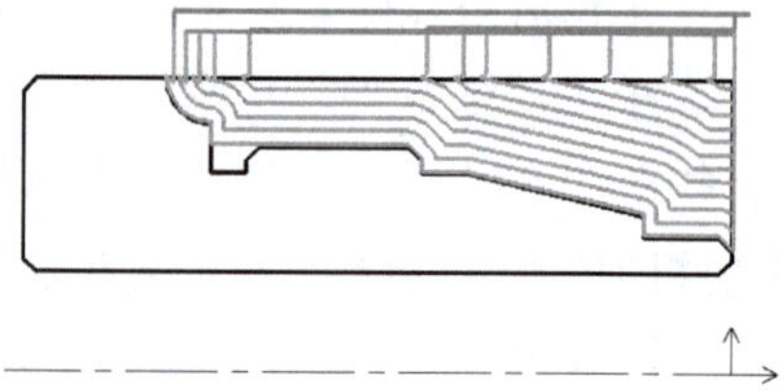

图 5-54　车削粗加工刀具运动轨迹

④ 单击“数控车”功能区“二轴加工”选项卡中的“车削精加工” 按钮，系统弹出“车削精加工”对话框。各项参数按图 5-55 所示进行设置。

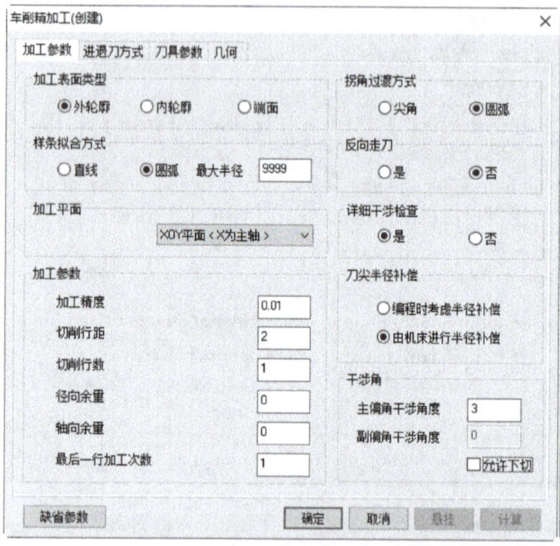

a)

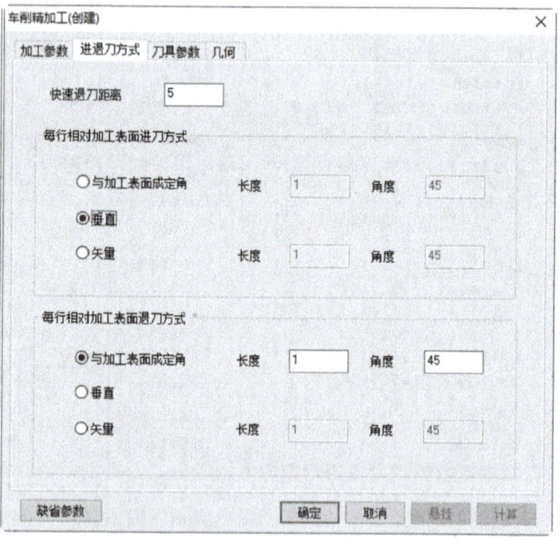

b)

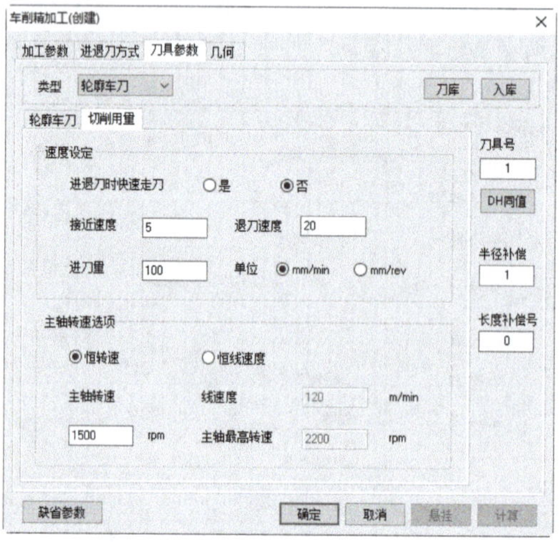

c)

图 5-55　设置车削精加工参数

a）设置加工参数　b）设置进退刀方式　c）设置切削用量

⑤ 根据系统提示“拾取轮廓曲线，单击右键结束拾取”，按方向拾取加工轮廓曲线并右击确定。系统提示“输入进退刀点，或键盘输入点坐标”，输入起始点坐标（2，40）并按<Enter>键确认，生成如图 5-56 所示的车削精加工刀具运动轨迹。

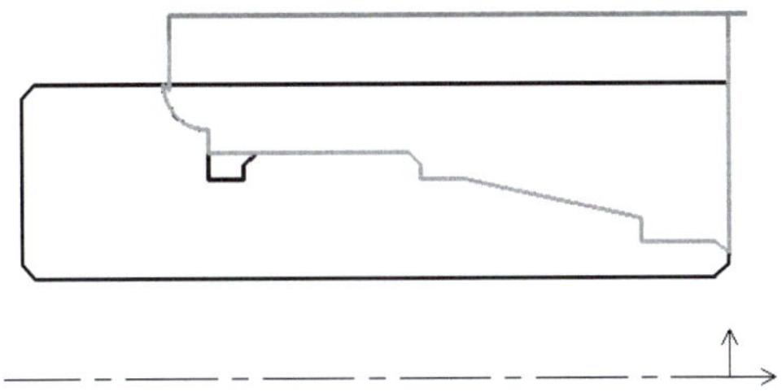

图 5-56　车削精加工刀具运动轨迹

2）生成车削槽加工刀具运动轨迹。

① 单击“数控车”功能区“二轴加工”选项卡中的“车削槽加工”按钮，系统弹出“车削槽加工”对话框，各项参数按图 5-57 所示进行设置。

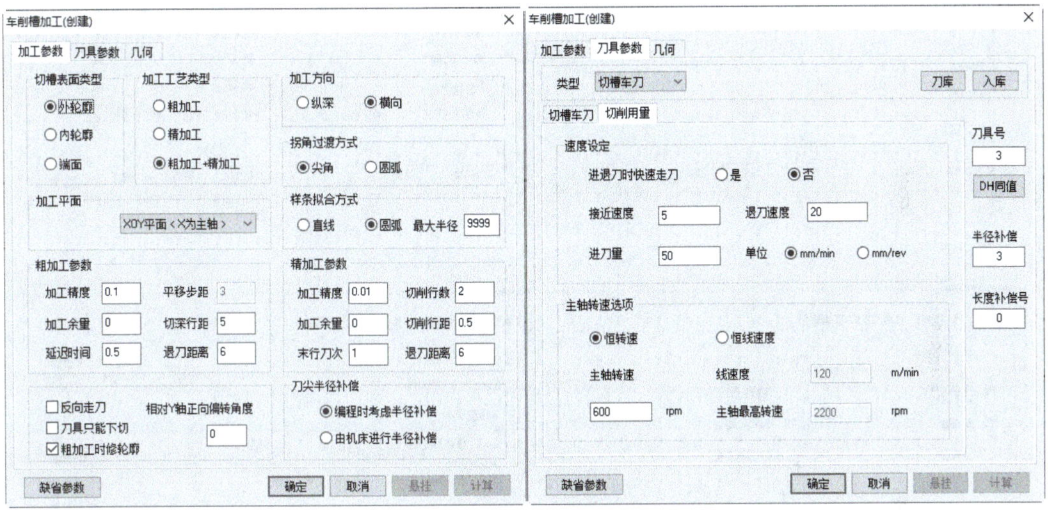

a)　　　　b)

图 5-57　设置车削槽加工参数

a）设置加工参数　b）设置切削用量

② 根据系统提示，拾取加工轮廓线，按箭头方向顺序完成。输入进退刀点坐标（2，40）并按<Enter>键确定，生成如图 5-58 所示的车削槽加工刀具运动轨迹。

3）生成车螺纹加工刀具运动轨迹。

① 轮廓建模。设置螺纹加速进刀段 4mm，螺纹减速退刀段 2mm，如图 5-59 所示为车螺纹加工建模。

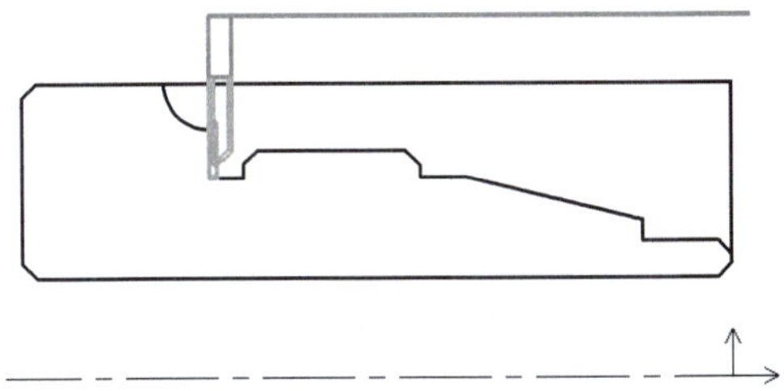

图 5-58　车削槽加工刀具运动轨迹

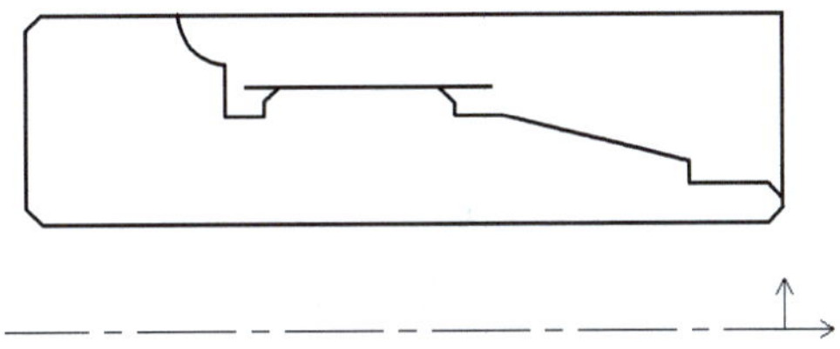

图 5-59　车螺纹加工建模

② 单击“数控车”功能区“二轴加工”选项卡中的“车螺纹加工” 按钮，系统弹出“车螺纹加工”对话框，各项参数按图 5-60 所示进行设置。

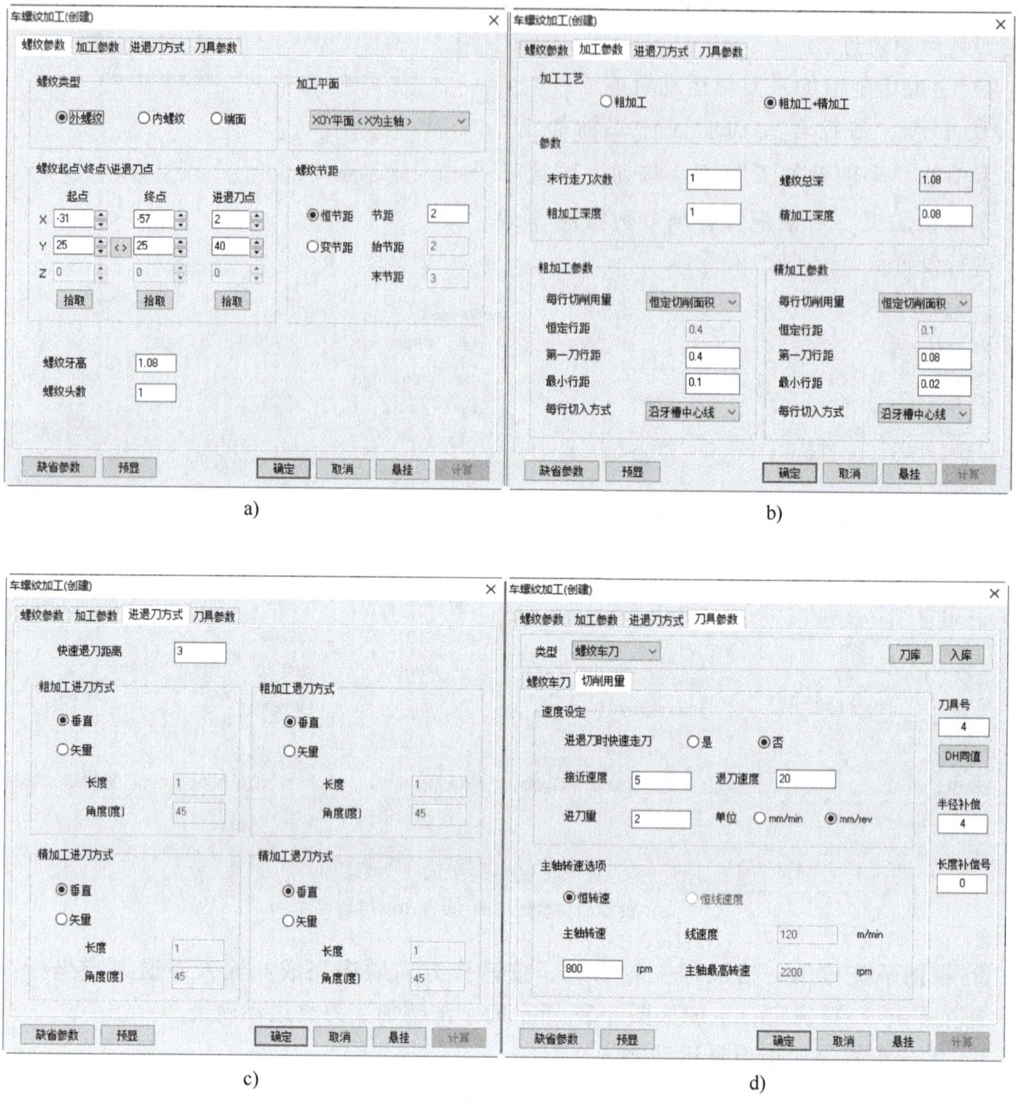

图 5-60　设置车螺纹加工参数

a）设置螺纹参数　b）设置加工参数　c）设置进退刀方式　d）设置切削用量

③ 单击“确定”按钮，系统生成如图 5-61 所示的车螺纹加工刀具运动轨迹。

4）生成车内孔加工刀具运动轨迹。

① 轮廓建模。根据预留内孔直径，绘制内孔毛坯轮廓，内孔加工建模如图 5-62 所示。

② 单击“数控车”功能区“二轴加工”选项卡中的“车削粗加工” 按钮，系统弹出“车削粗加工”对话框。各项参数按图 5-63 所示进行设置。

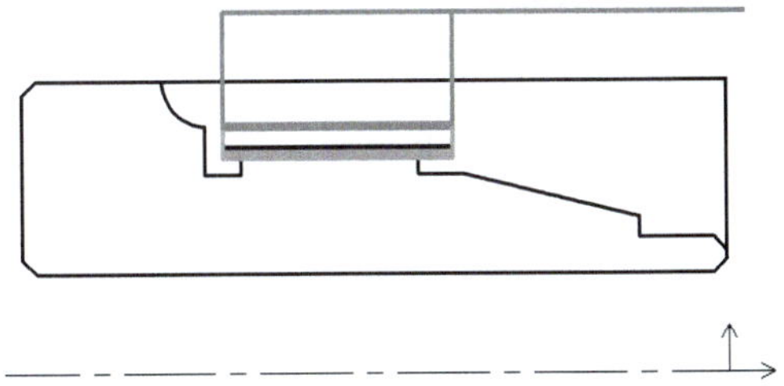

图 5-61　车螺纹加工刀具运动轨迹

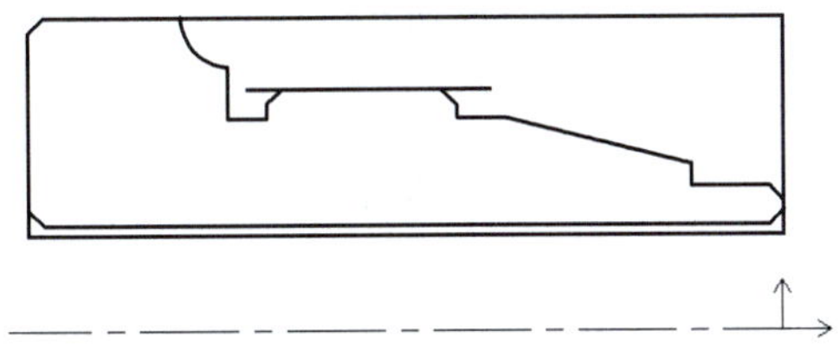

图 5-62　内孔加工建模

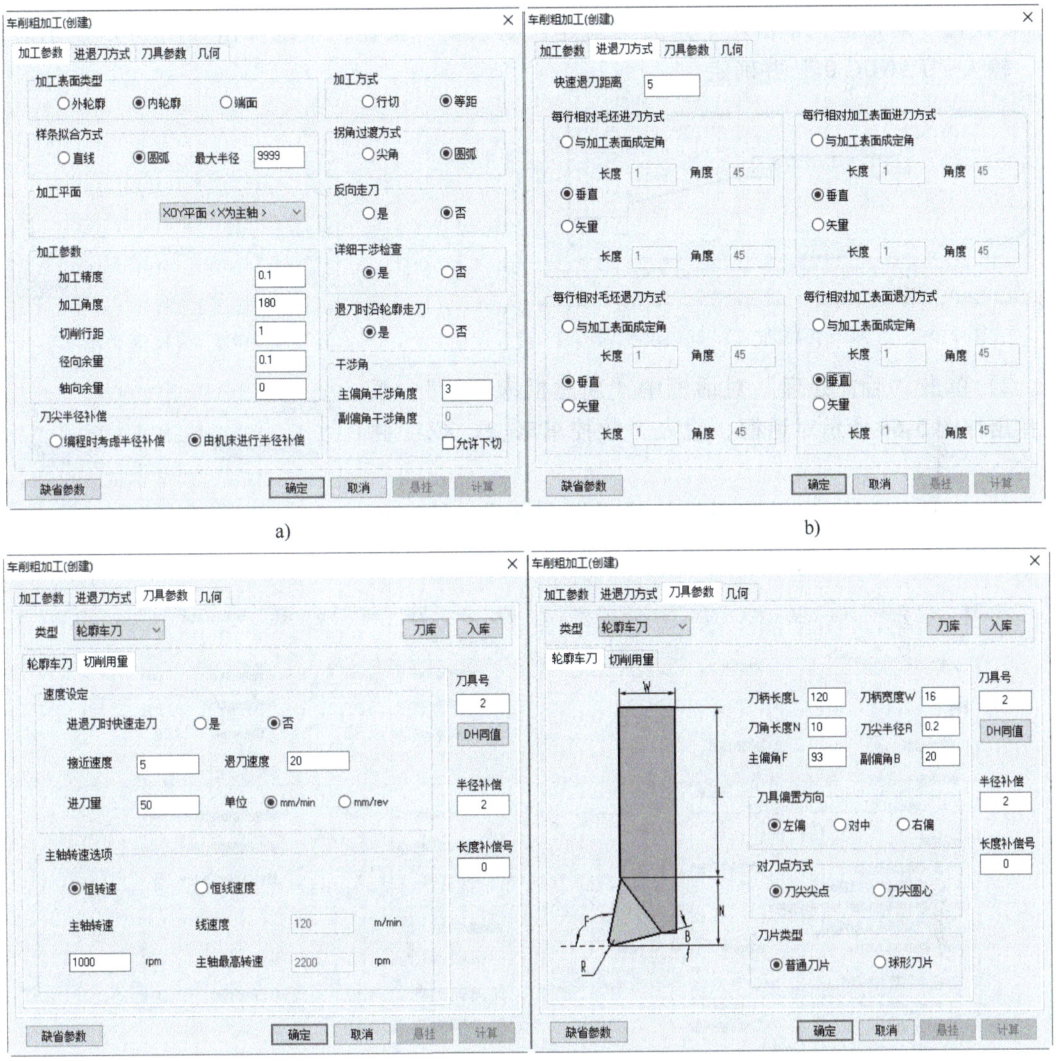

a)　　b)

c)　　d)

图 5-63　设置内孔车削粗加工参数

a）设置加工参数　b）设置进退刀方式　c）设置切削用量　d）设置 93°内孔车刀为当前车刀

③ 根据系统提示“拾取轮廓曲线，单击右键结束拾取”，拾取加工轮廓线并右击确定。状态栏提示“拾取毛坯轮廓曲线，单击右键结束拾取”，拾取毛坯的轮廓线并右击确定。系统

提示“输入进退刀点，或键盘输入点坐标”，输入刀具的起始点坐标（2，8）并按<Enter>键确认，生成如图 5-64 所示车削内孔粗加工刀具运动轨迹。

注意：零件右端外轮廓及内孔倒角的加工由读者完成，在此不再赘述。

5.3.4 机床设置与后置处理

（1）机床设置

现以 FANUC 0*i* 数控系统的指令格式进行说明。

1）单击“数控车”功能区“后置处理”选项卡中的“后置设置”按钮，系统弹出“后置设置”对话框，单击左下角的“新建控制系统”按钮，系统弹出如图 5-65 所示对话框，输入“FANUC 0*i*”并确定。

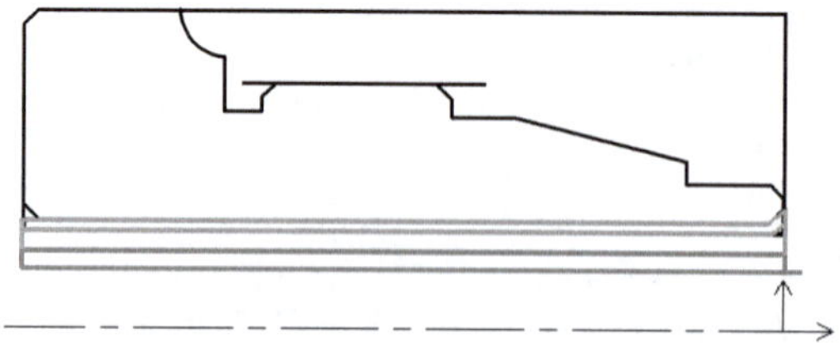

图 5-64 车削内孔粗加工刀具运动轨迹

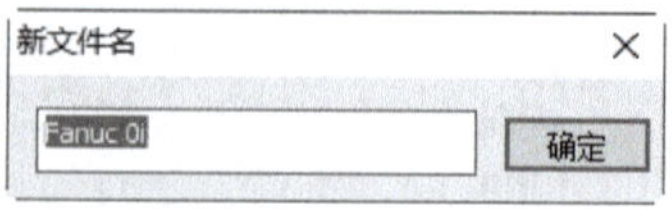

图 5-65 新建控制系统

2）单击“后置处理”对话框中“新建机床配置”，系统弹出如图 5-66 所示对话框，输入“数控车床_2x_XZ”并确定。

图 5-66 新建机床配置

3）按照 FANUC 0*i* 数控系统的编程指令格式，填写各项指令参数如图 5-67 所示。

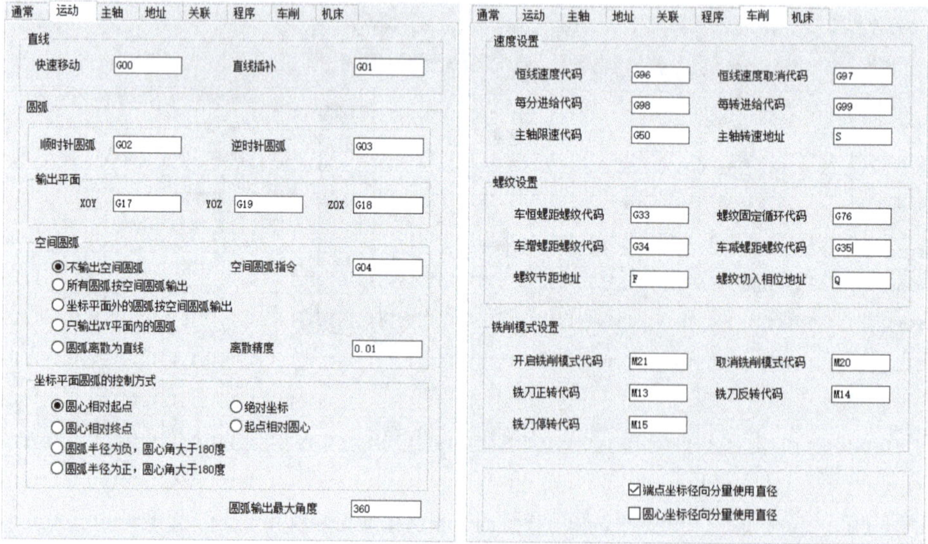

a) b)

图 5-67 设置 FANUC 0*i* 系统编程指令参数

a）设置运动 b）设置车削

（2）后置处理

单击“数控车”功能区“后置处理”选项卡中的“后置处理”按钮，系统弹出如图 5-68 所示“后置处理”对话框，选择“Fanuc 0*i*”系统。单击“轨迹”→“拾取”，依次拾取“车削粗加工”“车削精加工”“车削槽加工”“车螺纹加工”和“车削粗加工”等轨迹，如图 5-69 所示。单击“后置”按钮，系统弹出“编辑代码”对话框，如图 5-70 所示。对话框左侧为所拾取加工刀具运动轨迹的程序代码，用户可以进行编辑修改。对话框右侧的备注框中可以看到轨迹与代码的相关信息。

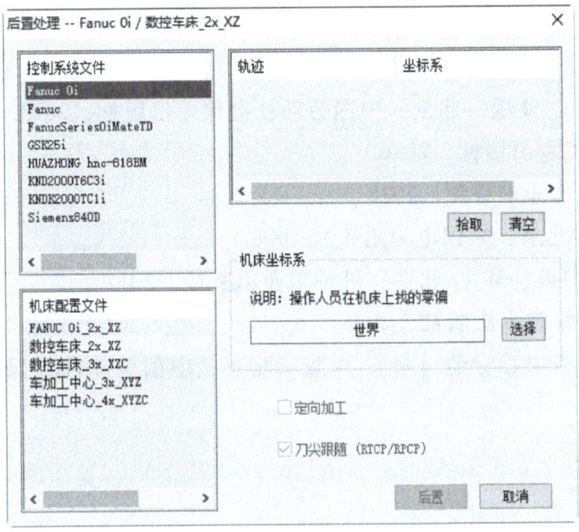

图 5-68 “后置处理”对话框

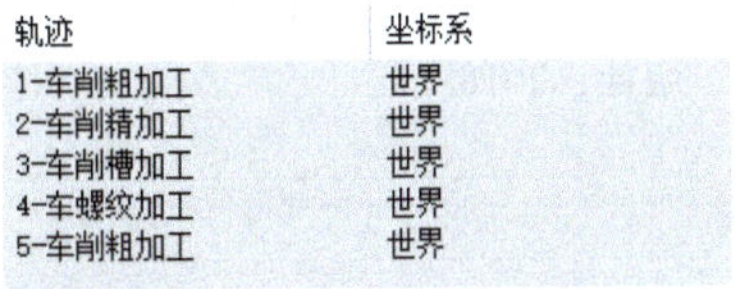

图 5-69 拾取加工刀具运动轨迹

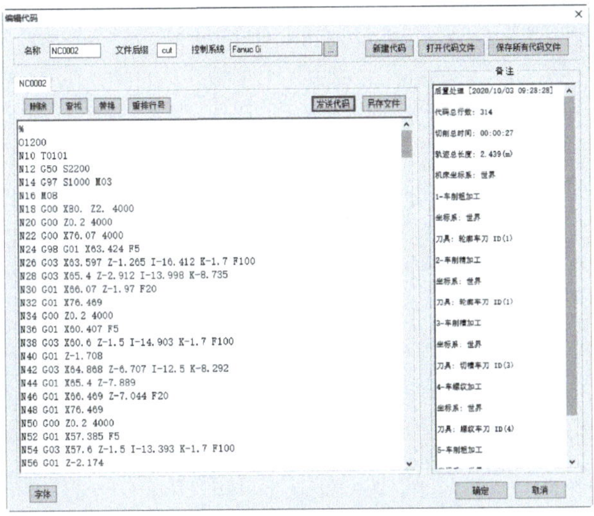

图 5-70 “编辑代码”对话框

参考文献

[1] 沈建峰，虞俊．数控车工：高级［M］．北京：机械工业出版社，2007.
[2] 张超英．数控车工：高级［M］．北京：中国劳动社会保障出版社，2011.
[3] 彭效润．数控车工：高级［M］．北京：中国劳动社会保障出版社，2007.
[4] 劳动和社会保障部教材办公室．数控机床编程与操作：数控车床分册［M］．北京：中国劳动社会保障出版社，2000.
[5] 韩鸿鸾．数控加工工艺学［M］．4版．北京：中国劳动社会保障出版社，2018.
[6] 崔兆华．数控加工基础［M］．5版．北京：中国劳动社会保障出版社，2023.
[7] 崔兆华．数控机床的操作［M］．北京：中国电力出版社，2008.
[8] 崔兆华．数控车床编程与操作：广数系统［M］．2版．北京：中国劳动社会保障出版社，2023.
[9] 崔兆华．数控车工：中级［M］．北京：机械工业出版社，2016.
[10] 崔兆华．数控车工：高级［M］．北京：机械工业出版社，2018.
[11] 崔兆华．SIEMENS系统数控机床编程［M］．北京：中国电力出版社 2008.
[12] 崔兆华．数控车工操作技能鉴定实战详解：中级［M］．北京：机械工业出版社，2012.
[13] 崔兆华．数控加工工艺［M］．济南：山东科学技术出版社，2005.
[14] 沈建峰．数控机床编程与操作：数控铣床 加工中心分册［M］．4版．北京：中国劳动社会保障出版社，2018.